国家林业和草原局普通高等教育“十三五”规划教材

材料化学

刘志明　主　编
梁大鑫　副主编

中国林业出版社

内 容 简 介

材料化学主要是利用化学手段研究材料组成、组织结构、合成制备与材料性能之间相互关系的新兴交叉学科。它在材料科学基础已经建立的金属、无机非金属、高分子材料、复合材料的微观特性和宏观规律的理论基础上，选取材料与化学中的相关理论进行总结，重点为林业院校的材料化学专业学生学习材料化学基础知识打好基础，将传统材料与生物质材料相结合，侧重于基本概念和基础理论，强调基础性、实用性。本教材内容包括：绪论，相变和固相反应机理，粉体学基础，材料化学动力学，晶体生长，硅酸盐材料化学，等离子体化学，催化与合成，生物质材料化学。

本教材既是林业院校材料化学专业的教材，也可用作从事材料研究与应用的科研人员和工程技术人员的参考书。

图书在版编目(CIP)数据

材料化学/刘志明主编. —北京：中国林业出版社，2021.3

国家林业和草原局普通高等教育"十三五"规划教材

ISBN 978-7-5219-1065-0

Ⅰ.①材… Ⅱ.①刘… Ⅲ.①材料化学-应用化学-高等学校-教材 Ⅳ.①TB3

中国版本图书馆 CIP 数据核字(2021)第 041421 号

中国林业出版社·教育分社

策划、责任编辑：高红岩　　**责任校对：**苏　梅

电　　话：(010)83143554　　**传　　真：**(010)83143516

出版发行 中国林业出版社(100009 北京市西城区德内大街刘海胡同 7 号)
E-mail:jiaocaipublic@163.com　电话:(010)83143500
http://www.forestry.gov.cn/lycb.html

经　　销 新华书店

印　　刷 北京中科印刷有限公司

版　　次 2021 年 3 月第 1 版

印　　次 2021 年 3 月第 1 次印刷

开　　本 787mm×1092mm 1/16

印　　张 13

字　　数 300 千字

定　　价 38.00 元

前　言

近些年来，应高新科学技术与工程、制造产业飞速发展之需，相应的新材料、新工艺大量涌现，而传统材料和生产技术也不断提高更新。材料化学领域的进展也令人目不暇接。要求学生全面、具体地掌握蔚为大观的材料领域、化学化工领域、先进材料制造的内容显然是不可能、也不必要的。事实上，万变不离其宗，各种材料的研发仍然遵循材料的四要素基本关系开展的。材料化学的基本概念和基础理论仍然是材料工作者的专业基础。本教材重点为林业院校的材料化学专业学生学习材料化学基础知识打好基础，在编写时将传统材料与农林行业的生物质材料相结合，侧重于基本概念和基础理论，强调基础性、实用性。

本教材的编者为主编东北林业大学刘志明教授(第1、2、4、5、6、9章)，副主编东北林业大学梁大鑫副教授(第3、7、8章)，在本书编写过程中，我们借鉴了国内外一些相关教材，东北林业大学方桂珍教授在木质素化学方面的讲稿等，引用了许多珍贵的数据和资料，在此向这些论著的作者们表示由衷的感谢!

“教材建设需经千锤百炼”，限于编者水平，缺点和错误之处恳切希望读者提出宝贵意见。

编　者

2020年6月

目 录

第1章　绪　论

材料是人类赖以生存和发展的物质基础。20世纪70年代人们把信息、材料和能源誉为当代文明的三大支柱。80年代以高技术群为代表的新技术革命又把新材料、信息技术和生物技术并列为新技术革命的重要标志，就是因为材料与国民经济建设、国防建设和人民生活密切相关。

材料是人类用于制造物品、器件、构件、机器或其他产品的那些物质。

材料是物质，但不是所有物质都称为材料。燃料和化学原料、工业化学品、食物和药物，一般都不算作材料，往往称为原料。但这个定义并不严格，如炸药、固体火箭推进剂，一般称为“含能材料”，因为它属于火炮或火箭的组成部分。材料总是和一定的使用场合相联系，可由一种或若干种物质构成。同一种物质，由于制备方法或加工方法不同，可成为用途迥异的不同类型和性质的材料。

1.1　材料发展历史

从古至今，人类使用过形形色色的材料，按材料的发展水平来归纳，我国材料的发展大致可分为五代。

第一代：天然材料——自然界的动物、植物和矿物。例如，兽皮、骨头、羽毛、树木、石块、泥土等。

第二代：烧炼材料——是烧结材料和冶炼材料的总称。烧结材料，如陶瓷、玻璃、水泥等；冶炼材料，从各种天然矿石中提炼出的铜、铁等金属。

① 火的出现：人类开始用黏土制作陶器(多孔、透水)。

② 青铜器时代：铜锡铅的合金，越王勾践和吴王夫差的宝剑，都是青铜兵器。

③ 铁器时代：炼铁技术等。

④ 瓷器：始于魏、晋、南北朝时期，宋、元时代发展到很高水平，是中华文明的象征。

第三代：合成材料——20世纪初，就已出现化工合成产品，如合成塑料、合成纤维、合成橡胶等。

第四代：可设计材料——根据实际需要去设计特殊性能的材料，如金属陶瓷、绿色薄膜等复合材料。

第五代：智能材料——近30年研制的一些新型功能材料，它们能随着时间、环境的变化改变自己的性能或形状，具有智能，如记忆合金等。

【材料与人的素质】

马克思曾经说过：“自然界为劳动提供原料，劳动把材料变为财富。”德智体美劳是对人的素质定位的基本准则，也是人类社会教育的趋向目标。德智体美劳中的“劳”字，也完全是要用“德智体”三个字来体现。因为一个德性好、智慧高、身体健康的人，必然是一个热爱劳动的人。其德性好者，不但懂得“劳动创造世界”“劳动创造财富”的意义，也必然会做事勤快，工作兢兢业业；反之，一个品质不良的人，就必然懒散、怕苦、怕累，总有一种不劳而获的思想。

材料发展历史见表1-1所列。

表1-1 材料发展历史

序号	时间	材　料
1	公元前50000年	用来给洞壁上色的刷子(灌木丛)
2	公元前30000年	制作服装的兽皮
3	公元前24000年	由动物脂肪、骨头与骨灰和黏土混合制作的陶瓷材料
4	公元前20000年	用来做缝衣针的象牙和骨头
5	公元前10000年	用来制造船笛的葫芦、骨头和黏土
6	公元前4000年	在伊拉克(现名)首次用来筑路的石头
7	公元前3500年	发明铜冶炼和用来制作各种材料的铜以及在埃及和美索不达米亚首次报道利用的玻璃
8	公元前3400年	埃及用来包裹木乃伊的亚麻布
9	公元前3200年	用于武器和盔甲的青铜
10	公元前3000年	埃及人用于制作衣服的棉纤维，埃及人制造的第一弦乐器，由木灰和动物脂肪首次在埃及合成的香皂
11	公元前2600年	在中国用于服装的蚕丝纤维
12	公元前2000年	在中国和埃及开始被使用的锡；首次在中国和印度使用的吊桥
13	公元前1600年	Hittites发展了钢铁冶金；泳衣(1946年命名比基尼)发明的概念设计、制造
14	公元前1300年	钢的发明
15	公元前1000年	由巴比伦人创制的算盘，在希腊和叙利亚开始玻璃生产
16	公元前900s	亚述人为军队过河制作的舟桥筏
17	公元前800s	在欧洲制作和使用的辐条轮毂
18	公元前700年	意大利人发明的假牙
19	公元前105年	在中国首次竹纤维造纸
20	公元前50年	叙利亚开发的玻璃吹制技术
21	590年	中国发明爆炸性混合物
22	618年	中国唐朝首次使用纸币
23	700s	中国发明瓷器
24	747年	首次报道中国唐代使用包括水动力风机轮毂的空调系统
25	1156年	首次报道合成香水
26	1182年	中国开发和使用磁性罗盘
27	1249年	Bacon设计、合成火药
28	1280年	中国发明大炮
29	1286年	首次在威尼斯使用眼镜

（续）

序号	时间	材 料
30	1300年	中国使用烟色石英镜片
31	1400年	在法国首次使用手榴弹
32	1430年	中国引进的矫正视力的深色眼镜
33	1450年	水晶，一种透明的苏打基玻璃，是由 Barovier 发明的
34	1570年	发明针孔照相机
35	1590年	玻璃透镜是在荷兰研制的，首次用于显微镜和望远镜
36	1593年	Galileo 发明了一种水温度计
37	1608年	荷兰科学家 Lippershey 发明了望远镜
38	1612年	法国研制的火枪
39	1621年	Napier 发明了计算尺
40	1643年	Torricelli 制造了第一个在密封玻璃管中使用水银的气压计
41	1651年	荷兰科学家 Leeuwenhoek 发明了一种显微镜
42	1668年	Newton 发明了反射望远镜
43	1709年	Fahrenheit 发明酒精温度计(1714年发明汞温度计)
44	1710年	法国发明浴室坐浴盆
45	1712年	英国发明的蒸汽机
46	1714年	英国第一台打字机的专利权授予 Mill
47	1717年	Franklin 发明的鱼鳍(鳍状肢)
48	1718年	英国研制的机关枪
49	1738年	William 为从炉甘石和木炭蒸馏生产金属锌的工艺申请专利
50	1749年	Franklin 发明的避雷针
51	1752年	Franklin 发明的内拉通氏导管
52	1760s	Franklin 发明的双重焦点透镜
53	1770年	法国首次报道使用瓷假牙
54	1774年	Lesage 发明的电报
55	1776年	Jefferson 发明的转椅
56	1779年	Higgins 发布了一项水凝水泥(粉饰灰泥)专利，用作外粉刷
57	1782年	Yoder 建立第一艘货运/客运平底船
58	1787年	Evans 发明的自动磨粉机
59	1789年	氯漂白剂是由法国 Berthollet 开发的
60	1793年	Whitney 发明的轧棉机
61	1800年	Volta 制造铜/锌酸电池
62	1801年	Frederick 发明普通柱式消防栓
63	1805年	Evans 发明一种机动式的水陆两用车
64	1806年	Rumford 发明渗滤咖啡壶
65	1808年	Thorndike 发明第一个捕龙虾器

（续）

序号	时间	材料
66	1813年	Babbitt发明最先用于锯木厂的圆锯
67	1815年	Davy发明一种用于煤矿而不会引发爆炸的安全灯；新奥尔良牙医Parmly发明牙线
68	1820年	Hancock开发第一弹性面料
69	1821年	Seebeck发明热电偶
70	1823年	Macintosh发明一种制造防水服装的方法
71	1824年	Aspdin授权水泥发明专利
72	1825年	Orsted生产金属铝，Sturgeon发明电磁铁
73	1831年	Henry发明电动门铃
74	1834年	Avery和Pitts发明脱粒机
75	1835年	Merrick发明普通家用扳手
76	1836年	Colt发明旋转枪械(左轮手枪)
77	1837年	Wheatstone和Cooke发明电报
78	1838年	Regnault通过光聚合乙烯叉二氯
79	1839年	美国Goodyear公司、英国MacIntosh和Hancock公司生产硫化天然橡胶；Grove在电解质中利用氢气和氧气进行试验制备第一个燃料电池
80	1842年	Bain发明传真机
81	1843年	Hoe发明转轮印刷机
82	1849年	Monier发明钢筋混凝土；Haslett发明现代防毒面具
83	1850年	Smith发明倒置显微镜
84	1853年	Smith发明现代木制衣夹
85	1855年	Bessemer大规模炼钢法授权专利
86	1856年	Perkin最早发明合成染料苯胺紫
87	1857年	首次设计和销售卫生纸
88	1859年	Ames发明自动扶梯(被称为旋转楼梯)
89	1860年	Walton发明油毡(由亚麻籽油、天然色素、松脂和松粉组成)
90	1861年	Maxwell演示彩色摄影
91	1864年	英国Roscoe发展了闪光摄影
92	1867年	Fay发明金属回形针；Smith发明带刺铁丝网
93	1872年	哥伦比亚大学的Edward de Smedt开发沥青；Baumann创制聚氯乙烯(PVC)
94	1873年	Strauss公司开始用耐用的帆布生产蓝色牛仔裤
95	1876年	Otto发明了一种燃气发动机
96	1877年	Edison完成了第一部留声机
97	1881年	Bell建造了第一个金属探测器
98	1883年	Fritts用硒晶薄片制造了第一个太阳能电池；Johnson发明了第一个温度调节装置，称为恒温器

（续）

序号	时间	材　料
99	1885年	发明了太阳镜；Benz设计并建造了第一辆汽油燃料汽车；Bowser制造了第一辆汽油泵；Eastman发明了第一个柔性摄影胶片
100	1887年	瑞士的Frick发明了隐形眼镜
101	1888年	Eastman介绍了柯达相机；Stone发明了普通的吸管；Kannel发明了旋转门
102	1890年	伊利诺伊州芝加哥的Judson发明了拉链
103	1891年	第一种商业化生产的人造纤维、人造丝被发明出来
104	1892年	合成了电石，以及电石产生的乙炔气
105	1893年	Acheson发明了一种制造碳化硅(SiC)的方法，碳化硅是一种研磨剂
106	1896年	Ford建造了第一辆无马马车
107	1901年	Booth发明了真空吸尘器；Hewitt发明了第一个汞弧灯
108	1902年	Verneuil开发了一种制造合成红宝石的工艺；氖灯发明于法国；Richardson发明了第一台自动制茶机
109	1903年	Coolidge合成了韧性钨丝
110	1907年	Baekeland发明了电木(酚醛树脂)，用于电子绝缘
111	1908年	瑞士纺织工程师Brandenberger发明的玻璃纸
112	1909年	Baekeland介绍了胶木硬热固性塑料；由德国的Hofmann发明的合成橡胶
113	1916年	Czochralski发明了一种生长金属单晶的方法；Honda发现了一种强磁性Co/W合金
114	1920年	德国Staudinger提出了高分子假说——高分子科学的诞生
115	1923年	Mercedes推出了第一款高功率汽车，惠普
116	1924年	康宁大学的科学家发明了Pyrex耐高温玻璃，一种热膨胀系数很低的玻璃；Celanese公司商业生产醋酸纤维；Bell实验室发明了第一部移动式双向语音电话
117	1926年	B. F. Goodrich的Semon发明了一种称为乙烯基塑料的增塑PVC
118	1929年	合成了聚硫橡胶(Thiokol)；Carothers(DuPont)合成了第一种脂肪族聚酯，确立了分步生长聚合的原理，并开发了尼龙66
119	1931年	Nieuwland开发了合成橡胶(氯丁橡胶)；合成了聚甲基丙烯酸甲酯(PMMA)
120	1932年	Ohain和Whittle爵士申请了喷气发动机的专利；阴极射线管(CRT)是Du Mont发明的
121	1933年	Ruska发现电子显微镜(放大12 000倍)；Fawcett和Gibson开发聚乙烯(LDPE)
122	1936年	第一台可编程计算机(Z1)是由Zuse开发的；偏振光太阳镜是Ban开发的且采用Land发展的偏振光滤光片
123	1937年	聚苯乙烯被开发出来；Carlson发明了一种通常被称为Xerox的干印刷工艺
124	1938年	Plunkett发现了制造聚四氟乙烯的工艺，也就是人们熟知的TeflonTM；玻璃纤维是由Slayter发明的
125	1940年	Thomas和Sparka合成异丁烯-异戊二烯橡胶；丁基橡胶在美国合成
126	1941年	加拿大Hopps发明了第一个心脏起搏器
127	1942年	发明了合成纤维、聚酯纤维
128	1943年	研制了第一台肾透析机；Baeyer合成了聚氨酯

（续）

序号	时间	材　料
129	1944 年	美国研制出第一只塑料假眼
130	1945 年	Spencer 发明了第一台微波炉
131	1946 年	Mauchly 和 Eckert 开发了第一台电子计算机 ENIAC（电子数字积分器与计算机）
132	1947 年	第一个晶体管由 Bell 实验室的 Bardeen、Brattain 和 Shockley 发明的；压电陶瓷（钛酸钡）作为留声机针的第一个商业应用；磁带录音应用的发明；Schlack 开发环氧树脂聚合系统
133	1950 年	DuPont 首次工业化生产腈纶（聚丙烯腈纤维）
134	1951 年	首次使用场离子显微镜看到的单个原子；开发了计算机 UNIVAC 1；由菲利普斯的 Hogan 和 Banks 开发的聚丙烯
135	1952 年	止汗除臭剂滚涂器的首次应用
136	1953 年	Ziegler 发现金属催化剂可以大大提高聚乙烯聚合物的强度
137	1954 年	Bell 实验室生产的 6%效率的硅太阳能电池；Townes 和 Schawlow 发明了 MASER 微波激射器（通过受激发射或辐射进行微波放大）
138	1955 年	生产光纤
139	1956 年	Graham 制定液态纸配方
140	1957 年	Keller 首先描述了聚乙烯的单晶
141	1958 年	生产双焦点隐形眼镜片
142	1959 年	Pilkington 兄弟为浮法玻璃工艺申请了专利；DuPont 首次商业化生产氨纶纤维
143	1960s	聚合物首先由 GPC、NMR 和 DSC 表征
144	1960 年	第一台工作激光器（脉冲红宝石）由 Hughes 飞机公司的 Maimam 开发；Javan、Bennet 和 Herriot 制造了第一台 He:Ne 气体激光器；合成了氨纶纤维
145	1962 年	第一台 SQUID 超导量子干涉仪被发明；聚酰亚胺树脂被合成
146	1963 年	第一个球囊取栓导管是由 Fogarty 发明的；Ziegler 和 Natta 被授予诺贝尔聚合研究奖
147	1964 年	Lear（以 Lear 喷气式飞机闻名）是第一个设计八轨选手
148	1965 年	DuPont 公司发明了一种防弹尼龙织物 Kevlar；Russell 发明了光盘；合成了苯乙烯-丁二烯嵌段共聚物
149	1966 年	汽车注油系统在英国被开发；Monsanto 公司的 Faria 和 Wright 合成和测试人造草皮（Astroturf）
150	1967 年	键盘首先用于数据输入，取代穿孔卡片
151	1968 年	液晶显示器是由 RCA 公司开发的；Breed 发明了第一个汽车安全气囊系统
152	1969 年	扫描电子显微镜（SEM）首次在实验室中用于三维观察细胞；Smith 和 Boyle 在 Bell 实验室发明了电荷耦合器件（CCD）
153	1970 年	由 IBM 的 Shugart 发明的软盘；第一种微纤维（聚酯）是由日本的 Toray 工业公司发明的；第一种由微纤维组成的织物 Ultrasuede 也被介绍
154	1971 年	液晶显示器（LCD）是由 Fergason 发明的；介绍了第一个单片机 Intel 4004；盒式录像机（VCR）是由 Ginsburg 发明的；合成了水凝胶

（续）

序号	时间	材 料
155	1972年	Motorola展示了第一款便携式手机的使用
156	1973年	一次性打火机是Bic发明的；磁共振成像（MRI）是Lauterbur和Damadian发明的
157	1974年	发明了采用低残留黏合剂的Post-it®便条
158	1975年	发明了激光打印机；Ledley获得了“诊断X射线系统”（CAT扫描）的专利
159	1976年	由IBM公司开发的喷墨打印机
160	1977年	Cray-1®超级计算机由Cray引进；导电有机聚合物由Heeger、Macdiarmid和Shirakawa合成（2000年获得诺贝尔奖）
161	1978年	由Jarvik发明的人造心脏Jarvik-7；MCA Discovision公司推出了第一台模拟视频光盘播放器
162	1979年	由索尼的Ibuka发明的第一个盒式随身听TPS-L2
163	1980年	Philips推出了光盘播放器
164	1981年	世界上最大的太阳能发电站投入运行（10MW容量）；发明了扫描隧道显微镜（STM）
165	1982年	由IBM推出的第一台个人电脑（PC）；Allied公司的Denkwalter等人被授予树枝状高分子的第一项专利
166	1983年	美国电话公司开始提供移动电话服务；苹果公司的Jobs推出了一款新电脑，它具有第一个图形用户界面（GUI），名为Lisa
167	1984年	CD-ROM是为计算机而发明的；第一个丛生的猫砂是由生物化学家Nelson发明的
168	1985年	Tomalia和Dow化学公司的同事报告了超支化聚合物的发现，称为树枝状高分子
169	1986年	人造皮肤是Gallico发明的
170	1987年	Bednorz和Muller开发了一种超导材料；导电聚合物是BASF公司开发的
171	1988年	一项由电致发光磷光体颗粒组成的Indiglo™靛蓝夜光专利已获颁发
172	1989年	发明了高清电视；NEC发布了第一台“笔记本”电脑NEC UltraLite；引入了一种透气、防水或防风的织物GORE-TEX®；开发了Intel 486微处理器，具有1 000 000个晶体管
173	1990年	生物纺织品是在美国发明的
174	1991年	NEC公司的Iijima发现了碳纳米管；Sony宣布了第一个基于碳阳极的商用锂离子电池
175	1992年	迷你光盘（MDs）是由Sony电子公司推出的；Schentag教授发明了一种计算机控制的“智能药丸”，用于药物递送应用
176	1993年	Intel发明的Pentium处理器
177	1994年	由Filo和Yang创建的第一个全球网搜索引擎；Lyocell是由Courtaulds Fibers引入的，它由一种来自木浆的材料组成
178	1995年	由Stanford的Chou发明的纳米压印平板印刷术；发明了数字通用磁盘或数字光碟（DVD）
179	1996年	诺贝尔化学奖授予Smalley、Curl和Kroto，因为他们在1985年发现了第三种形式的碳，被称为Buckminsterfullerene（简称“bucky balls”）；网络电视是Phillips发明的；掌机飞行员由3Com首次亮相

（续）

序号	时间	材　料
180	1997 年	发明了燃气燃料电池；一种防火建筑材料，Geobond 获得了专利；数字录像机(DVR)是由 Barton 和 Ramsay 发明的；Tivo 公司的联合创始人 Nokia 介绍了 Nokia 9000i 个人通信器，它结合了数字手机、手持电脑和传真
181	1998 年	Motorola 推出了铱卫星服务，第一个全球卫星无线电话服务；Cohen(19 岁)开发了一种"电化学漆刷"电路，使用 STM 探针操纵硅表面的铜原子；Apple 电脑公司推出了 iMac；Toronto 大学的 Ozin 开发了由二氧化硅合成的海贝壳；丰田汽车公司(Toyota Motor Corporation)发布了 Prius，这是第一款量产的混合动力低排放汽车(LEV)；美国的电视台开始从模拟信号向数字信号过渡
182	1999 年	丹麦物理学家 Hau 能够控制光速，对通信系统和光学计算机的潜在应用很有帮助；西雅图的 Safeco 场开放，具有可伸缩的屋顶、广泛的排水管道和加热线圈，以保持理想的草坪条件；蚌用来将自己锚定在岩石上的化学成分被发现，并用于合成防水黏合剂；基于分子的逻辑门电路比基于硅的逻辑门电路工作得更好，这是分子计算机发展的一个重要先例
183	2000 年	英特尔奔腾 IV 微处理器，摩托罗拉发布的第一个可以连接到互联网的手机
184	2001 年	Kenneth Matsumura 发明的生物人工肝
185	2002 年	发明的纳米抗污服装
186	2003 年	用来纯化地下水的纳米过滤器
187	2004 年	Apple 公司发布 iPod mini
188	2005 年	Apple 公司推出 iPod Nano 和 a video-capable iPod
189	2006 年	LG 公司设计 cellular phone
190	2007 年	Apple 公司发布 iPhone
191	2008 年	开发的低成本 solar concentrator
192	2009 年	报道的首例由碳纳米管合成石墨烯纳米带
193	2010 年	Apple 公司发布了他们的第一台平板电脑 ipad；Littmann 开发了第一台电子听诊器；印度推出了首台售价 35 美元的电脑；电动外骨骼的开发旨在为老年人和手无寸铁的人提供移动辅助；HTC 发布了第一部手机 HTC EVO；"智能子弹"是由美国军方资助的 Allant 技术系统开发的，这使士兵可以使用激光测距仪测量到目标的距离，精确地拨出子弹应该爆炸的位置(越过/穿过墙壁，建筑物的角落)，在精确的距离
194	2011 年	英特尔 3D 芯片；从脂肪中提取干细胞；感冒克星 DRACO；疟疾疫苗；人造树叶，用于能源领域；锂-水电池；激光前灯；下一代 Wi-Fi 无线网络；光场相机 Lytro；新型 LED 灯；苹果公司 iPhone 4S 的语音助理 Siri
195	2012 年	Memoto 生命记录摄像机；谷歌眼镜；Parabon Essemblix 公司拖放药物制造；虚拟现实头戴式耳机；心灵控制的神经机械学四肢；3D 打印机；SpaceX 航天公司的第一颗可重复使用的火箭
196	2013 年	给点重量就发光的重力灯；物种复活术；人形机器人；密码胶囊；让瘫痪者重新行走的外骨骼机械服；牙齿文身；地震救援的智能探测球；纸板自行车；羊角甜甜圈面包

（续）

序号	时间	材 料
197	2014年	高空风电系统的空中浮动涡轮；虚拟现实三维眼镜Glyph；悬浮滑板；超智能航天器；超能核聚变；无线充电；3D打印；苹果手表；把隐私放在首位的手机；宝马做的电动车；平板电脑；Ringly戒指；预防失明的超级香蕉；提供助力的轮子；埃博拉病毒过滤器；可食用的包装；pono高保真音乐播放器；可完全定制的积木式手机(Project Ara)；智能遥控指环Ring；SCiO手持扫描仪；Skully安全帽；维珍银河的太空船2号；“泰坦之臂(TITAN ARM)”；注射器注入特制海绵，枪伤15 s止血
198	2015年	将粪便转化成为可以直接饮用的纯净水——污水处理装置；PSINET算法；为残疾人士所设计的运动鞋技术Flyease；可在1min内为伤口止血的救生装置—XSTAT 30神奇注射器；基于微芯片的互联网eGranary数字图书馆；Eatwell餐具；完美的淡化海水——3D打印涡轮机；依靠植物供电的新型LED电灯；新型超材料实现增强光发射和捕捉光；日本开发出反复蓄热的新陶瓷；德美科学家发明超强记忆新材料；美合成可替代稀土的磁性纳米材料；比纸还薄比钢强的新材料；NASA发明可自动修复新材料；中国制造超级材料，坚如金属轻如气球；南开大学陈永胜教授团队首发现“光驱动”新材料；德国科学家发现巨磁电阻新材料磷化铌
199	2016年	能彻底解决中式厨房的第五代油烟机——无油烟智能系统；可吞服的听诊器；探测深海的水下无人机；便携而又精准的3D扫描仪；能自己发电的照相机；盲人平板电脑；悬浮滑板Omni；女武神私人飞机；迄今最快的3D打印机；贴心的机器人伙伴Jibo
200	2017年	Jibo智能机器人；让盲人重见光明eSight 3；吃不胖的冰淇淋Halo Top；智能温控马克杯Ember Mug；可以水平移动的电梯MULTI；iPhone X；Forward新型诊所；未来跑鞋Futurecraft 4D；Model 3电动车；火星内部探测器NASA Mars Insight；可独立运行的VR头盔Oculus Go；自助烹饪伴侣Tasty One Top；无人机的领导者DJI Spark；赶走污染的空气净化器Molekule；无空气轮胎Michelin Vision Concept；防火防盗防黑客路由器Norton Core；贴心的婴儿体温手环Bempu；更坚固的橄榄球头盔VICIS Zero1；全球首个3D海洋农场Green Wave 3D Ocean Farm
201	2018年	隐形电视；坚不可摧的连裤袜；海洋垃圾桶；最像乳房的奶瓶；救生无人机；随身携带的衣橱；钢铁侠套装；为无家可归者打印一个家3D打印机；甘蔗做的人字拖；智能机器人；纳米机器人；基因占卜；人造胚胎；共享医院；对抗性神经网络；无人机；智慧零售；飞车；传感城市；全甲板
202	2019年	永远不会变干的材料NEVERDRY；可编程水泥；让皱纹消失的材料；无限可回收的塑料；人造蜘蛛丝；仿生塑料；木材海绵；高强生物材料；自修复(愈合)材料；铂金合金；微晶格；分子强力胶；超薄铂；Karta-Pack(棉纤维)；石墨烯气凝胶；可阻挡阳光的玻璃涂层；灵活的电池；真菌泡沫；从生物体中生长的可生物降解的纺织品；坚如岩石的涂层

1.2 材料基本概念及要素

材料基本概念见表 1-2 所列。

表 1-2 材料基本概念

序号	名词	含义
1	材料	材料是由一种化学物质为主要成分，并添加一定的助剂作为次要成分所组成的，可以在一定温度和一定压力下使之熔融，并在模具中塑制成一定形状(在某些特定的场合，也包括通过溶液、乳液、溶胶-凝胶等的成型)，冷却后在室温下能保持既定形状，并可在一定条件下使用的制品。其生产过程必须实现最高的生产率，最低的原材料成本和能耗，最少地产生废物和环境污染物，并且其废弃物可以回收再利用。 简而言之，材料是指人类能用来制作有用物件的物质。 材料是社会进步的物质基础与先导，它是人类赖以生存和发展的物质基础，是人类进步的里程碑。
2	材料特点	①一定的组成和配比：制品的使用性能取决于主要成分和次要成分之间的配比。制品的力学性能、热性能、电性能、耐腐蚀性能等为主要成分所决定，而次要成分则用来改善其加工性能，使用性能和赋予某种特殊性能。 ②成型加工性：作为制品应该具有一定的形状和结构特征，形状和结构特征是通过加工获得的。不具备成型加工性，就不能成为有用的材料。 ③形状保持性：制品在使用条件下，保持既定的形状，并可提供实际使用的能力。 ④经济性：制品应具有质优价廉，富有竞争性，必须在经济上乐于为社会和人们接受。 ⑤回收和再生性：作为绿色产品、符合人类可持续发展战略所必需的，并应满足已经确定的社会规范和法律等。
3	材料四要素	①合成和加工(processing)：实现了特定原子排列。 ②结构(structure)：包括了决定材料性质和使用性能的原子类型和排列方式。 ③性质和现象(properties)：赋予了材料的价值和应用性。 ④使用效能(performance)：材料在使用条件下的应用性能的度量。 processing→structure→properties→performance
4	新材料	新材料主要是指最近发展或正在发展之中的具有比传统材料性能更优异的一类材料。目前世界上的传统材料已有几十万种，新材料正以每年 5% 的速度增长。①结构与功能相结合；②智能型；③少污染；④可再生性；⑤节约能源；⑥长寿命。

1.3 材料分类

1.3.1 材料的分类

世界各国对材料的分类不尽相同，但就大的类别来说，根据材料的组成和结构特点，可以分为五大类：金属材料、无机非金属材料(简称无机材料)、高分子材料(聚合物材料)、复合材料和先进(功能)材料。材料的分类详解见表 1-3 所列。

表1-3 材料的分类详解

序号	材料类别	详 解
1	金属材料	金属材料是以元素周期表中金属元素为主要成分的材料。 ①黑色金属：生铁(含碳量>2%)，钢(含碳量0.04%~2%)，工业纯铁(含碳量<0.04%)。 ②有色金属：重金属(铜、铅、锌、镍等)，轻金属(铝、镁、钛等)，贵金属(金、银、铂等)，稀有金属(钨、钼、钽、铌、铀、钍、钍、铟、稀土金属等)。 ③特殊金属材料：非晶态金属、高强度高模量的铝锂合金、形状记忆合金、超导合金等。 近30年来金属材料科学发展十分迅速，相继出现了金属玻璃(非晶态)、准晶、微晶、低维合金、定向共晶合金以及纳米晶体等一系列新材料。
2	无机非金属材料	无机非金属材料包括范围极广，如单晶硅、金刚石、陶瓷等。 主要分为硅酸盐材料(玻璃、陶瓷、耐火材料、搪瓷材料等)和新型无机非金属材料(特种陶瓷或先进陶瓷等)。其中，陶瓷材料是一种多晶结构的材料，是通过对粉体原料的成型和烧结过程而得到的。作为非金属材料的陶瓷具有耐高温、耐腐蚀、高强度(抗压)、高硬度和绝缘等良好性能。
3	高分子材料	主要是指合成塑料、合成纤维、合成橡胶、涂料、胶黏剂等有机聚合物合成材料。在工程技术应用上的合成材料中，塑料是最大吨位的一类材料。橡胶、涂料、黏合剂是另一类工程材料。近几年已经出现了一些耐高温的合成聚合物材料，如聚酚氧、聚硅氧烷、聚酰亚胺等。
4	复合材料	材料的复合化是材料发展的必然趋势之一，古代就出现了原始型的复合材料，如用草茎和泥土作建筑材料、砂石和水泥基体复合的混凝土也有很长历史。19世纪末，复合材料开始进入工业化生产。20世纪60年代由于高新技术的发展，对材料的性能要求日益提高，单质材料很难满足性能的综合要求和高指标要求，复合材料因具有可设计性的特点受到各发达国家的重视，开发出了许多性能优良的先进复合材料，各种基础性研究也得到发展。 复合材料(composite materials)是由两种或两种以上不同物理、化学性质的以微观或宏观的形式复合而组成的多相材料。简言之，即是由两种或两种以上异质、异形、异性的材料复合而成的新型材料。一般由基体单元与增强体或功能组元所组成。复合材料可经设计，即通过对原材料的选择，各组分分布的设计和工艺条件的保证等，使原组分材料优点互补，因而呈现了出色的综合性能。 复合材料按用途可分为结构复合材料和功能复合材料。目前结构复合材料占绝大多数，而功能复合材料有广阔的发展前途。结构复合材料基本上由增强体和基体组成。增强体承担结构使用中的各种载荷，基体则起到粘接增强体，予以赋形并传递应力和增韧的作用。常用的基体有高分子化合物，也有少量金属、陶瓷、水泥和碳(石墨)。对于木质及非木质人造板，都属于聚合物基复合材料。木材属于天然高分子材料。 聚合物基复合材料是目前复合材料的主要品种，其产量远远超过其他基体的复合材料。习惯上常把橡胶基复合材料划入橡胶材料中，所以聚合物基体一般仅指热固性(树脂)聚合物和热塑性聚合物。实验中所用脲醛树脂、酚醛树脂和异氰酸酯树脂均属于热固性树脂。 多相复合材料已成为当前材料研究的重要对象。最近发展了一种所谓梯度功能复合材料，即一面是具有结构作用的金属材料，再逐层地渗入无机化合物，使另一面具有一些特殊的功能。如SiC-Si_3N_4梯度复合材料，其性能较纯粹的SiC陶瓷具有大幅度提高。

（续）

序号	材料类别	详 解
5	功能材料	功能材料是指具有能适应外界条件而改变自身性能的材料，如磁性材料、发光材料、记忆材料、光导材料和超导材料等。 目前人们已研制出100多种记忆材料。此外，像感光树脂，它的特殊本领是在光的作用下聚合成为不溶物或分解成可溶物。 从应用或用途来看，功能材料又可分为信息材料、能源材料、生物材料、航空航天材料、电子材料、建筑材料、包装材料、电工电器材料、机械材料、农用材料、日用品及办公用品材料等。

结构复合材料按不同基体分类，如图1-1所示。

材料的分类及其关系，如图1-2所示。

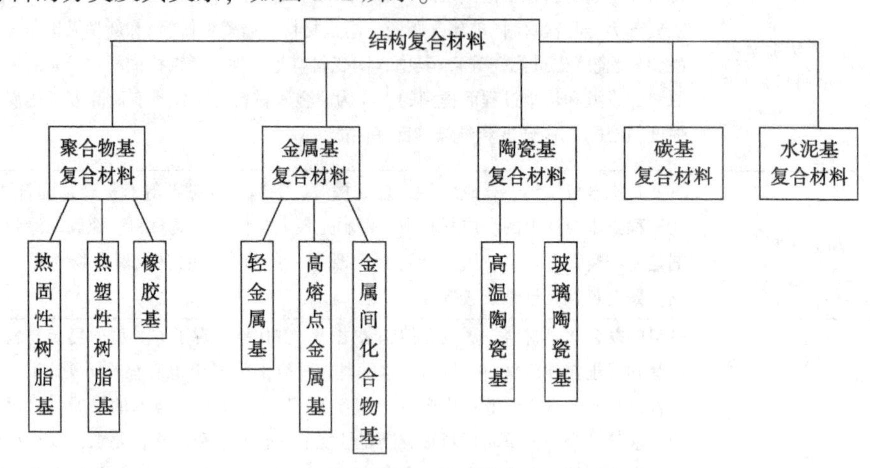

图1-1 结构复合材料按不同基体分类

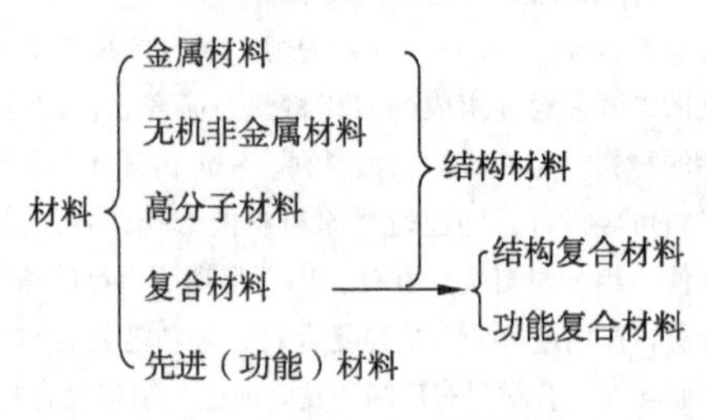

图1-2 材料的分类及其关系

1.3.2 材料科学与材料化学

材料的研究和发展是一个古老而又新兴的领域。一种新材料的发展可以引起人类文化和生活发生新的变化。例如，石器、陶器、瓷器、铁器、铜器、钢、水泥、玻璃、有机聚合物、单晶材料等的发明都为人类生活提供便利。

材料科学是一门研究各种材料的结构与性能间的关系以及如何制备新材料，表征新材料的科学。材料化学是构成材料科学的重要组成部分，是一门新兴的以化学、物理学、材料科学为基础的交叉学科。

材料化学中的材料与原料的概念是不同的。材料化学中的材料指的是新材料，即使用新的制造技术或先进技术把金属、无机物或有机物这些原料单独加工或者组合在一起，使之产生出具有新的性能、功能和用途的材料。材料在其制品中残留其形态，原料则不然。由原料到材料包括化学过程和材料化过程。原料的功能属于化学范畴，在使用过程中自身消失。材料的功能属于物理范畴，在使用中保持原状。材料，强调由什么材料组成(make of)。原料，强调由什么原料制备(make from)。

由原料到材料包括化学过程和材料化过程。例如：

原料——→产品

（碳酸钠）（玻璃）

整个工序分为4步：熔融、澄清、成型、缓冷。

$Na_2CO_3 \longrightarrow Na_2O+CO_2\uparrow$

$Na_2O+SiO_2 \longrightarrow Na_2SiO_3$ 化学过程(这一步实现了从原料到材料)

除去熔融物中的气泡和杂质的澄清过程、成型和缓冷均是物理变化，属于材料化过程。

1.4 材料化学研究对象和内容

材料化学是构成材料科学的重要组成部分，在材料科学中有着不可忽视的特殊地位。它是一门新兴的以化学、物理学、材料科学为基础的交叉学科。材料化学是一门以现代材料为主要研究对象，研究材料的化学组成、结构(电子结构、晶体结构和显微结构)与材料性能和效能之间的关系及其合成(制备)方法、检测表征、材料与环境协调等问题的科学。

在科学技术的发展过程中，各门学科都有各自的研究对象(即物质世界的不同领域和不同层次)，也有各自的理论体系、学科内容和研究方法。材料科学尽管以物理学和化学为基础，但是他们之间无论是在研究对象、内容和方法等诸方面都有很大差别，尤其是材料科学更着眼于实际应用。事物在不断发展，各个学科也在不断变化。材料物理和材料化学就是新出现的学科。

20世纪80年代初，先后有人提出“材料物理”和“材料化学”的概念。材料化学是近十年来才创立的，其含义和学科内容至今尚初具概念。国外目前能见到的与材料化学相接近的著作有*Materials Chemistry*、Anthony R. West的著作《固体化学及其应用》。

材料化学的主要内容，简而言之，合成新物质、新材料；运用现代研究手段(电子显微分析技术、热分析、光谱分析技术和色谱、质谱、核磁等分析技术)来研究材料的组成、结构与性质、性能间的关系。学习材料化学的主要内容包括：

① 用结构理论、化学热力学与动力学等基本原理研究固体材料，特别是研究材料的化学反应性，这是现代材料化学的理论基础。材料的化学键的键合本质，以及与其结构和性质的关系；材料组成元素的电子结构，材料的晶体结构、显微结构；从能量和过程的观点研究材料的组织结构以及从热力学与动力学的观点研究材料的化学反应，均是材料化学的重要内容。

② 现代材料制备原理和合成方法的研究仍是材料化学的核心内容。

③ 现代材料性能学的研究，尤其是各类材料的化学性能的研究，仍是材料化学研究的重点。

④ 各类现代材料和常规材料的研究与开发。

⑤ 新材料的研制以及与资源、环境和可持续发展的辩证关系。

综上所述，材料化学是材料科学的一个重要分支，又是应用化学的一部分，具有明显的交叉、边缘学科的性质，是一门新兴的前沿学科，具有非常广阔的发展前景。

第 2 章　相变和固相反应机理

2.1　相及相变

材料的制备和使用过程中经常碰到与物质的扩散、晶界迁移、再结晶、相变(不同相之间的转变)等现象有关的问题，这些问题均可归结于相平衡过程。相平衡(phase equilibrium)主要研究多组分(或单组分)多相系统的平衡(相的个数、各相的组成、各相的相对含量等)随着影响平衡的因素(温度、压力、组分的浓度等)变化而改变的规律。相平衡是热力学在化学领域中的重要应用之一，是化学热力学的主要研究对象之一。许多化学反应同时伴随着物质聚集态的变化，相变化规律是精馏、结晶、萃取和吸收等化工操作的理论基础，并可指导复合材料化学组成与性能关系的研究。合金的相平衡主要是指合金系中参与相变过程的各相长时间不再互相转化(指成分和相对量)时所达到的平衡。相平衡的热力学条件是各相的温度和压力相等，任一组分在各相的化学势相等。相平衡体系的特征是各物质能够在不同的相之间发生转移并达到但处于动态平衡状态。

2.1.1　相

相(phase)是指系统中物理性质和化学性质完全均匀的部分。均匀是指一种微观尺度的均匀，对于材料而言，是指材料中具有同一化学成分并且结构相同，物理性质和化学性质完全均一稳定的那一部分。相与相之间有一明显的、可以用物理方法分开的界面，越过此界面，系统的性质就发生突变。在界面上，从宏观的角度来看，性质的改变是突变的。从晶体几何学的观点看，界面是三维晶格周期性排列从一种规律转变为另一种规律的几何分界面。从物理化学角度看，界面是指任意两相之间的接触面或交界区。根据相的不同，可以有固-固、固-液、固-气、液-液、液-气五种界面。例如，油和水混合时，由于不互溶而出现分层，两者之间存在着明显的界面，油和水各自保持着本身的物理性质和化学性质，因此这是一个两相系统。

一个相不一定只含有一种物质。例如，乙醇和水混合形成的溶液，由于乙醇和水能以分子形式按任意比例互溶，混合后成为各部分物理性质、化学性质都相同且完全均匀的系统，尽管它含有两种物质，但整个系统只是一个液相。

一种物质可以有几个相。例如，水可有固相(冰)、气相(水汽)和液相(水)三相。而水和水蒸气共存时，它们的组成均为 H_2O，但因其物理性质完全不同，所以是不同的相。

相与物质的数量多少无关，与物质是否连续没有关系。例如，水中的许多冰块，所有冰块的总和为一相(固相)。

对于系统中液体，纯液体是一个相。混合液体，视其互溶程度而定，能完全互溶形成真溶液的，即为一相；若出现液相分层便不止一相。

对于系统中的气体，因其能够以分子形式按任何比例互相均匀混合，例如空气，其中含有多种气体，但只是一个相。总之，不论多少种气体混在一起都一样形成一个气相。

对于系统中的固体，视各物质间的相互作用形式不同可有以下几种情况：①对形成机械混合物的固体而言，几种固态物质形成的机械混合物，不管研磨得多细，都不可能达到相所要求的微观均匀，都不能视为单相，所以，有几种物质就有几个相。例如，水泥生料是将石灰石、黏土、铁粉等按一定比例粉磨得到的，表面上看起来好像很均匀，但实际上各种原料仍保持着自己本身的物理和化学性质，相互间存在着界面，可以用机械的方法把它们分离开，因此水泥生料不是一个相，而是一个多相体系。②对同质多晶现象的固体而言，在硅酸盐物系中，这是极为普遍的现象。同一物质的不同晶型(变体)虽具有相同化学组成，但由于其晶体结构和物理性质不同，因而分别各自成相。有几种变体，即有几个相。③对形成固溶体的固体而言，固溶体是指两种或两种以上的组分在固态条件下相互溶解形成的单一均匀的晶态固体。对于固态合金，固溶体是指固态合金中，在一种元素的晶格结构中包含有其他元素的合金相。由于在固溶体晶格上各物质的化学质点是随机均匀分布的，其物理性质和化学性质符合相的均匀性要求，因而几个物质间形成的固溶体为一个相。总之，固体间如果形成连续固溶体则为一相；其他情况下，一种固体物质是一个相。

针对固体材料而言，相是指合金中结构相同、成分和性能均一并以界面相互分开的组成部分。由一种固相组成的材料称为单相材料，由几种不同相组成的材料称为多相材料。固态材料中常见的相，有单质、纯净相、固溶体、化合物等，在系统经受温度或压力变化时可以发生溶解、析出或相互转变。

从微观角度(分子运动论)上，通常可以通过结构对称性(如分子和原子的空间位置)以及它们的运动和相互作用来描述一个相。

所谓空间结构对称性，从数学上讲，是指物体在空间运动(变换操作)时其对称群(对称操作)的高低。数学上定义，一组能够任意地平动、旋转和反演的操作(空间群)被定义为欧几里得群，它具有很高的对称度、很低的空间有序性。流体(液体和气体)的特点就是如此，流体在经历所有上述空间变换操作后都不发生变化(即无变度)，因而流体的对称群为欧几里得群。换句话说，流体具有的对称操作最多，它的对称性在所有的相态中也最高，而它的有序性最低。或者说，流体只具有短范围有序，而非长范围有序，人们不能靠对称性来区分液体和气体，而只能通过连续改变体系的热力学函数，在经过临界点时实现从液相到气相的变化。

对于其他的相态(固态)，内部有序结构的存在会引起空间对称性的下降，如结构中存在某些特定位置和旋转的长程有序，使对称性的操作度减少。它们仅在某些欧几里得子群下，对称群是不变的，与流体相比，具有较低的对称性和较高的有序性。例如，结晶的固体，仅对某些独立的晶格平动和点群操作而言平均结构是不变的。对于介晶相，则引入某些位置和旋转长范围有序以定义一类材料，其有序和对称性介于均相的各向同性液体和晶体的固体之间。

描写处于一定凝聚态形式的物质的状态有特定的方法。传统上，一个体系的微观描述与其结构对称性相关，如原子或分子在三维空间的位置，同时与其组分的运动和相互作用有关。描述少数粒子运动规律和相互作用的科学称为力学(包括经典力学和量子力学等)，它适用于描述微观现象，通过求解一系列微分方程来实现。然而对于包含大量粒子的体系(如1 L水含有 10^{27}个分子)，对于描述宏观大体系(相态)的状态，经典力学方法得不到解析结果。而另一套行之有效的描述宏观现象的方法是使用温度(T)、压力(p)、体积(V)、能量(E)和熵(S)等宏观变量，以及物质参数，如比热容、压缩率和磁化率等，这种方法称热力学方法。热力学以几个经验定律为基础(如经典的热力学三定律：能量守恒定律、熵定律、热不能从低温物体传给高温物体)，通过测量、计算、比较物质在不同状态的热力学参数(如温度、压力、内能、焓、熵等)来区分，描写不同的物质状态，了解物质运动的规律。热力学对体系宏观性质的描写和力学对体系微观运动的描写实际上是相辅相成的，热力学所描述的体系的宏观性质实际是微观的大量原子和分子运动性质的平均结果。连接宏观相态性质与微观结构运动的桥梁则是统计力学，主要方法为平均场方法。

2.1.2　相变的定义

相变是指外界条件(温度或压强)做连续变化时，物质聚集状态的突变。突变可以体现为：

① 从一种结构变化为另一种结构，狭义上来讲是指物态或晶型的改变。例如，气相凝结成液相或固相，液相凝固为固相，或在固相中不同晶体结构之间的转变。广义上讲，结构变化还包括分子取向或电子态的改变，如分子取向有序的液晶相变、电子扩展态到局域态的变化导致金属-非金属转变、电子自旋有序导致磁性转变等。

② 化学成分的连续或不连续变化，注意这种成分变化大多是指封闭体系内部相间成分分布的改变。例如，固溶体的脱溶分解或溶液的结晶析出。

③ 某种物理性质的跃变，如顺磁体-铁磁体转变、顺电体-铁电体转变、正常导体-超导体转变等，反映了某一种长程序的出现或消失。上述三种变化可以单独地出现，也可以两种或三种变化兼而有之，如脱溶沉淀往往是结构与成分的变化同时发生，铁电相变则总是和结构相变耦合在一起的，而铁磁相的沉淀析出则兼备三种变化。

另外，当物质呈现从一相到另一相的转变时，在转变点物质的有序度和相应的对称性发生变化。一般说来，高温相通常具有相对低的有序度和相对高的对称性，而低温相则恰恰相反。有序度的变化导致转变点物相对称性的突变，又称对称破缺，这是对相变的另一种普适的描述。在平均场理论中，序参量 η 可被定义为零；降温时，达到转变温度，序参量 η 有一个从零到非零的变化，开始呈现有序，而低于转变温度，序参量 η 不再为零。

从宏观的观点，在一定的 T、p 组成(假如可得)下，一个相变是否能发生是由热力学决定的。相图则描绘了对相行为的全面理解。相图是指三维空间特定的横截面，如 T-p 面。相图由点、线、面等几个元素构成。其中，面代表组成；人们最感兴趣的是线，因为线描绘了相和亚稳态行为热力学函数的不连续变化；孤立的点也有意义，特别是临界点。通过临界点的相变不包括体积和焓变化。在临界处尚未发现两个相与亚稳态共存，而等温压缩率和其他物理参数可能是非周期变化的。尽管热力学从宏观上揭示了相变过程的起始和终结，但微观分子运动却决定了这个过程的快慢(引入时间尺度)，这是动力学问题，动力学与热力学具有等同的重要性。实验上，可以观测宏观的结构或性能参数随时间的变化，同时将它们与相变动力学相关联。然而，仍需要微观分子模型以解释宏观实验数据和每一动力学过程的特征。例如，在非晶晶化过程中，成核和连续的晶体生长是对分子如何结晶成有序态的两种不同的描述。

高分子由于其长链特征，分子运动时间和尺度与普通金属和陶瓷材料中的原子或离子相比，有很大差别，因此聚合物的相变变得更加复杂，更加丰富多彩。固体聚合物难于达到热力学平衡，因而动力学在高分子体系的研究中显得特别重要。

2.1.3 相图化学

2.1.3.1 相律

研究相平衡的主要工具是相律和相图。相律(phase rule)是研究相平衡系统中各种因素对系统相态影响的一条基本规律，通用于所有相平衡系统。它是1876年由吉布斯(Gibbs)根据热力学原理导出的相平衡基本定律，也称吉布斯相律。相律是物质发生相变时所遵循的规律之一，它是检验、分析和使用相图的重要理论基础，它只适用平衡系统。

相律的数学表达式为

$$f = C - P + n$$

式中，f为自由度数；C为独立组分数；P为所选材料体系中的相数；n为可影响相平衡的外界条件数。

如果一个相平衡系统由S种化学物质组成，由于各物质之间存在化学平衡关系和浓度(量)的比例关系，所以

$$C=S-R-R'$$

式中，C为独立组分数；S为物种数；R为独立的化学平衡数；R'为独立的浓度限制条件数。

相律中涉及的各物理量的含义如下：

① 自由度数(freedom degree number)：亦称系统的自由度数或独立变量数，是指在一定范围内可以独立改变而不会引起相态变化的系统强度性质(如温度、压力及浓度)的数目，以f表示。

② 物种数(substance number)：是指系统中所含化学物质的种类数，以S表示。

③ 独立组分数(independent component number)：简称为组分数。足以确定平衡系统中所有各相组成所需的最少数目的独立组元(系统的组成单元或组合单元，可以是纯物质、离子或组成恒定的均相混合物等)称为独立组分。独立组分的数目称为独立组分数，以C表示。

浓度限制条件是指同一相中的几种物质浓度之间存在的关系。独立的浓度限制条件数(以R'表示)只有在同一相中才能起作用。例如，$CaCO_3$于抽空容器中发生分解反应：

$$CaCO_3(s) = CaO\ (s) + CO_2(g)$$

虽然CaO与CO_2物质的量相等，但由于二者处于不同的相，不存在浓度限制条件，此时，$R'=0$。

独立的化学平衡数(以R表示)是指物质间构成的化学平衡是相互独立的。例如，

某系统中发生下列三对平衡反应：

$$CO(g)+H_2O(g)=CO_2(g)+H_2(g) \quad (1)$$

$$2CO(g)+O_2(g)=2CO_2(g) \quad (2)$$

$$2H_2(g)+O_2(g)=2H_2O(g) \quad (3)$$

因为反应(3)=反应(2)-反应(1)，所以 $R=2$。

④ 相数(phase number)：是指平衡系统中所含相的数目，以 P 表示。按照相数的不同，系统可分为单相系统($P=1$)，二相系统($P=2$)，三相系统($P=3$)等。含有两个相以上的系统，称为多相系统。

一般情况下，只考虑温度和压力对平衡系统的影响，相律的数学表达式为

$$f=C-P+2$$

对于凝聚态系统，仅需考虑温度的影响，相律的数学表达式为

$$f=C-P+1$$

2.1.3.2　相图

相图(phase diagram)亦称相平衡图，是用来表示描述相平衡系统的组成与一些参数环境条件(如温度、压力)之间关系的图。广义来看，相图是在给定条件下体系中各相之间建立平衡后热力学变量(强度变量)轨迹的几何表达。通常，相图是以组分、温度和压力为变量来绘制的。相图在物理化学、矿物学和材料科学中具有很重要的地位，掌握相图对了解物质在加热、冷却或压力改变时的组织转变基本规律，以及物质的组织状态和预测物质的性能具有重要意义。

相图的建立主要是用实验的方法，测出物质在温度、压力或成分改变时发生相变(或状态改变)的临界点绘制出来的。临界点表示物质结构状态发生本质变化的相变点。测定相变临界点方法有动态法和静态法两种。动态法包括热分析法、膨胀法和电阻法等。静态法包括 X 射线结构分析法等。这些实验方法都是以物质相变时，伴随发生某些物理性能的突变为基础进行的。相图是在实验结果的基础上制作的，所以测量方法、测试的精度等都直接影响相图的准确性和可靠性。为了测量结果的精确，通常必须同时采用几种方法配合使用。

系统在发生相变时，由于结构发生了变化，必然要引起能量或物理化学性质的变化。对于凝聚系统的相平衡，其研究方法的实质就是利用系统发生相变时的能量或物理化学性质的变化，用各种实验方法准确地测出相变时的温度，如对应于液相线和固相线温度，以及多晶转变、化合物的分解和形成等温度。最基本的方法是热分析法。这种方法主要是观察系统中的物质在加热和冷却过程中所发生的热效应。当系统以一定速度加热或冷却时，如系统中发生了某相变，则必然伴随吸热或放热的能量效应，测定此热效应产生的温度，即为相变发生的温度，常用的有加热或冷却(步冷)曲线法和差热分析(DTA)法。此外，还有热膨胀曲线法和电导(电阻)法。

(1) 加热或冷却(步冷)曲线法

这种方法是将一定组成的体系，均匀加热至完全熔融或加热完全溶解后，使之均匀冷却，测定体系在每一时刻下的温度。作出时间-温度曲线，这样的曲线称为加热曲线或步冷曲线。如果系统在均匀加热或冷却过程中不发生相变化，则温度的变化是均匀的，曲线是圆滑的；反之，若有相变化发生，则因有热效应产生，在曲线上必有突变和

转折。曲线的转折程度与热效应的大小有关，相变时热效应小，曲线出现一个小的转折点；相变时热效应大，曲线上便会出现一个平台。

对单一的化合物来说，转折处的温度就是它的熔点或凝固点，或者是其分解反应点，还可能是相变点。对混合物来说，加热时的情况就较复杂，可能是其中某一化合物的熔点，也可能是同别的化合物发生反应的反应点，因此用步冷曲线法较合适。因为当系统从熔融状态冷却时，析出的晶相是有次序的，结晶能力大的先析出。因此，在相平衡的研究中，步冷曲线是重要的研究方法。但是，有些硅酸盐系统的过冷现象很显著，反而不及加热曲线所得结果好，所以应根据具体情况而选用不同的方法。

(2) 差热分析法

差热分析法的特点是灵敏度较高，对于加热过程中物质的脱水、分解、相变、氧化、还原、升华、熔融、晶格破坏及重建等物理化学现象都能精确地测定和记录。

(3) 热膨胀曲线法

材料在相变时常常伴随体积变化(或长度变化)。如果测量试样长度随温度变化的膨胀曲线，就可以通过曲线上的转折点找到相应的相变点。

(4) 电导(或电阻)法

物质在不同温度下的电阻率(或电导率)是不同的，在相变前后，物质的电阻率或电导率随温度变化的规律也不同。根据这个特点，测定不同配比试样的电阻率随温度变化的曲线，然后根据曲线上转折点找出相图中对应点。

这里主要介绍固体材料的相图。以合金为例，简单介绍用热分析法建立二元合金相图的具体步骤：

① 将给定两组元配制成一系列不同成分的合金。

② 将它们分别熔化后在缓慢冷却的条件下，分别测出它们的冷却曲线。

③ 找出各冷却曲线上的相变临界点(曲线上的转折点)。

④ 将各临界点注在温度-成分坐标中相应的合金成分线上。

⑤ 连接具有相同意义的各临界点，并作出相应的曲线。

⑥ 用相分析法测出相图中各相区(由上述曲线所围成的区间)所含的相，将它们的名称填入相应的相区内，即得到一张完整的相图。

用热分析法建立 Cu-Ni 二元合金相图的具体过程如图 2-1 所示。

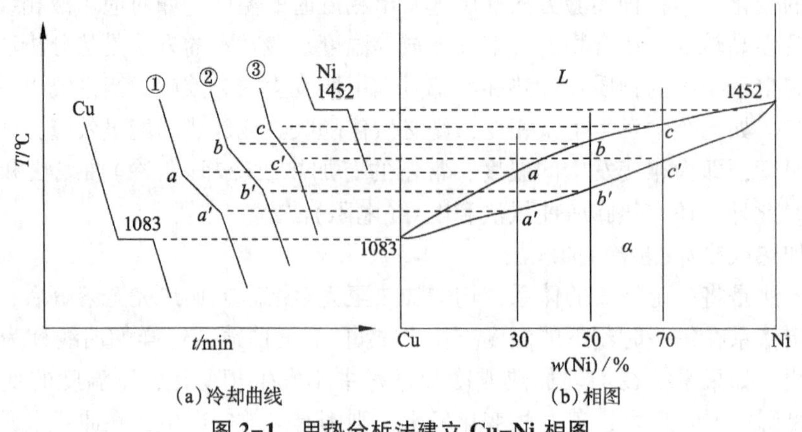

(a) 冷却曲线　　(b) 相图

图 2-1　用热分析法建立 Cu-Ni 相图

热分析法绘制相图：合金加热→熔融→自然冷却→定时记录温度→作出时间(t)-温度(T)曲线-步冷曲线。对于纯 Cu 和纯 Ni，有固定的熔点。在熔点温度，液态 Cu 或 Ni 开始凝固，随着凝固过程的进行，随着结晶潜热的释放使冷却曲线出现了一个平台，待凝固全部完成后，温度才会随时间继续下降。对于 Cu-Ni 二元合金，其冷却曲线上无平台，但有两个折点，其所对应的温度就是相变临界点。有两个温度存在，表明二元合金的结晶是在一个温度范围内进行的，较高的温度是结晶开始的温度，称为上临界点；较低的温度是结晶终了的温度，称为下临界点。在这个温度区间，液相、固相两相共存。将两临界点标在温度为纵坐标，成分为横坐标的平面图中，并分别将其连接起来，就得到 Cu-Ni 相图。通常对热效应较大的相变过程，采用热分析法，测步冷曲线。对热效应较小的相变过程，采用差热分析法，测差热曲线。

由于相图所指示的平衡状态表示了在一定条件下系统所进行的物理化学变化的本质、方向和限度，因而它对于从事材料科学研究以及解决实际生产中确定配料范围、选择工艺制度、预计产品性能等具有重要的理论指导意义。但应注意的是实际生产过程中与相图所表示的平衡过程是有差别的。相图仅指出在一定条件下体系所处的平衡(即其中所包含的相数，各相的形态、组成和数量)，而不管达到这个平衡所需要的时间。系统在一定热力学条件下从原先的非平衡态变化到该条件下的平衡态，需要通过相与相之间的物质传递，因而需要一定的时间，这是由相变过程的动力学因素所决定的，然而，这种动力学因素在相图中完全不能反映。

相图的分类按组分数划分为单元系相图、二元系相图和三元系相图。

2.1.4　单元系相图

单元系相图也称为一元相图，它主要用来反映纯元素或纯化合物的相图相变规律。只受温度和压力影响的单组分($C=1$)平衡系统，根据相律 $f=C-P+2=3-P$。$f_{min}=0$ 时，$P_{max}=3$，所以单组分系统最多三相共存。$P_{min}=1$ 时，$f_{max}=2$，此时单组分系统是双变量平衡系统，即温度和压力，因此单组分系统的相图可用 p-T 平面图表示。在压力不变(如一个大气压)时，只需用一个温度坐标表示；当温度和压力改变时，它需要用温度、压力两个坐标轴表示，即用一个二维平面表示。

单组分系统的相平衡可能有三种情况：

① $P=1$ 时，$f=2$。即单组分系统为单相时，p 和 T 可在有限范围内随意改变而不会产生新相，在 p-T 图上对应于一个面。

② $P=2$ 时，$f=1$。即单组分系统两相平衡时，温度与压力具有依赖关系，二者中只有一个量可以独立改变，在 p-T 图上对应于一条线。

③ $P=3$ 时，$f=0$。即单组分系统三相共存时，p 与 T 均为定值，不可随意变动，在 p-T 图上对应于一个点。相图中的任何一点称为相点(phase point)。在相图中，一个温度和压力都指定的点，这个点称为三相点，它可以是气、液、固三相共存，也可以是固、液、固或固、固、固三相共存。

常见的单元系相图如下。

(1) 水的相图

表 2-1 为水的相平衡数据。

表 2-1 水的相平衡数据

温度/K	系统的饱和蒸气压/Pa		平衡压力/Pa
	水⟸⟹水蒸气	冰⟸⟹水蒸气	水⟸⟹冰
253. 15	—	1.033×10^{2}	1.996×10^{3}
258. 15	1.905×10^{2}	1.652×10^{2}	1.611×10^{3}
263. 15	2.857×10^{2}	2.594×10^{2}	1.145×10^{3}
268. 15	4.215×10^{2}	4.013×10^{2}	1.681×10^{3}
273. 16	6.110×10^{2}	6.110×10^{2}	6.110×10^{2}
293. 15	2.339×10^{3}	—	—
313. 15	7.374×10^{3}	—	—
333. 15	1.991×10^{4}	—	—
353. 15	4.734×10^{4}	—	—
373. 15	1.013×10^{5}	—	—
423. 15	4.752×10^{5}	—	—
473. 15	1.552×10^{6}	—	—
523. 15	3.796×10^{6}	—	—
573. 15	8.587×10^{6}	—	—
623. 15	1.653×10^{7}	—	—
647. 30	2.206×10^{7}	—	—

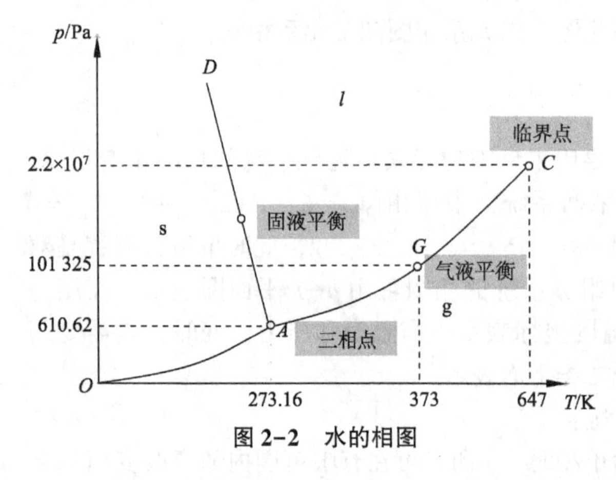

图 2-2 水的相图

图 2-2 是根据表 2-1 的实验结果所绘制的水的相图示意图(压力 p/Pa-温度 T/K 图)。

① 在水、冰、水蒸气三个区域内，系统都是单相，$P=1$，所以 $f=2$，在该区域内可以有限度地独立改变温度和压力，而不会引起新相的出现。必须同时指定温度和压力两个变量，系统的状态才能完全确定。

② 图中三条实线是两个区域交界线。在线上 $P=2$，表示两相平衡，$f=1$，即指定了温度就不能再任意指定压力，压力应由系统自定。

③ AC 线是水蒸气和水两相平衡曲线(气-液两相平衡线)，即水在不同温度下的蒸气压曲线。它不能任意延长，终止于临界点 C。

C 为水的临界点($T_c=647$ K，$p_c=2.2\times10^{7}$ Pa)，这时液、气的密度相等，两相间的界面消失，即气-液界面消失，成为单一的相。如从 C 点对 T 轴作垂线，则垂线之左 CA、AO 线所围区域称为气体液化区(即气体可以加压或降温液化为水)，而在垂线之右的区域则称为气相区，因为它高于临界温度，不可能用加压的方法使气体液化。

④ AO 线是冰和水蒸气两相平衡线(气-固两相平衡线)，即冰的升华线，AO 线理论上可延长到绝对零度附近。

⑤ AD 线为冰和水的两相平衡线(固-液两相平衡线)，AD 线不能无限向上延长，大

约从 2.0×10^8 Pa 开始，相图变得复杂，有不同结构的冰生成。

AC、*AO*、*AD* 三条曲线的任意点切线的斜率均可由克拉贝龙-克劳修斯(Clapeyron-Clausius)方程求得。

⑥ *A* 点是三条实线的交汇点，称为三相点(triple point)，在该点气-液-固三相平衡共存，$P=3$，则 $f=0$。三相点的温度为 273.16 K，压力为 610.62 Pa，不能任意改变。

水的三相点与冰点的区别：三相点是物质自身的特性，不能加以改变，如 H_2O 的三相点温度为 273.16 K，压力为 610.62 Pa；冰点是在大气压力下，水、冰、气三相共存。当大气压力为101 325 Pa时，冰点温度为 273.15 K，改变外压，冰点也随之改变。

冰点温度比三相点温度低 0.01 K 是由两种因素造成的：通常情况下的冰和水都已被空气所饱和，实际上成为多组分系统。由于空气的融入，液相变为溶液，因而使冰点降低了0.002 42 K；在三相点时的外压为 610.62 Pa，而通常情况下外压是101 325 Pa；若外压从 610.62 Pa 改变到 101 325 Pa，冰点又降低了 0.007 47 K。这两种效应之和为 0.002 42 K+0.007 47 K=0.009 89 K ≈0.01 K，所以通常所说的水的冰点比三相点低了 0.01 K，即等于 273.15 K(或 0 ℃)。

(2) SiO_2相图

二氧化硅(SiO_2)是在自然界分布较广、工业上应用极为广泛且具有多晶转变的典型氧化物。石英砂是玻璃、陶瓷、耐火材料工业的基本原料；石英玻璃可做光学仪器，也可做耐高温的石英坩埚；以鳞石英为主晶相的硅砖是一种耐高温材料，用于冶金和玻璃工业上等。实验证明，在常压和有矿化剂(或杂质)存在条件下，SiO_2有 7 种晶型，可分为三个系列，即石英、鳞石英和方石英系列。每个系列中又有高温型变体和低温型变体，即 α-石英、β-石英，α-鳞石英、β-鳞石英、γ-鳞石英，α-方石英、β-方石英。

这里主要介绍常压下有矿化剂存在时 SiO_2系统的相平衡，芬奈(Fenner)研究了 SiO_2各变体间的相互转变情况，作出了 SiO_2相图(压力 p/Pa-温度 T/℃图)，如图 2-3 所示。

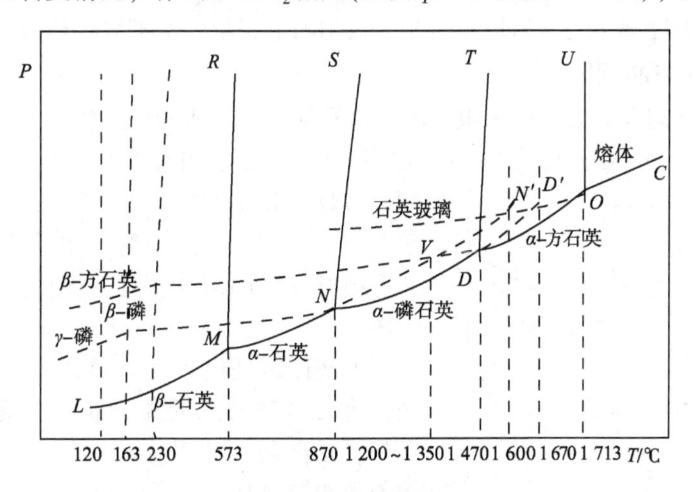

图 2-3　SiO_2相图

① 在 573 ℃以下的低温，SiO_2的稳定晶型为 β-石英，加热至 573 ℃转变为高温型的 α-石英，这种转变较快；冷却时在同一温度下以同样的速度发生逆转变。如果加热速度过快，则 α-石英过热而在 1 600 ℃时熔融。如果加热速度很慢，则在 870 ℃转变

为 α-鳞石英。

② α-鳞石英在加热较快时，过热到 1 670 ℃时熔融。当缓慢冷却时，在 870 ℃仍可逆地转变为 α-石英；当迅速冷却时，沿虚线过冷，在 163 ℃转变为介稳态的 β-鳞石英，在 120 ℃转变为介稳态的 γ-鳞石英。加热时 γ-鳞石英仍在原转变温度以同样的速度先后转变为 β-鳞石英和 α-鳞石英。

③ α-鳞石英缓慢加热，在 1 470 ℃时转变为 α-方石英，继续加热到 1 713 ℃熔融。当缓慢冷却时，在 1 470 ℃时可逆地转变为 α-鳞石英；当迅速冷却时，沿虚线过冷，在 230 ℃转变为介稳状态的 β-方石英；当加热 β-方石英仍在 230 ℃迅速转变为稳定状态的 α-方石英。

④ 熔融状态的 SiO_2 由于黏度很大，冷却时往往成为过冷的液相-石英玻璃。虽然它是介稳态，由于黏度很大在常温下可以长期不变。如果在 1 000 ℃以上持久加热，也会产生析晶。熔融状态的 SiO_2，只有极其缓慢的冷却，才会在 1 713 ℃可逆地转变为 α-方石英。

2.1.5 二元系相图

二元系相图是指独立组分数为 2 的体系的相图。以合金为例，合金是指由两种或两种以上的金属元素或金属与非金属元素组成的具有金属特性的材料。组元是指组成合金的最基本的、独立的物质。合金系是指由若干组元可以配制成一系列成分不同的合金系列。合金的组成相可分为固溶体和金属化合物这两种基本类型。固溶体相图、合金相图均属于二元系相图。合金相图就是用图解的方法表示不同成分、温度下合金中相的平衡关系。在二元相图中有单相区和两相区。根据相律可知，在单相区内，$f=2-1+1=2$，说明合金在此相区范围内，可独立改变温度和成分而保持原状态。若在两相区内，$f=1$，这说明温度和成分中只有一个独立变量，即在此相区内任意改变温度，则成分随之而变，不能独立变化；反之亦然。若在合金中有三相共存，则 $f=0$，说明此时三个平衡相的成分和温度都不变，为恒温转变，在相图上表示为水平线，称为三相水平线。

2.1.5.1 二元匀晶相图

两组元在液态和固态均能无限互溶，这样的二元系所构成的相图，称为二元匀晶相图。如 Cu-Ni、Au-Ag、Au-Pt、Fe-Ni 等。当两个组元化学性质相近，晶体结构相同，晶格常数相差不大时，它们不仅可以在液态或熔融态完全互溶，而且在固态也完全互溶，形成成分连续可变的固溶体，称为无限固溶体或连续固溶体。

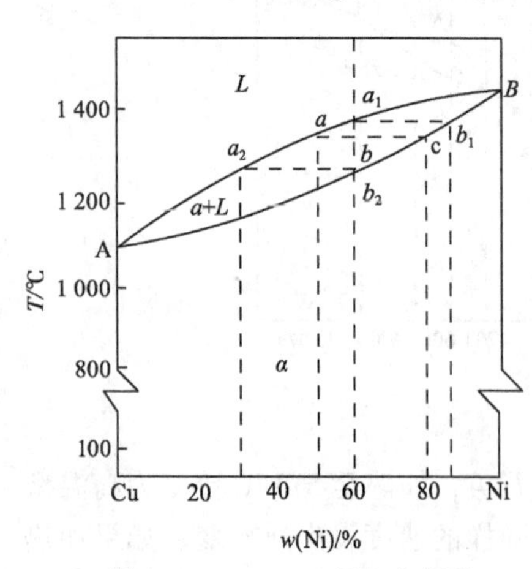

图 2-4 Cu-Ni 二元合金相图

由液体结晶出单相固溶体的过程称为匀晶转变，绝大多数的二元相图都包括匀晶转变部分。有些二元合金，如 Cu-Ni、Au-Ag、Au-Pt 等只发生匀晶转变；有些二元陶瓷，如 NiO-CoO、CoO-MgO、NiO-MgO 等也只发生匀晶转变。

相图分析如图 2-4 所示 Cu-Ni 二元合金相图为例进行分析。

图 2-4 中纵坐标为温度坐标，横坐标为合金

成分坐标，从左向右表示合金成分的变化，即 Ni 的质量分数由 0 向 100%逐渐增大；而 Cu 的质量分数相应地由 100%向 0 逐渐减少。横坐标上的任何一点都代表一种成分的 Cu-Ni 合金。图中 A 点(1 083 ℃)为纯铜的熔点；B 点(1 451 ℃)为纯镍的熔点。Aa_2a_1 为液相线，Ab_2b_1 为固相线。液相线与固相线把整个相图分为三个区域：液相线以上是单相液相区(L)，固相线以下是单相固相区(α)，液相线与固相线之间为液固两相共存区($L+\alpha$)。

合金结晶过程分析以含 w(Ni) 60%的 Cu-Ni 合金为例分析其结晶过程，如图 2-4 所示。当温度降至 a_1 点时，由液相中析出 α 固溶体，这时结晶出 α 固溶体的成分相等于 b_1 点的成分[约含 w(Ni) 85%]，随着冷却温度继续降低，液相中继续析出 α 固溶体，其成分沿固相线不断变化。当温度降低到 b_2 时，合金全部结晶成固溶体 α，b_2 点成分即为该合金的成分。

从液相中析出匀晶固相(固溶体)的成分变化，其中析出固相成分沿固相线变化，剩余液相成分沿液相线变化，液相成分变化和固相成分变化同步进行，并遵守杠杆定律(杠杆规则)。杠杆定律(杠杆规则)是指在结晶过程中，液、固二相的成分分别沿液相线和固相线变化，液、固二相的相对量关系，如同力学中的杠杆定律。

杠杆定律(杠杆规则)如图 2-5 所示。

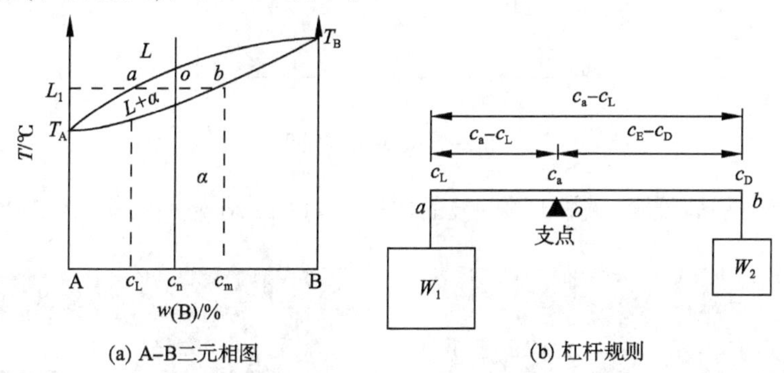

(a) A-B二元相图　　(b) 杠杆规则

图 2-5　杠杆定律示意图

在图 2-5(a)中，当两相处于平衡共存的两相区时，两相的质量比可以用杠杆定律求得。例如在 T 温度时，液相 L 和固溶体 α 达到平衡，液、固两相质量百分数分别为 w_L、w_α，则有：

$$w_L/w_\alpha=ob/ao$$

如果把 aob 看作一根杠杆，上式中的 w_L/w_α 恰好与它们的杠杆臂成反比关系。杠杆定律只适用于两相平衡区。杠杆定律的两端一定是单相，杠杆的杆是某一温度，杠杆的支点是研究合金的平均成分，杠杆定律是计算双相的质量百分含量或物质的量。

几个基本术语：

相组成物(phase component)，是指组成合金显微组织的基本相。

组织组成物(tissue component)，是指合金在结晶过程中，形成的具有特定形态特征的独立组成部分。

脱溶(二次结晶，secondary crystallization)，从一个固溶体中析出另一个固相。

初晶，共晶转变前形成的相。

在匀晶相图(图 2-6)中，有时会有极大点和极小点。

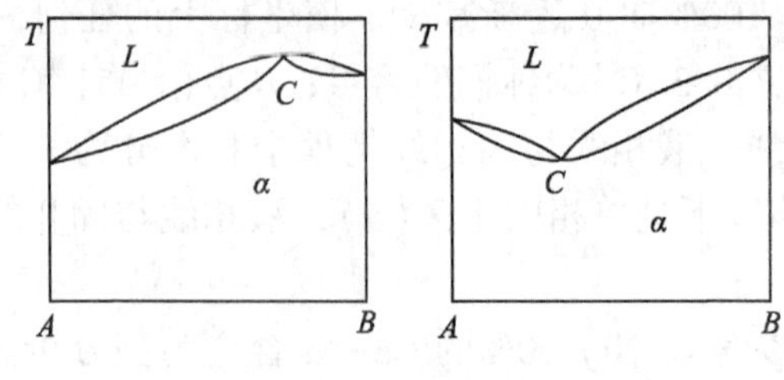

图 2-6 匀晶相图

有时也会出现结晶结构转变，如 Ce-La 相图(图 2-7)。

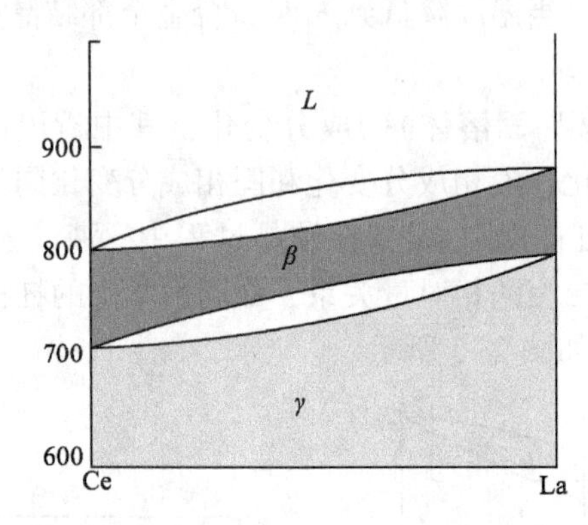

图 2-7 Ce-La 相图

有时也有不平衡凝固-偏析现象-枝晶偏析，如 Cu-Ni 枝晶偏析(图 2-8)。

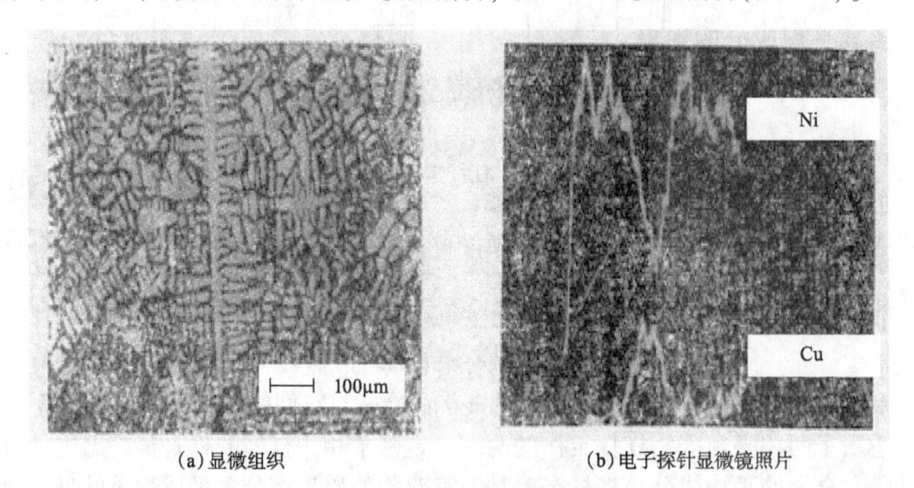

(a) 显微组织 (b) 电子探针显微镜照片

图 2-8 Cu-Ni 枝晶偏析

2.1.5.2 二元共晶相图

当两组元在液态能无限互溶，在固态只能有限互溶，并具有共晶转变的二元合金系所构成的相图称为二元共晶相图。如 Pb-Sn、Pb-Sb、Cu-Ag、Al-Si 等合金的相图都属于共晶相图。

组成共晶相图(eutectic phase diagram)的两组元，在液态可无限互溶，而固态只能部分互溶，甚至完全不溶。两组元的混合物使合金的熔点比各组元低，因此，液相线从两端纯组元向中间凹下，两条液相线的交点所对应的温度称为共晶温度。在该温度下，液相通过共晶凝固同时结晶出两个固相，这样两相的混合物称为共晶组织或共晶体。

如图 2-9 所示，共晶反应如下式所示：

$$l_c \xrightarrow{\text{恒温}} \alpha_d + \beta_e$$

共晶反应时形成共晶体，共晶体$(\alpha+\beta)$中，关系式如下：

$$\frac{\alpha}{\beta} = \frac{\overline{ce}}{\overline{cd}}$$

图 2-9 所示的是一个典型的二元共晶相图。A、B 分别表示两个组元，T_a和 T_b为两个组元的熔点。两条液相线相交于 c 点。图中 α 相为 B 在 A 中的有限溶解的固溶体，β 相为 A 在 B 中有限溶解的固溶体，在相图中，习惯将固溶体按从左到右的顺序用希腊字母表示为 α、β、γ 等。acb 为液相线，$adceb$ 为固相线，df 是 B 在 A 中的饱和溶解度曲线，也称固溶度曲线，eg 是 A 在 B 中的饱和溶解度曲线。该相图有三个单相区：即液相 L、固溶体 α 和固溶体 β。单相区之间有三个两相区：即 L+α、L+β 和 α+β。

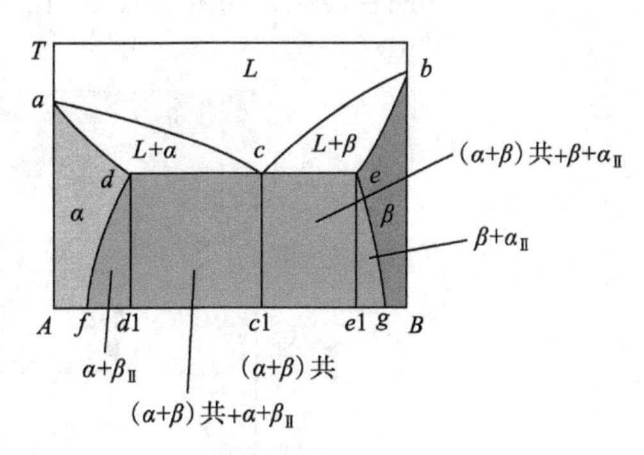

图 2-9　共晶相图

Pb-Sn 共晶合金相图如图 2-10 所示。Pb 的熔点为 327.5 ℃，Sn 的熔点为 231.9 ℃，α 相为 Sn 在 Pb 中的有限固溶体，β 相为 Pb 在 Sn 中的有限固溶体。该相图有三个单相区：即液相 L、固溶体 α 和固溶体 β。单相区之间有三个两相区：即 L+α、L+β 和 α+β。共晶温度为 183 ℃。

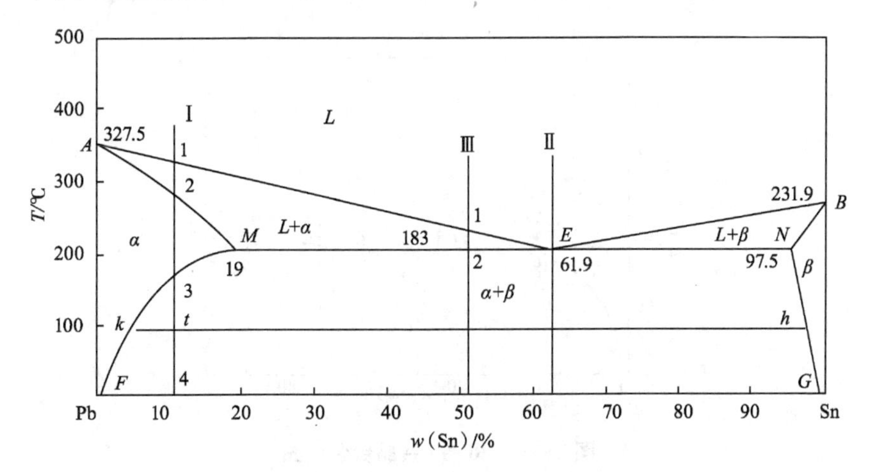

图 2-10　Pb-Sn 共晶合金相图

Pb-Sn 共晶合金结晶过程示意图如图 2-11 所示。

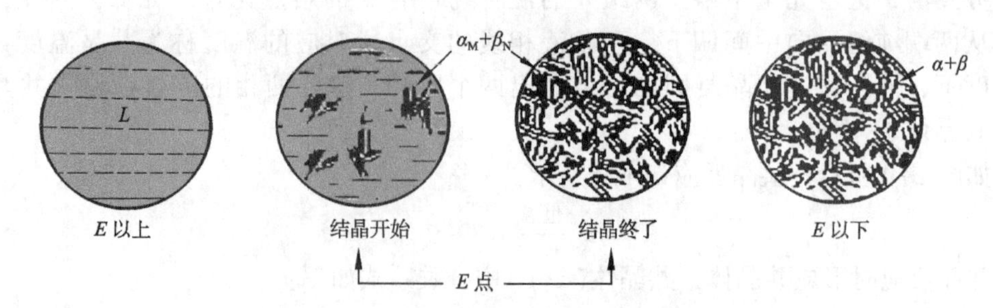

图 2-11　Pb-Sn 共晶合金结晶过程示意图

Pb-Sn 共晶合金组织分布如图 2-12 所示。

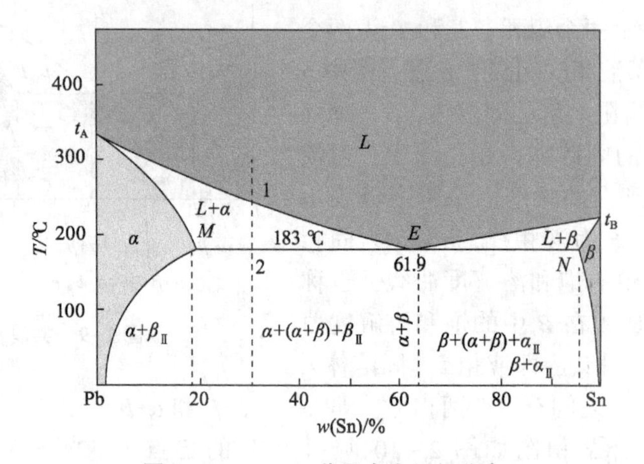

图 2-12　Pb-Sn 共晶合金组织分布

不同 Sn 含量(以图 2-13 为例)时的组织形貌变化如图 2-14(10% Sn)、图 2-15(50% Sn)、图 2-16(61.9% Sn)、图 2-17(70% Sn)所示。

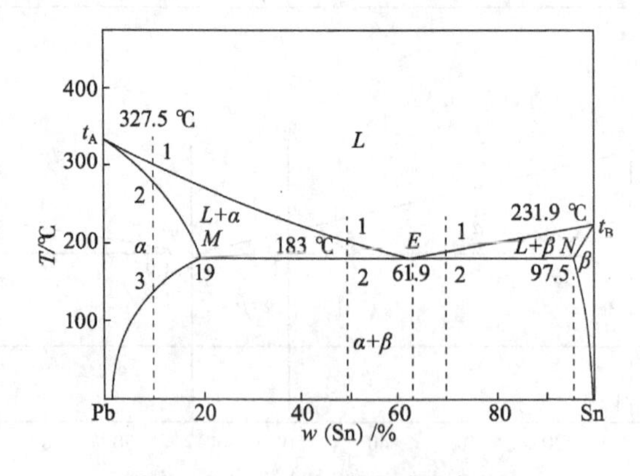

图 2-13　Pb-Sn 共晶合金相图

10%Sn，50%Sn，61.9%Sn 状态点冷却时的组织形貌变化如下：

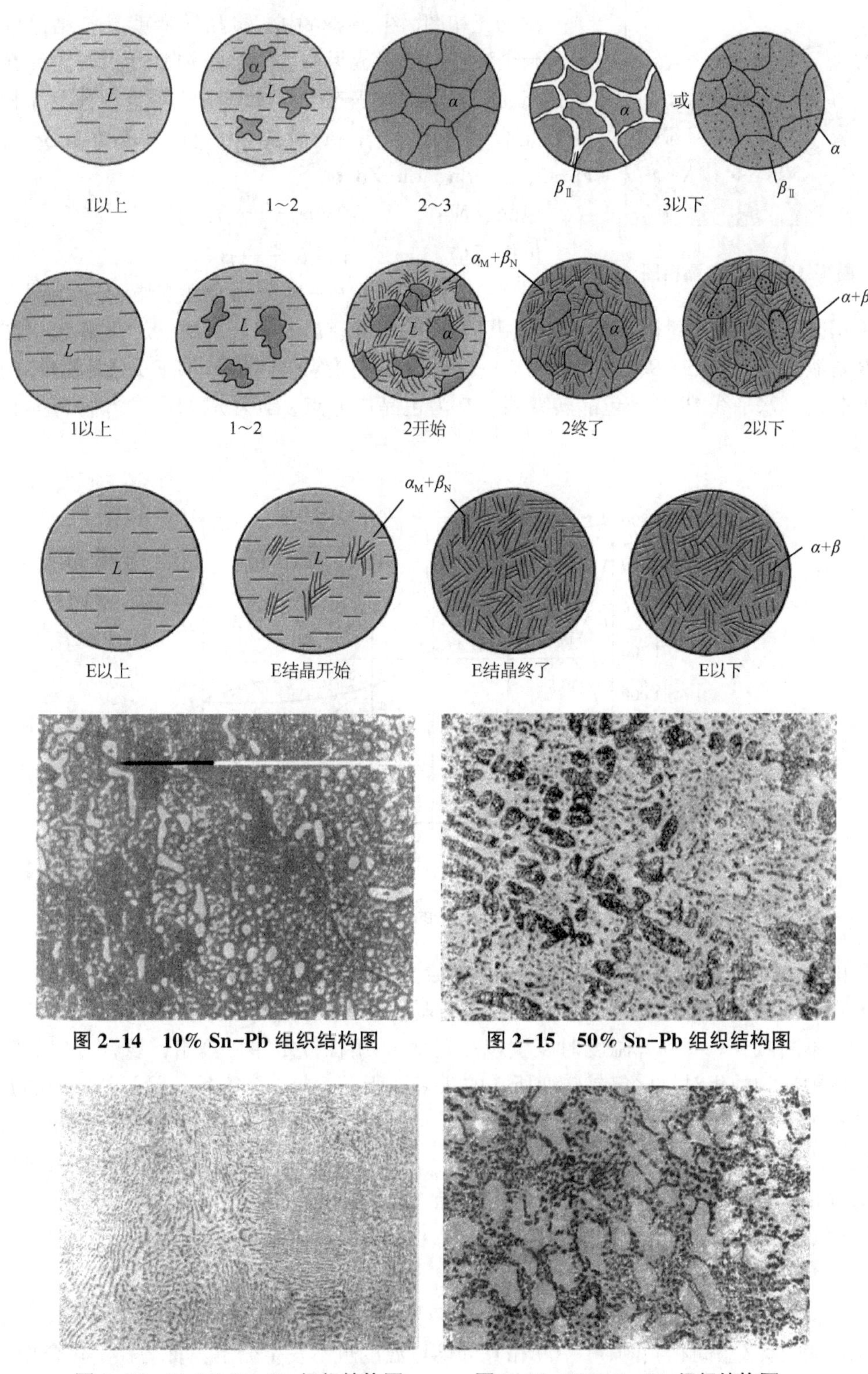

图 2-14　10% Sn-Pb 组织结构图

图 2-15　50% Sn-Pb 组织结构图

图 2-16　61.9% Sn-Pb 组织结构图

图 2-17　70% Sn-Pb 组织结构图

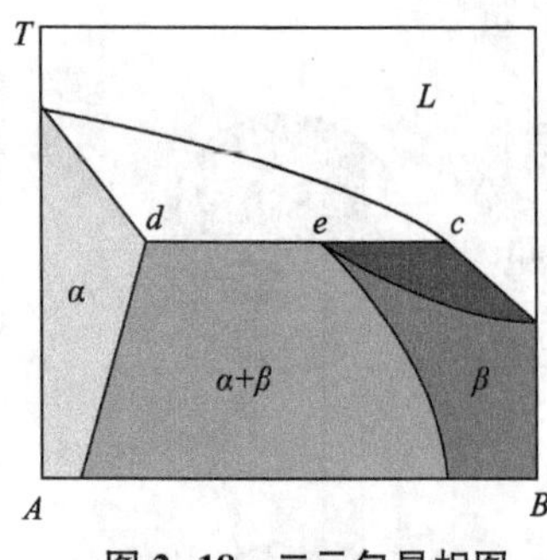

图 2-18　二元包晶相图

2.1.5.3　二元包晶相图

在二元相图(图 2-18)中，包晶转变就是已结晶的固相和剩余液相反应形成另一固相的恒温转变。两组元在液态时能无限互溶，在固态时只能有限互溶。具有包晶相图的二元合金系主要有 Pt-Ag、Ag-Sn、Al-Pt、Sn-Sb、Fe-C、Cu-Sn、Cu-Zn 等。

包晶反应：　　$L_c + \alpha_d \xleftrightarrow{\text{恒温}} \beta_e$

包析反应：　　$\gamma + \alpha \xleftrightarrow{dT=0} \beta$

图 2-19 所示的是 Pt-Ag 包晶转变的相图。相图有三个单相区：液相 L、固相 α 和 β。单相区之间是 $L+\alpha$、$L+\beta$ 和 $\alpha+\beta$ 共三个两相区。图中 ACB 是液相线，AP、DB 是固相线，PE 是 α 固溶体的溶解度曲线，DF 是 β 固溶体的溶解度曲线。水平线 PDC 是包晶转变线，D 为包晶成分点，其对应的温度 t_D 为包晶转变温度。

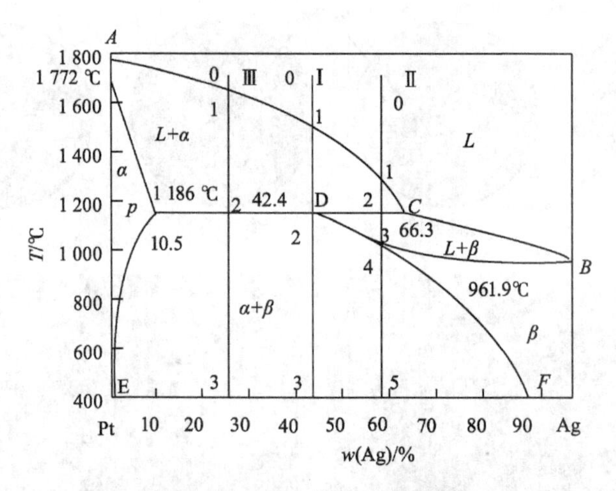

图 2-19　Pt-Ag 的二元包晶相图

由图 2-19 可见，合金成分为包晶点的合金，由 0 点缓冷至液相上的 1 点时，从液相 L 中开始结晶出初晶 α。在 1~2 点之间，随着温度的降低，α 相数量不断增多，L 相的数量不断减少。冷到 t_D 温度时发生包晶转变 。用杠杆定律可算出，该合金包晶转变时系统中液相的相对量比包晶转变所需的量多，所以，包晶转变后，除了新形成的 β 相外还有剩余的液相存在。当温度从 2 点降低时，剩余的液相将继续结晶出 β 固溶体，β 相成分沿 DB 变化，液相的成分沿 CB 变化。当温度达到 3 点后，液相全部结晶为与合金成分相同的 β 固溶体。在 3~4 点之间，合金为单相 β 固溶体合金，不发生变化。合金平衡结晶过程如图 2-20 所示。

2.1.5.4　形成稳定化合物的二元相图

在某些组元组成的相图中，经常形成多种中间相或金属间化合物。其中一部分可形成二次固溶体(中间相)；某些中间相直到熔点温度也不发生分解，称为稳定化合物。

典型的形成稳定化合物的相图如图 2-21 所示。

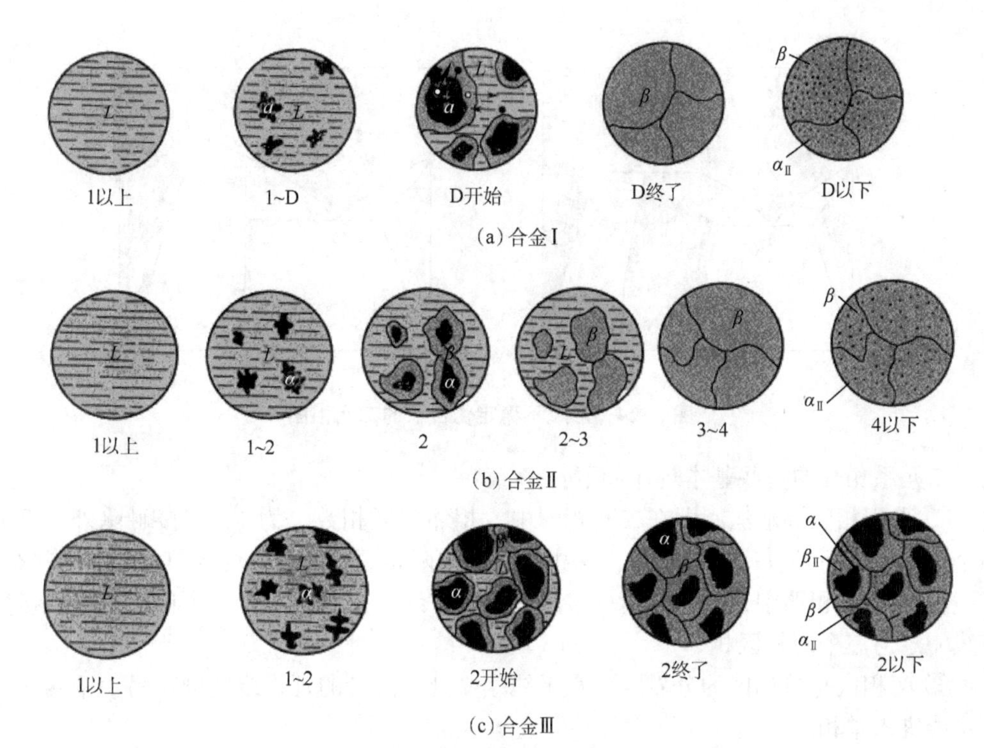

图 2-20　合金平衡结晶过程示意图

组元 A 和组元 B 生成一个稳定化合物 A_mB_n，h 是该化合物的熔点。分析这类相图时，可把稳定化合物 A_mB_n 看作为一个独立组元而把相图分为两个独立部分，即按 A_mB_n-h 线将此相图划分为两个简单的二元系统相图 A-A_mB_n 和 A_mB_n-B，b 是 A-A_mB_n 分二元相图的共晶点，e 是 A_mB_n-B 分二元相图的共晶点，这样就可以用分析二元共晶相图的方法来分析此相图。例如，图 2-22 所示的 Mg-Si 形成稳定化合物的二元相图（这里的稳定化合物 A_mB_n 用 C 表示）。图 2-23 所示是形成金属间化合物的二元相图。图 2-24所示是形成不稳定化合物的二元相图。

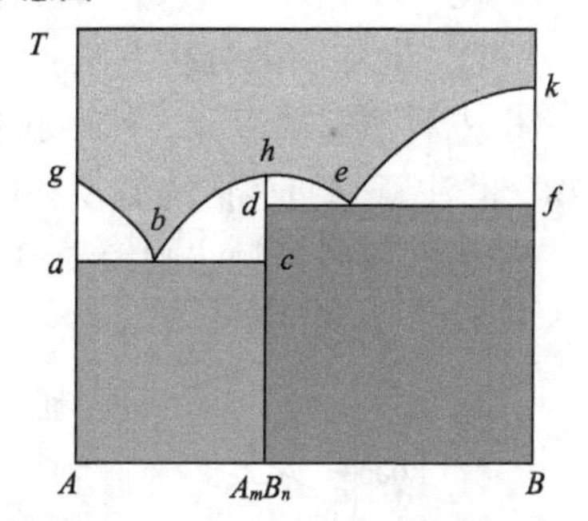

图 2-21　形成稳定化合物的二元相图

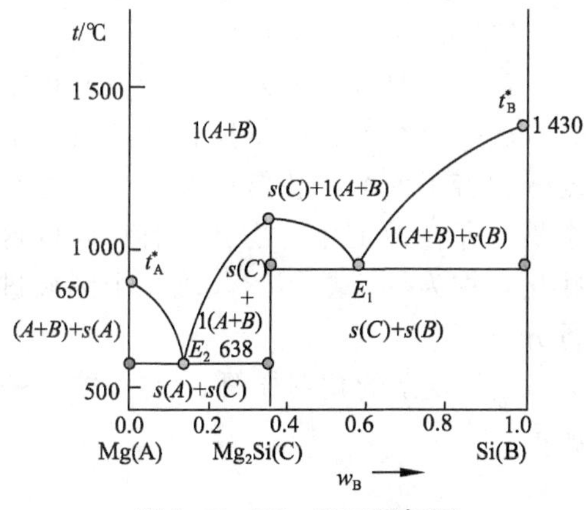

图 2-22　Mg-Si 二元相图

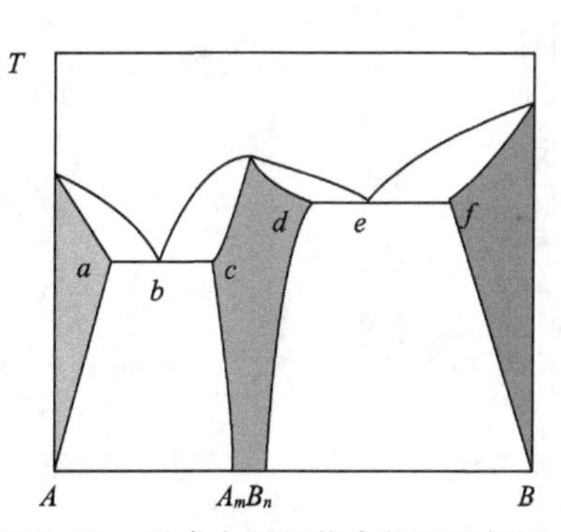

图 2-23　形成金属间化合物二元相图

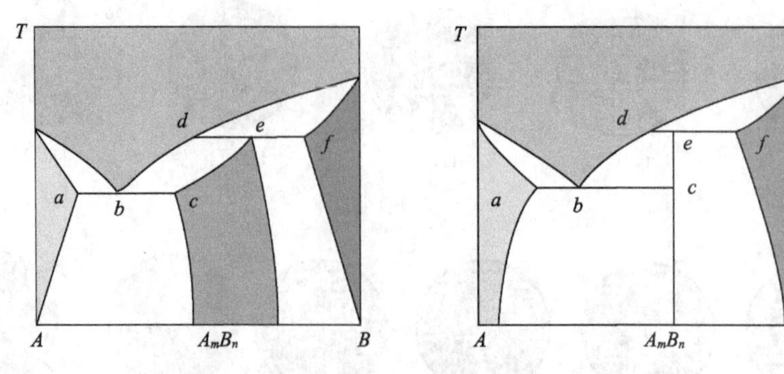

图 2-24 形成不稳定化合物的二元相图

二元系相图的一些基本规律如下：

① 采用相区接触法，即在二元相图中，相邻相区相数差为 1，点接触除外。例如，两个单相区之间必有一个双相区，三相线只能与两相区相邻，不能与单相区有线接触。

② 在二元相图中，三相平衡一定是一条水平线，该线一定与三个单相区有点接触，该线一定与三个两相区相邻。

③ 两相区与单相区的分界线与水平线相交处，前者的延长线应进入另一个两相区，而不能进入单相区。

④ 两个单相区只能交于一点，而不能交成线段。

复杂二元相图的分析方法：

① 先看清它的组元，然后找出它的单相区，如分清哪些是固溶体，哪些是稳定化合物，并注意它们存在的温度和成分区间。

② 根据相区接触法则，弄清各个相区及相数。

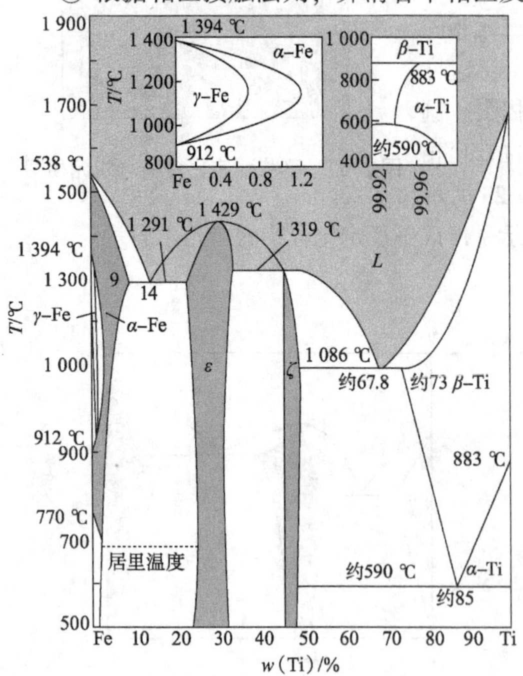

图 2-25 Fe-Ti 相图

③ 找出所有的水平线，有水平线就意味着存在三相反应，对应的温度即发生该反应的温度。

④ 在各水平线上找出三个特殊点，即水平线的两个端点和靠近水平线中部的第三个点，中部点表明产生三相反应的成分，如共晶点、包晶点。

⑤ 若相图中存在稳定化合物则可把其看成一个组元，把复杂相图从成分上划分为若干区域，化繁为简。先看相图中是否存在稳定化合物，如有，则以这些化合物为界，把相图分成几个区域进行分析。

其他复杂的相图如图 2-25～图 2-31 所示。

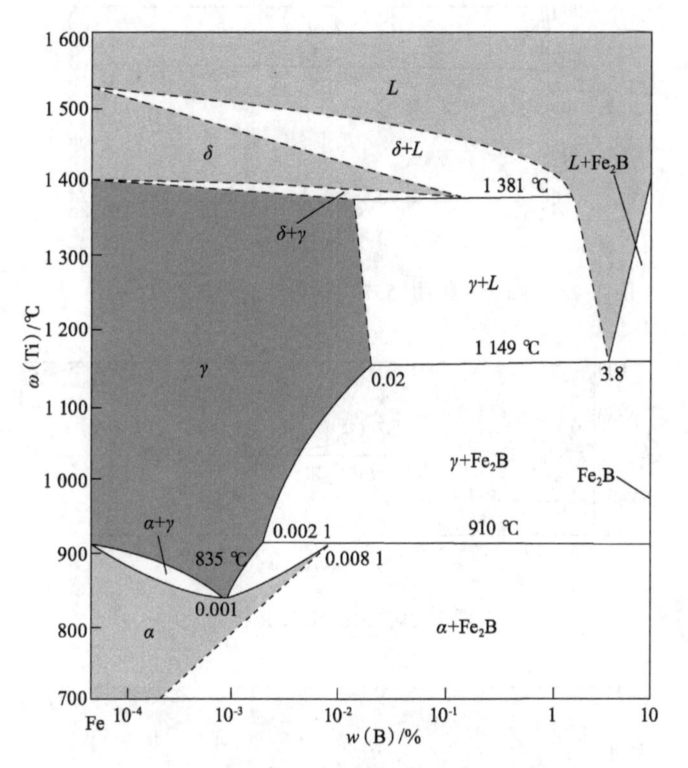

图 2-26　**Fe-B** 相图（1 381 ℃时发生熔晶转变 $\delta \rightarrow \gamma + L$）

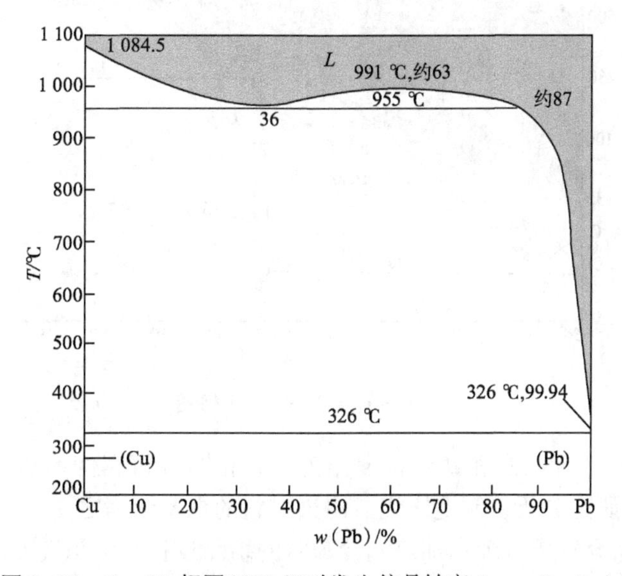

图 2-27　**Cu-Pb** 相图（955 ℃时发生偏晶转变 $L_{36} \rightarrow Cu + L_{87}$）

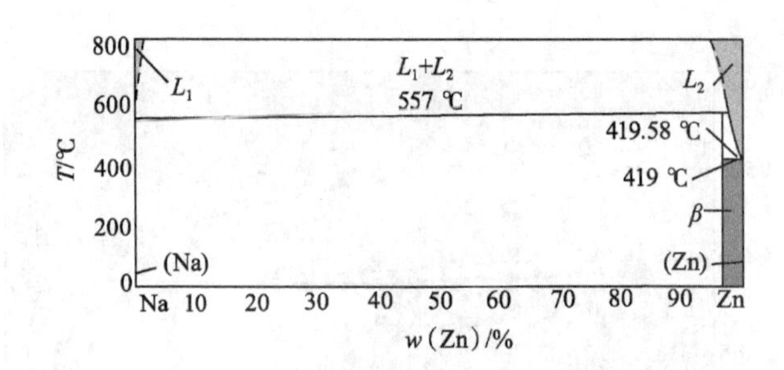

图 2-28 Na-Zn 相图(557 ℃时发生合晶转变 $L_1+L_2 \rightarrow \beta$)

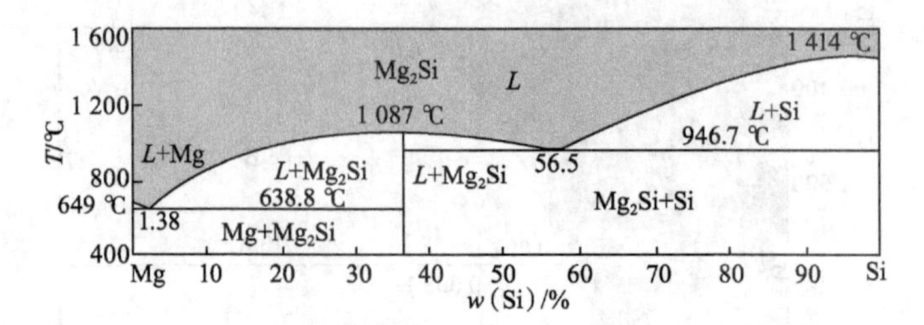

图 2-29 Mg-Si 二元相图

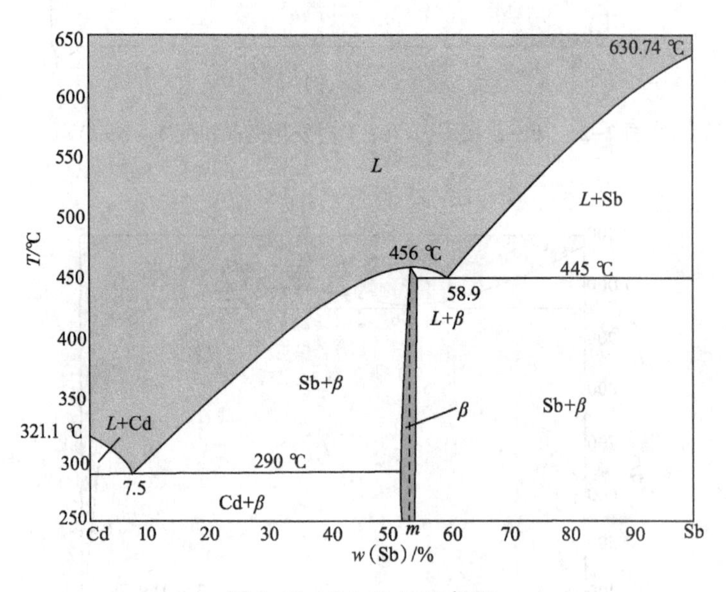

图 2-30 Cd-Sb 二元相图

以 SiO_2-Al_2O_3 二元相图和铁碳相图作为二元相图分析实例。SiO_2-Al_2O_3 二元相图(图 2-31)是用于研究分析、制造陶瓷、耐火材料的重要依据之一。

铁碳相图是研究铁碳合金在加热和冷却时的结晶过程和组织转变的图解。熟悉和掌握铁碳平衡图是研究钢铁的铸造、锻造和热处理的重要依据之一。它以温度为纵坐标,碳含量为横坐标,表示在接近平衡条件(铁-石墨)和亚稳条件(铁-碳化铁)下(或极缓慢的冷却条件下)以铁、碳为组元的二元合金在不同温度下所呈现的相和这些相之间的平衡关系。

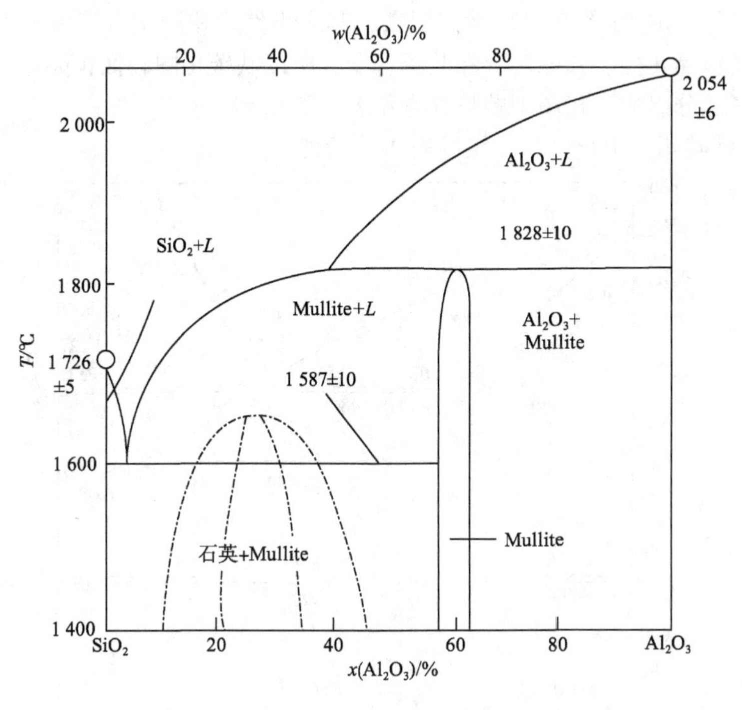

图 2-31　$SiO_2-Al_2O_3$ 相图

纯铁有两种同素异构体，在 912 ℃以下为体心立方的 α-Fe；在 912～1 394 ℃为面心立方的 γ-Fe；在 1 394～1 538 ℃(熔点)又呈体心立方结构，即 δ-Fe。当碳溶于 α-Fe 时形成的固溶体称为铁素体(F)、溶于 γ-Fe 时形成的固溶体称为奥氏体(A)，碳含量超过铁的溶解度后，剩余的碳可能以稳定态石墨形式存在，也可能以亚稳态渗碳体(Fe_3C)形式存在。Fe_3C 有可能分解成铁和石墨稳定相。但这过程在室温下是极其缓慢的，即使加热到 700 ℃，Fe_3C 分解成稳定相也需要几年(合金中含有硅等促进石墨化元素时，Fe_3C 稳定性减弱)，石墨虽然在铸铁(2%～4% C)中大量存在，但在一般钢(0.039%～1.5% C)中却较难形成这种稳定相。Fe-Fe_3C 平衡相图有重要的意义并得到广泛的应用。图 2-28 中的实线绘出亚稳的 Fe-Fe_3C 系；虚线和相应的一部分实线表示稳定的 Fe-C（石墨)系；平衡相图中绝大多数线是根据实验测得的数据绘制的；有些线，如 Fe_3C 的液相线、石墨在奥氏体中溶解度等是由热力学计算得出的。

铁碳平衡相图是研究碳钢和铸铁的基础，也是研究合金钢的基础，它的许多基本特点即使对于复杂合金钢也具有重要的指导意义，如在简单二元 Fe-C 系中出现的各种相，往往在复杂合金钢中也存在。当然，需要考虑到合金元素对这些相的形成和性质的影响，因此研究所有钢铁的组成和组织问题都必须从铁碳平衡相图开始。工程上依据 Fe-Fe_3C 平衡把铁碳合金分为三类，即工业纯铁(C≤0.021%)、钢(0.021%～2.11% C)和铸铁(2.11%～6.69%C)。其他在制定钢铁材料的铸造、锻轧和热处理工艺等方面，也常以铁碳平衡相图为依据。实际加热时钢铁的临界点往往高于 Fe-Fe_3C 平衡图上的临界点，冷却时则低于平衡相图的临界点。

$Fe-Fe_3C$ 合金相图(图 2-32)看似复杂，其实不然。相图中有三条水平线，不难看出它们分别是包晶转变、共晶转变和共析转变，所以铁碳相图石油包晶相图、共晶相图和共析相图三部分组成。相图中的特性点见表 2-2 所列。

图 2-32 铁碳相图中合金特性线见表 2-3 所列。

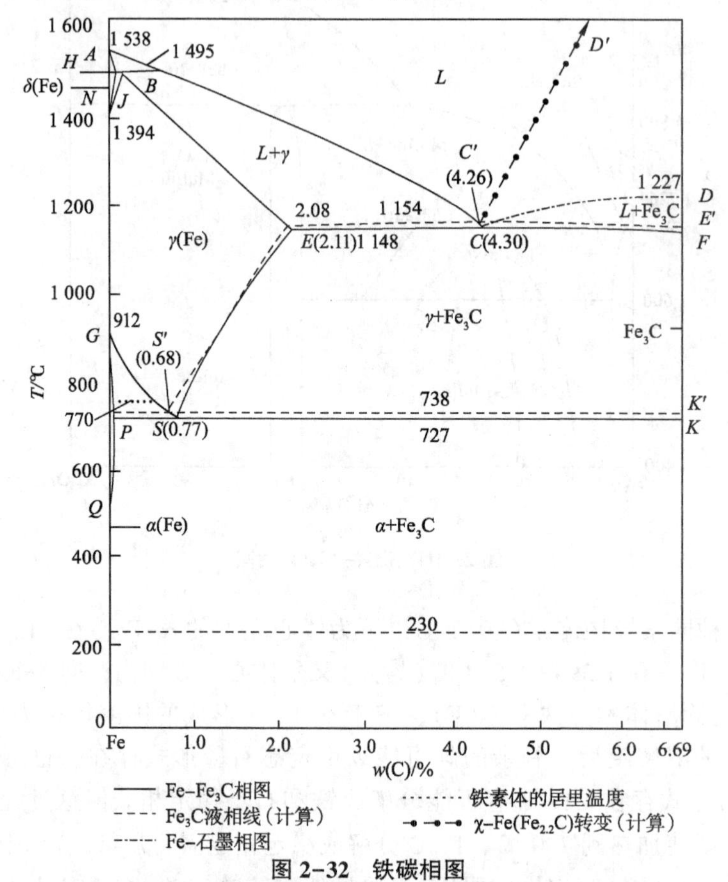

图 2-32 铁碳相图

表 2-2 $Fe-Fe_3C$ 合金相图中的特性点

特性点	温度/℃	含碳量/%	特性点的含义
A	1 538	0	纯铁的熔点
B	1 495	0. 53	包晶转变时液相的成分
C	1 148	4. 3	共晶点 $L \rightarrow (\gamma+Fe_3C)$
D	1 227	6. 69	渗碳体的熔点
E	1 148	2. 11	碳在 γ-Fe 中的最大溶解度
F	1 148	6. 69	共晶转变时 Fe_3C 的成分
G	912	0	纯铁的同素异构转变点(A_3)γ-Fe→α-Fe
H	1 495	0. 09	碳在 δ-Fe 中的最大溶解度，包晶转变时，δ 相的成分点
J	1 495	0. 17	包晶点
K	727	6. 69	共析转变时 Fe_3C 的成分点

（续）

特性点	温度/℃	含碳量/%	特性点的含义
M	770	0	纯铁的居里点
N	1 394	0	纯铁的同素异构转变点(A_4)
O	770	0.5	含碳 0.5%合金的磁性转变点
P	727	0.021 8	碳在 α-Fe 中的最大溶解度
S	727	0.77	共析点
Q	室温	0.000 8	室温时碳在 α-Fe 中的溶解度

表 2-3　Fe-Fe_3C 合金特性线

特性线	名称	特性线的含义
ABCD	液相线	从液相中析出固相的开始线
AHJECF	固相线	液相转变固相的终止线
HJB	包晶转变线	成分位于此线上的合金发生包晶转变
HN	同素异构转变线	$\delta \to \gamma$ 开始线
JN	同素异构转变线	$\delta \to \gamma$ 终止线
ES	固溶线	碳在 γ-Fe 中的溶解度极限线
GS	同素异构转变线	$\gamma \to \alpha$ 开始线
GP	同素异构转变线	$\gamma \to \alpha$ 终止线
PSK	共析转变线	成分位于此线上的合金发生共析转变
PQ	固溶线	碳在 α-Fe 中的溶解度极限线
MO	磁性转变线	770 ℃以上 α 无磁，以下铁磁
UV 虚线	磁性转变线	230 ℃以上 Fe_3C 无磁，以下铁磁

铁碳合金产品分类见表 2-4。根据铁碳合金中碳的含量，可将铁碳合金分成工业纯铁、钢和铸铁三大类。而典型成分的铁碳合金有七种，如图 2-33 所示。

表 2-4　Fe-Fe_3C 合金种类与含碳量的关系

钢铁分类	工业纯铁	钢		白口铸铁	
		共析钢		共晶白口铸铁	
		亚共析钢	过共析钢	亚共晶白口铸铁	过共晶白口铸铁
含碳量/%	0.021 8	0.77	2.11	4.3	6.69

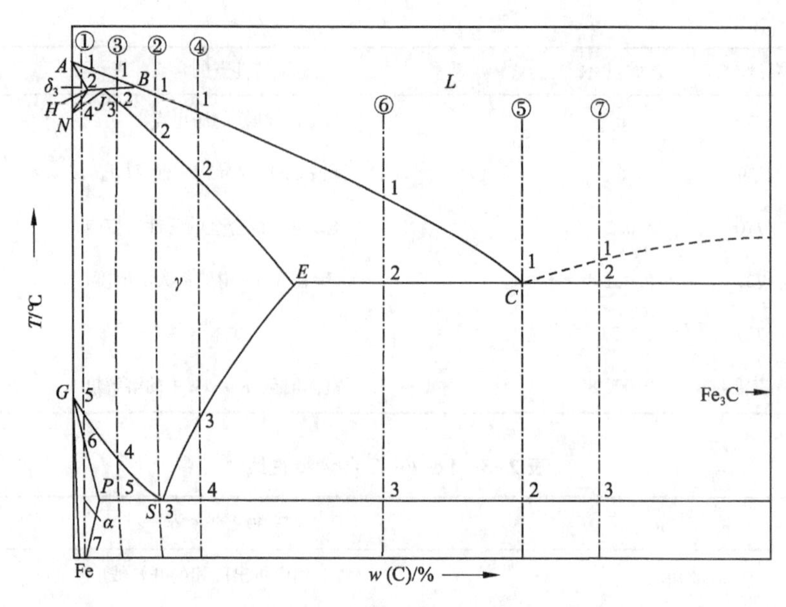

图 2-33　典型铁碳合金冷却时的组织转变过程分析

①工业纯铁　②共析钢　③亚共析钢　④过共析钢　⑤共晶白口铸铁　⑥亚共晶白口铸铁　⑦过共晶白口铸铁

2.1.6　三元系相图

工业上使用的材料大多数都是由两种以上组元构成的，如合金钢，陶瓷，玻璃；即使是二元系统，因为含有一些杂质元素也可能形成局部的杂质元素富集区，这些区域也应视为一个多元系统。三元相图与二元相图的差别，在于增加了一个成分变量。

对于恒压三元凝聚系统，$f=C-P+1=4-P$，当 $f=0$ 时，$P=4$，即三元凝聚系统中可能存在的平衡共存的相数最多为 4 个。当 $P=1$ 时，$f=3$，即系统的最大自由度为 3。这 3 个自由度指温度和 3 个组分中的任意 2 个浓度。由于要描述三元系统的状态，需要三个独立变量，其完整的状态图应该是一个三维坐标的立体图。与普通的三维坐标系不同，三元系统相图的状态图是以三角形为底，表示三组分的组成，垂直于底面的坐标表示温度，所以这个状态图是一个三方棱柱体，柱体内的任一点代表了某一组成在一定温度下的状态。但这样的立体图不便于应用，我们实际使用的是它的平面投影图。图 2-34是一个组元在固态完全不互溶的三元共晶相图最简单的具有低共熔点的三元系统相图立体状态图，它由 $A-B$、$B-C$、$C-A$ 三个简单的二元系共晶相图所组成。

欲将三维立体图形分解成二维平面图形，必须设法“减少”一个变量。例如，可将温度固定，只剩下两个成分变量，所得的平面图表示一定温度下三元系状态随成分变化的规律；也可将一个成分变量固定，剩下一个成分变量和一个温度变量，所得的平面图表示温度与该成分变量组成的变化规律。不论选用哪种方法，得到的图形都是三维空间相图的一个截面，称为截面图。三元相图中的温度轴和浓度三角形垂直，所以固定温度的截面图必定平行于浓度三角形，这样的截面图称为水平截面，也称为等温截面。固定一个成分变量并保留温度变量的截面图，必定与浓度三角形垂直，所以称为垂直截面，或称为变温截面。尽管三元相图的垂直截面与二元相图的形状很相似，但是它们之间存在着本质上的差别。二元相图的液相线与固相线可以用来表示合金在平衡凝固过程中液相与固相浓度随温度变化的规律，而三元相图的垂直截面就不能表示相浓度随温度而变化的关系，只能用于了解冷凝过程中的相变温度，不能应用直线法则来确定两相的质量分数，也不能用杠杆定律计算两相的相对量。

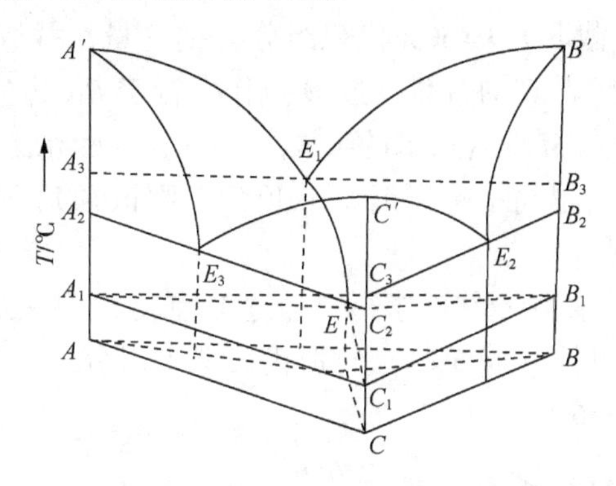

图 2-34　组元在固态完全不互溶的三元共晶相图

把三元立体相图中所有相区的交线都垂直投影到浓度三角形中，就得到了三元相图的投影图。利用三元相图的投影图可分析合金在加热和冷却过程中的转变。若把一系列不同温度的水平截面中的相界线投影到浓度三角形中，并在每一条投影上标明相应的温度，这样的投影图就叫等温线投影图。实际上，它是一系列等温截面的综合。等温线投影图中的等温线好像地图中的等高线一样，可以反映空间相图中各种相界面的高度随成分变化的趋势。如果相邻等温线的温度间隔一定，则投影图中等温线距离越密，表示相界面的坡度越陡；反之，等温线距离越疏，说明相界面的高度随成分变化的趋势越平缓。为了使复杂三元相图的投影图更加简单、明了，也可以根据需要只把一部分相界面的等温线投影下来。经常用到的是液相面投影图或固相面投影图。

2.1.6.1　三元相图组分点的表示方法

二元系的成分可用一条直线上的点来表示，而表示三元系成分的点位于两个坐标轴所限定的三角形内，这个三角形叫作成分三角形或浓度三角形。三元相图是一种立体图形，用投影图，成分三角形表示各种关系。常用的成分三角形是等边三角形，有时也用直角三角形或等腰三角形表示成分。成分三角形中特殊的点和线：①三个顶点，代表三个纯组元。②三个边上的点，为二元系合金的成分点。③平行于某条边的直线，其上合金所含由此边对应顶点所代表的组元的含量一定。即凡成分点位于与等边三角形某一边相平行的直线上的各三元相，它们所含与此线对应顶角代表的组元的质量分数相等。④通过某一顶点的直线，其上合金所含由另两个顶点所代表的两组元的比值恒定，即凡成分点位于通过三角形某一顶角的直线上的所有三元系，所含此线两旁的另两顶点所代表的两组元的质量分数的比值相等。

三元系成分三角形如图 2-35 所示。

从几何学上可以很容易证明等边三角形具有如下一个性质：即经过等边三角形内的任意一点，作平行于三角形各边的直线，则在每条边上所截的截线之和等于等边三角形的边长。将三角形的边长分成100份，用于表示三元系统组成总含量为100%，那么M点的组成按如下方法来确定：$A=$长度$a=50\%$，$B=$长度$b=30\%$，$C=$长度$c=20\%$。如已知三元系统的组成，也可用双线法确定其组成点在浓度三角形内对应的位置。即按相反的操作程序即可确定组成点。如已知三元系统的组成$A=50\%$、$B=30\%$、$C=20\%$，那么在三角形AB边上，截取$BD=50\%$代表组分A的含量，截取$AE=30\%$代表B的含量，中间一段$DE=20\%$代表C的含量。过D点作平行于BC边的直线，过E点作平行于AC的直线，两直线交点M即为所求的组成点。一个三元组成点越靠近某一边，则该边所代表的两个组成含量越高；越靠近某一顶角，则该顶角所代表的组分含量必定越高。

实际上M点的组成可以用双线法求得，即过M点朝着某一边做另外两边的平行线，在该边上的两个截点将边长分成3段，分别代表三个组分的含量，$a+b+c=BD+AE+ED=AB=100\%$，如图2-36所示。

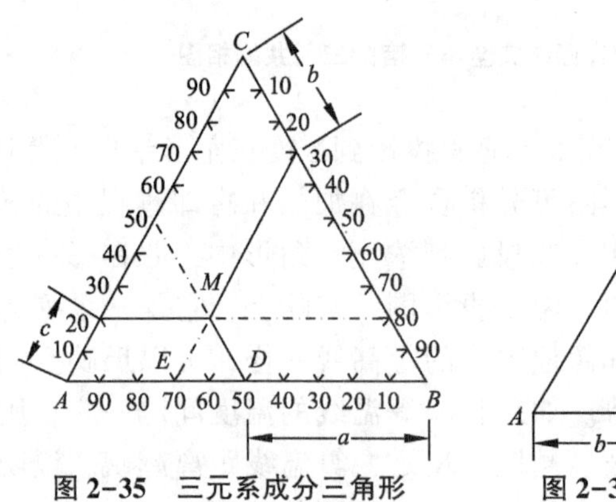

图2-35　三元系成分三角形

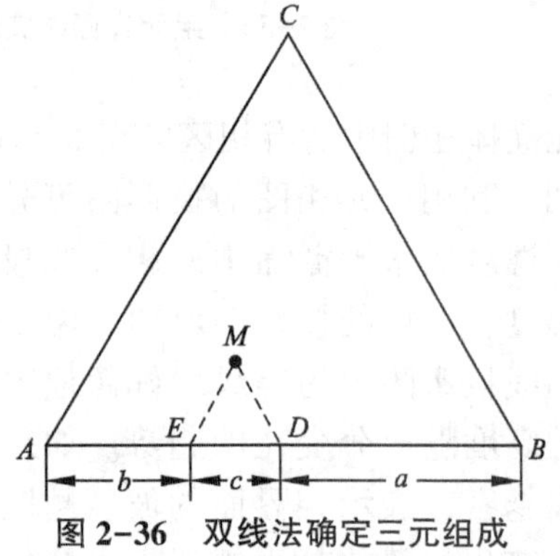

图2-36　双线法确定三元组成

2.1.6.2　三元系平衡相的定量法则

三相系中两相平衡时，两相的相对量可用共线法则(直线法则)和杠杆定律求得。

① 共线法则：在一定温度下，三元合金两相平衡时，合金的成分点和两个平衡相的成分点必然位于成分三角形的同一条直线上。

② 杠杆定律：在三元系统内，由两个相(或混合物)混合产生一个新相(或新混合物)时，新相的组成点必然落在原来两相组成点的连线上；新相的组成点与原来两相组成点的距离和原来两相的量成反比。

两条推论：①给定合金在一定温度下处于两相平衡时，若其中一个相的成分给定，另一个相的成分点必然位于已知成分点连线的延长线上。②若两个平衡相的成分点已知，合金的成分点必然位于两个已知成分点的连线上。

杠杆定律只能用在两相混合形成一个新相或者一相分解为两相的组成点确定与含量计算。在三元系统中最大平衡相数是4个，处理4相平衡问题时，重心规则十分有用。重心规则是在杠杆定律基础上推出的。

如图2-37所示，处于平衡的4相组成设为M、N、P、Q，其中M、N、Q为原来三个组分，P 为新形成的组分。当 P 点位于 $\triangle MNQ$ 内部时，根据杠杆定律，M 与 N 可以合成得到 S 相，而 S 相与 Q 相可以合成出 P 相，可见此时 P 组成点必然落在 $\triangle MNQ$ 内部。因 $M+N=S$，$S+Q=P$，所以 $M+N+Q=P$，表明 P 相可以通过 M、N、Q 三相合成而得。反之，由 P 相也可以分解出 M、N、Q 三相。P 相处于 $\triangle MNQ$ 内部，且是 $\triangle MNQ$ 的几何重心上。

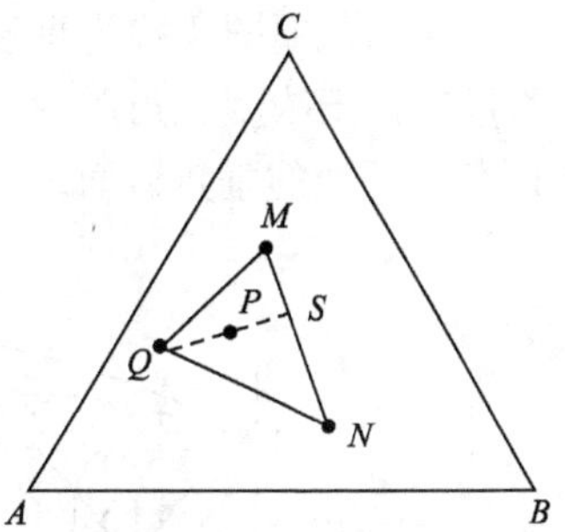

图 2-37　重心规则

2.1.6.3　三元匀晶相图

三元系中的任意两个组元在液、固态都可以完全互溶，它们组成的三元相图称为三元匀晶相图。三元匀晶相图主要出现在合金体系中，如图 2-38所示。

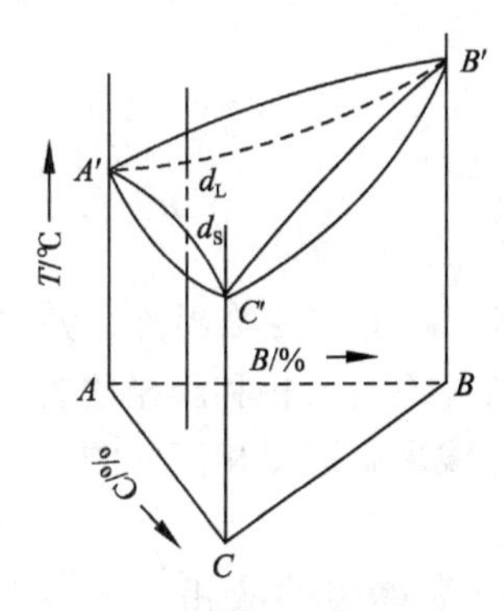

图 2-38　三元匀晶相图

对应于二元匀晶相图中的液相线和固相线，三元匀晶相图中的 $A'B'C'd_L$ 是液相面，$A'B'C'd_S$ 是固相面。液相面和固相面相交于三个纯组元的熔点 A'、B'和 C'，这两个面把相图分为三个相区，液相面以上是液相区，固相面以下为单相 α 固溶体区，液相面和固相面之间为液相 L+固相 α 相两相平衡共存区。三元匀晶相图的三个侧面，即为 $A-B$、$B-C$、$C-A$ 二元系的匀晶相图。

等温截面(水平截面)表示三元系统在某一温度下的状态。如图 2-39 所示，在 $A-B-C$ 三元立体相图中，沿温度 T 作等温截面 $A_1B_1C_1$，如图 2-39(a)，在浓度三角形上的投影，如图 2-39(b)。图中 ab 为等温截面与液相面的交线，cd 为等温截面与固相面的交线，这两条曲线称为共轭曲线。共轭曲线把等温截面分为液相 L 区、固相 α 固溶体区、液相 L+固相 α 相双相区。根据相律，在两相共存区，$f=C-P+1=3-2+1=2$，当温度确定后，体系的自由度为 1。即等温截面中的两相区中的两相平衡时，只有一个相的成分可以独立变化，如果一个相的成分已知，就可以由直线法则确定出与之平衡的另一相的成分。两平衡相的相对含量可以用杠杆定律来确定。如图 2-39 中合金 O 在温度 T 下两相的平衡成分可由 P 点和 Q 点确定。两相的相对质量可在 PQ 连线上根据杠杆定律求得，即有 $W_\alpha/W_L=PO/OQ$。

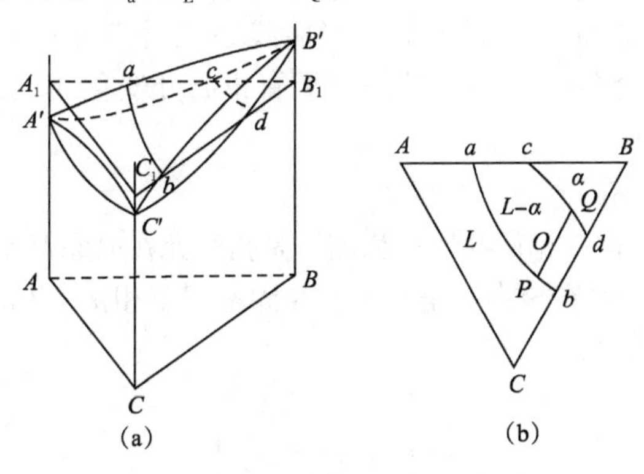

图 2-39　三元匀晶相图的等温截面

变温截面图又称为垂直截面图，垂直截面图有两种截取方式。如图 2-40 所示，EF 为过平行于浓度三角形的一条边的成分线所作的垂直截面，AG 为过浓度三角形的一个顶点 A 所作的垂直截面。

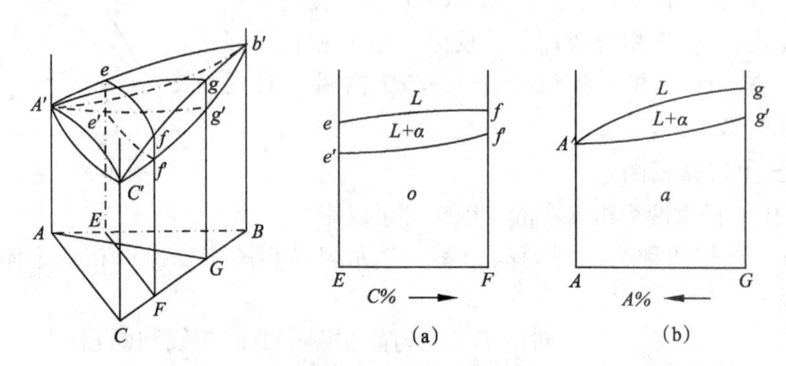

图 2-40 三元相图的变温截面

(a)为过平行于浓度三角形的一条边的成分线 EF 所作的垂直截面

(b) 为过浓度三角形的一个顶点 A 所作的垂直截面

由变温截面图可分析合金在加热(冷却)过程中的相变过程，确定相变临界点，并可推测不同温度下合金的组织。但变温截面中的液相线和固相线并不是液相和固相的成分变化轨迹线，它们之间不存在相平衡关系。因此不能根据这些线来确定多相区相的成分，也不能用杠杆定律来确定相的相对含量。

以 D 合金为例，如图 2-41 所示，D 合金在液相面以上时为单相的液相，当冷却到与液相面相交的 t_1 温度时，开始发生匀晶转变 $L \rightarrow \alpha$，从液相中凝固出 α 固溶体，这时液相的成分为 D 合金的成分，α 固溶体的成分在固相面上为 E 点；随着温度的降低，液相的成分沿液相面变化，固相的成分沿固相面变化，液相的量不断减少，固相的量不断增加；当冷却到 t_2 温度时液相的成分达到 M 点，固相的成分达到 F 点，由共线法则可知在该温度时，M 点和 F 点与 D 合金在该温度的成分点必定在同一直线上，该直线就是 L 和 α 两平衡相的连接线；当温度继续降低到 t_3 时，液相的成分达到 N 点，固相的成分达到 D 合金的成分，该合金凝固完毕，得到单相的均匀的 α 固溶体组织，它的冷却曲线如图 2-42 所示，D 合金凝固时，液相 L 和 α 固溶体的成分沿液相面和固相面的变化线 t_1MN 和 EFt_3 是两条空间曲线，它们不在同一个垂直平面上；这两条空间曲线在成分三角形中的投影为蝴蝶形图形，所以三元固溶体合金平衡凝固时，两平衡相成分变化轨迹的投影按蝴蝶形规律变化，如图 2-41 所示。

2.1.6.4 三元共晶相图

三元共晶相图，或称三元低共熔点相图，是指组元在固态互不相溶，具有共晶转变的相图。三组元 A，B，C 在液态完全互溶，在固态互不相溶的相图见图 2-43，这是一类最简单的三元共晶相图。

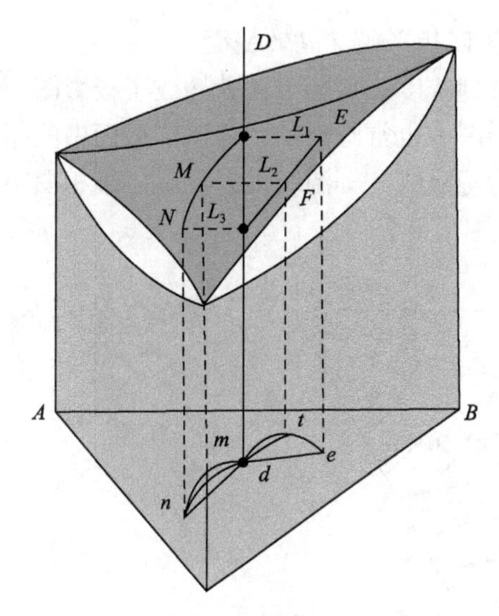

图 2-41　三元固溶体合金的凝固过程

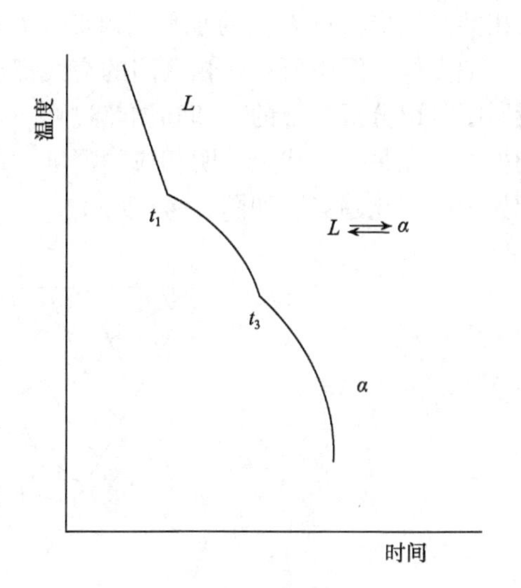

图 2-42　三元固溶体合金的冷却曲线

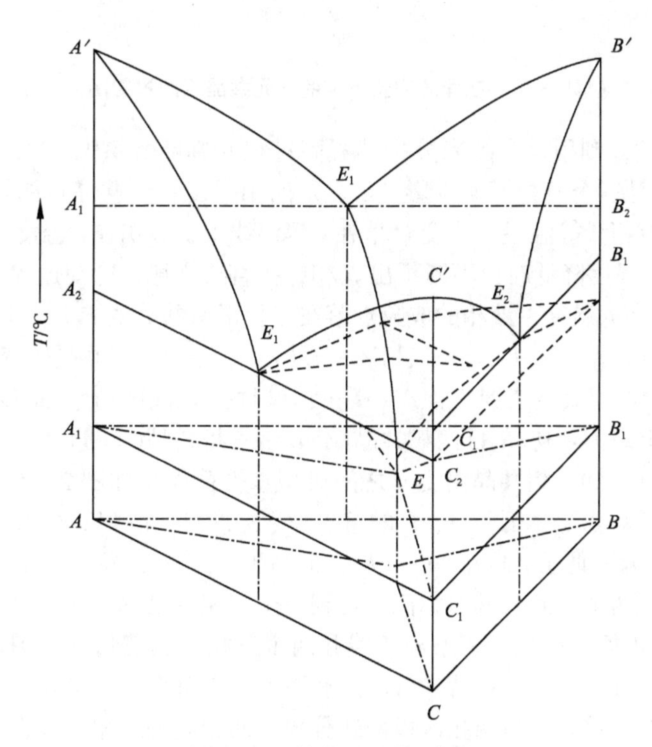

图 2-43　简单三元共晶相图

由 $A-B$，$B-C$，$C-A$ 组成的二元系均有二元共晶(二元低共熔)反应。三元相图可以看成是三个二元相图向空间的延伸。在三元相图中有三个液相面 $A'E_1EE_3$、$B'E_1EE_2$、$C'E_2EE_3$。三个液相面相交得到三条三相平衡共晶转变沟线 E_1E、E_2E、E_3E，在共晶沟线上发生二元共晶转变，即自液相同时析出两个固相，因此 E_1E、E_2E、E_3E 也称为共晶线。三条共晶沟线的交于一点，称为三元共晶点，自液相同时析出三个固相，即发生四相共晶反应。过 E 点的水平三角形 $A_1B_1C_1$ 为四相平衡共晶转变面。

把立体相图中所有的相区间的交线都投影到浓度三角形中，就构成了投影图，借助投影图可以分析合金的冷却和加热过程。投影图中也常画出一系列水平截面中的相界线的投影，在每一条线上注明相应的温度，称为等温线。等温线可以反映三维相图中各种相界面的变化趋势，如图 2-44 所示。

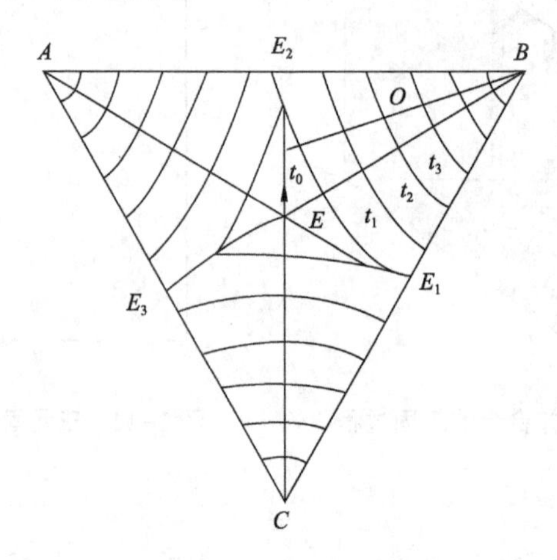

图 2-44　在固态完全不溶的三元共晶相图投影图

以合金 O 为例，利用投影图来分析其凝固过程并判断其室温组织。图中 AE_1EE_3、BE_1EE_2、CE_2EE_3是三个液相面的投影。E 点是四相平衡转变共晶点的投影。图中还画出了不同温度的液相线等温线。合金 O 落在 t_3等温线上，表明在 t_3温度，合金 O 开始凝固，析出初晶 B。温度降低时，不断析出 B 相，按直线规律，冷却过程中，液相成分沿 OB 延长线变化。在 t_0温度，液相的成分点落在三相平衡共晶线 E_1E 上，表明在 t_0温度、剩余液相的成分点开始进入 $L+A+B$ 三相区，开始发生三相平衡共晶转变 $L\rightarrow A+B$，液相成分沿 t_0E 变化。液相成分达到 E 点时，剩余液相发生四相平衡共晶转变 $L\rightarrow A+B+C$。合金在室温时的组织为：初晶 A+两相共晶($A+B$)+三相共晶($A+B+C$)。

组分 A 的熔点 t_A和三相共晶温度 t_E之间典型水平截面图如图 2-45 所示，图(a)中截面温度高于 C 的熔点 t_C，低于 A、B 的熔点 t_A、t_B，与二液相面相截，得到两条液相线。图(b)中截面温度低于 t_A、t_B、t_C和 E_1，但高于 E_2、E_3，除与三个液相面相截得出三条液相外，还与两个二元共晶面相截，得到一个三相共晶的三角形 ABD。图(c)中截面温度低于 E_2，仍高于 E_3截出三条液相线和两个三相共晶三角形。图(d)中温度低于 E_3，高于 E，则截出三个三相共晶三角形，水平等温截面给出不同成分合金所处相的状态，从图中可以看出单相区与两相区以曲线分界，两相区和三相区以直线分界，单相区和三相区则为点接触。

图 2-46(a)和(b)分别为沿平行一边 AB 的成分线 DE 和过浓度三角形的顶点 A 的成分线 AF 所作的垂直截面。可以看出，垂直截面与三元共晶面的交线为一水平线，在过一顶点所取的垂直截面中，与二元共晶面的交线也为水平线。由垂直截面可分析合金的结晶过程。如 O 点成分的合金，冷却到 1 点时开始凝固，析出初晶 B。温度降低时，不断析出 B 相。在 2 点，开始发生三相平衡共晶转变 $L\rightarrow B+C$。温度达到 3 点时，液相成分达到 E 点时，剩余液相发生四相平衡共晶转变 $L\rightarrow A+B+C$。合金在室温时的组织

为：初晶 B+两相共晶(B+C)+三相共晶($A+B+C$)。垂直截面对结晶过程的分析更为直观，但不能确定相成分和量的变化，而投影图则可以给出反应中相成分和量的变化，因此可以将二者配合使用。

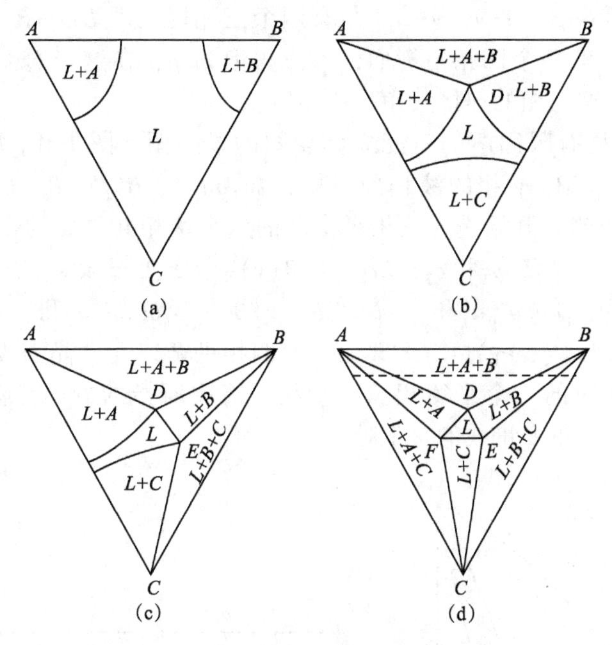

图 2-45　简单三元共晶相图的水平截面

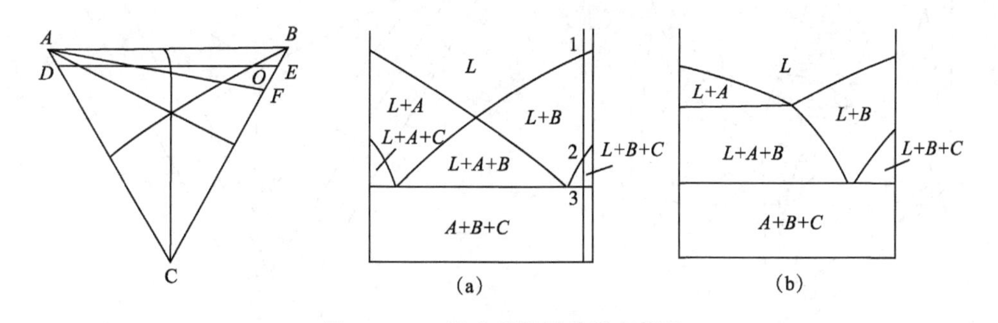

图 2-46　三元共晶相图的垂直截面

(a)沿平行一边 AB 的组成线 DE　(b)沿过顶点 A 的组成线 AF

固态有限固溶，具有共晶转变的三元相图，三组元 A、B、C 在液态完全互溶，在固态时 A–B、B–C、C–A 都有限互溶的相图如图 2-47 所示。

与简单三元共晶相图相比，①固态时的三个单相区由 A、B、C 三个纯组元轴向空间扩展为 α、β、γ 三个固溶体单相区；②三个二元相图中的固态两相区 $A+B$、$B+C$、$A+C$ 向空间扩展为三个固溶体两相区 $\alpha+\beta$、$\beta+\gamma$、$\gamma+\alpha$；③三个含液相的三相区 $L+\alpha+\beta$、$L+\beta+\gamma$、$L+\gamma+\alpha$，变为三个棱柱面都为曲面的三棱柱；④$A+B+C$ 三相区变为 $\alpha+\beta+\gamma$ 三相区，同时增加了 mm^1、nn^1、pp^1 三条固溶度曲线。三元相图中还有三个液相面 ae_1Ee_3a、be_1Ee_2b、ce_2Ee_3c 和三个固相面 $afmla$、$bgnhb$、$cipkc$。固溶度曲面是由二元系的固溶度曲面向内扩展而成的，共有六个固溶度曲面。相图中有三条共晶线 e_1E、e_2E、

e_3E，处于这三条线上的液相，在温度降低时将发生三相平衡的共晶反应。三元立体相图中有四个单相区，即液相 L 和三个固相 α、β、γ 单相区。两相区共有六个：液相面和固相面之间是 $L+\alpha$、$L+\beta$、$L+\gamma$ 三个两相区，每一对共轭的固溶度曲面包围一个固相两相区，即 $\alpha+\beta$、$\beta+\gamma$、$\gamma+\alpha$。共有四个三相区，即 $L+\alpha+\beta$、$L+\beta+\gamma$、$L+\gamma+\alpha$ 和 $\alpha+\beta+\gamma$ 三相区。有一个四相平衡面，即三角形 mnp，在这个面上将发生四相平衡共晶反应。室温时这三相的连接三角形为 $m'n'p'$。

图 2-48 是固相有限固溶的三元立体相图的投影图。图中 AE_1EE_3A、BE_2EE_1B、CE_3EE_2C 分别为 α、β、γ 相的液相面投影，Aa_1aa_2A、Bb_1bb_2B，Cc_1cc_2C 分别为 α、β、γ 相的固相面投影。开始进入三相平衡区的六个两相共晶面的投影为 $a_1E_1Eaa_1$ 和 $b_2E_1Ebb_2(L+\alpha+\beta)$、$b_1E_2Ebb_1$ 和 $c_2E_2Ecc_2(L+\beta+\gamma)$、$a_2E_3Eaa_2$ 和 $c_1E_3Ecc_1(L+\alpha+\gamma)$。固溶溶度曲面投影为 $a_1aa_0a'_0a_1$ 和 $b_2bb_0b''_0b_2(\alpha+\beta)$、$b_1bb_0b'_0b_1$ 和 $c_2cc_0c''_0c_2(\beta+\gamma)$ 及 $c_1cc_0c'_0c_1$ 和 $a_2aa_0a''_0a_2(\alpha+\gamma)$。三角形 abc 为四相平衡三元共晶面投影。图中有箭头的线表示三相平衡时的三个平衡相单变量线，箭头所指的方向是温度降低的方向。三相共晶点处于三个单变量线的交汇处。

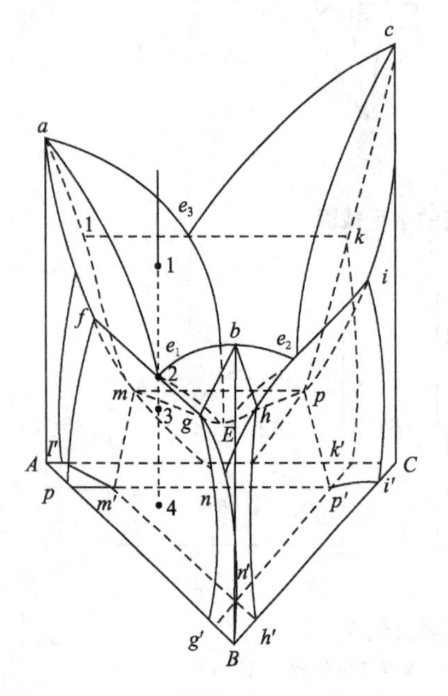

图 2-47　固相有限固溶的三元共晶相图

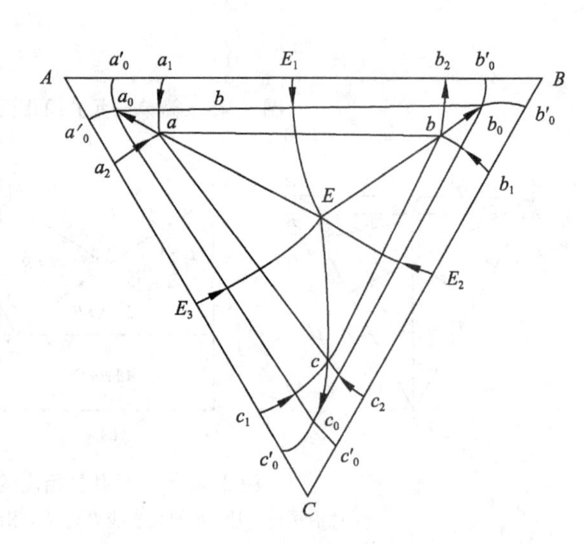

图 2-48　有限固溶三元共晶相图的投影图

不同温度下的典型等温截面图如图 2-49所示。

从图中可以看出，三相共晶平衡区是一直边三角形，三角形顶点分别与三个单相区相连接，并且是该温度下三个平衡相的成分点。三条边是相邻三个两相区的共轭线。两相区的边界一般是一对共轭曲线或两条直线。某些情况下，边界会退化成一条直线或一个点。两相区与其两个组成相的相界面是成对的共轭曲线，与三相区的边界为直线。单相区的形状不规则。水平截面图可给出在一定温度下不同成分三元合金所处相的状态，可利用直线法则和中心法则确定两相区和三相区中各相的成分和相对含量。

过平行于浓度三角形一边成分特性线截取的垂直截面图如图 2-50(a)所示，过顶点成分特性线截取的垂直截面图如图 2-50(b)所示。垂直截面上显示出具有三相共晶平衡区的特征是一顶点向上的曲边三角形，三个顶点与三个单相区相连。反应相 L 的顶点在上，生成相 α、β 顶点在下，利用这个规律可以判断垂直截面的三相区是否发生共晶转变。

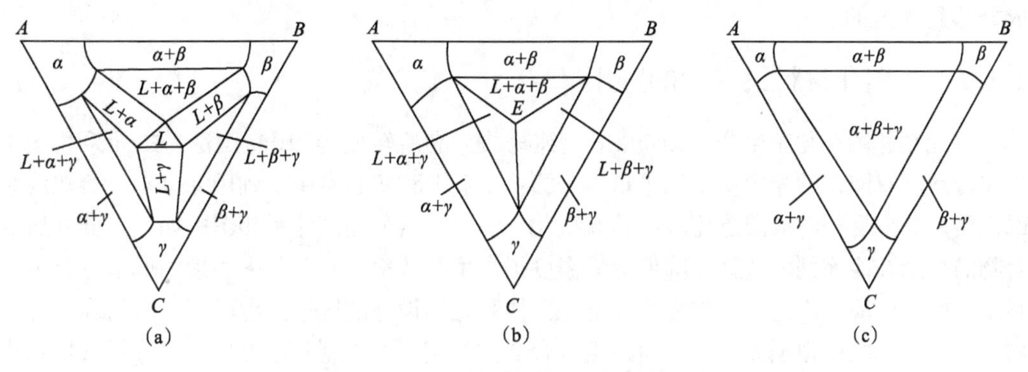

图 2-49　三元共晶相图的等温截面图

(a) $T_{E1}>T>t_E$　(b) $T=t_E$　(c) $T<t_E$

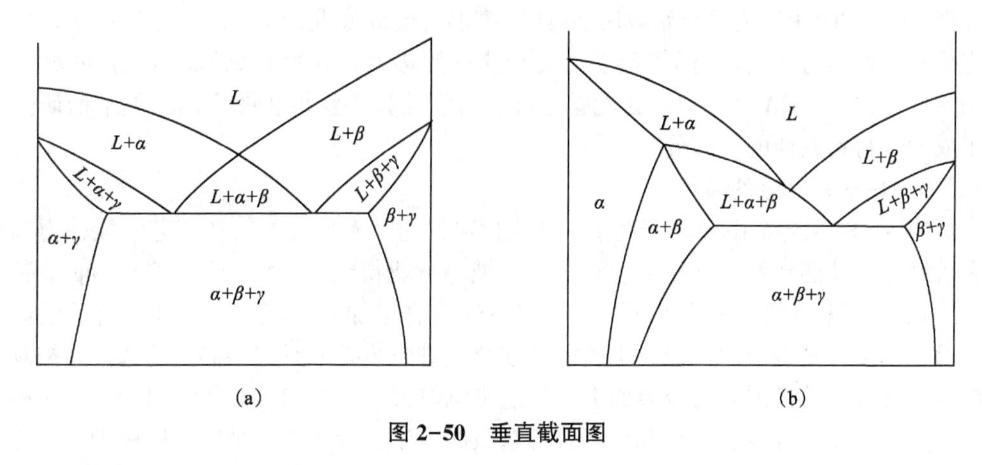

图 2-50　垂直截面图

三相系相图的一些基本规律如下：

① 单相状态：当三元系处于单相状态时，根据吉布斯相律可算得其自由度数为 $f=4-1=3$，它包括一个温度变量和两个相成分的独立变量。在三元相图中，自由度为 3 的单相区占据了一定的温度和成分范围，在这个范围内温度和成分可以独立变化，彼此间不存在相互制约的关系。它的截面可以是各种形状的平面图形。

② 两相平衡：三元系中两相平衡区的自由度为 2，说明除了温度之外，在共存两相的组成方面还有一个独立变量，即其中某一相的某一个组元的含量是独立可变的，而这一相中另两种组元的含量，以及第二相的成分都随之被确定，不能独立变化。在三元系中，一定温度下的两个平衡相之间存在着共轭关系。无论在垂直截面还是水平截面中，都由一对曲线作为它与两个单相区之间的界线。两相区与三相区的界面是由不同温度下两个平衡相的共轭线组成，因此在水平截面中，两相区以直线与三相区隔开，这条直线就是该温度下的一条共轭线。

③ 三相平衡：三相平衡时系统的自由度为 1，即温度和各相成分只有一个是可以独

立变化的。这时系统称为单变量系，三相平衡的转变称为单变量系转变。任何三相空间的水平截面都是一个共轭三角形，顶点触及单相区，连接两个顶点的共轭线就是三相区和两相区的相区边界线。三角空间的垂直截面一般都是一个曲边三角形。

④ 四相平衡：根据相律，三元系四相平衡的自由度为零，即平衡温度和平衡相的成分都是固定的。

2.1.7 相图在材料设计中的应用

单元系相图在化工生产中(如升华提纯物质、晶型转变等)用途广泛。二元系相图中如完全互溶双液系的相图主要用来指导分馏；工业上和实验室中常利用完全不互溶双液系的性质来分离易分解或沸点比较高的有机化合物；二组分固液体系相图中如生成低共熔混合物的相图在冷冻剂的选择、降低冶炼温度提高生产效率、制备各种用途的低熔点合金等化工、冶金业应用广泛，根据完全互溶二固体系相图设计的区域提纯法可以制取高纯度材料。三元系相图中根据简单低共熔三组分合金体系相图可以制备熔点比二组分低共熔点更低的低熔点合金等。多元合金相图中的信息对于合金设计来说是非常重要的。

相图在材料设计中的应用始于20世纪60年代初，一种依赖于经验的相平衡成分的相计算(PHACOMP)技术开始应用在Ni基高温合金成分设计上。20世纪70年代出现了应用普适性热力学模型(仍依赖于由实验获得的热力学参数)来计算多元系的相平衡的相图计算(CALPHAD)，只有在能够通过热力学计算来获得相图之后，相平衡研究才真正成为了材料设计的一部分。

(1) Al-Si系合金的应用

铸造Al-Si系合金由于其密度小、比强度高同时兼有良好的铸造工艺性能、力学性能和机械加工性能在航空、航天、汽车、机械等行业得到了广泛应用。Cu、Mg是铸造Al-Si合金中两种重要的强化元素。铸造Al-Si合金中加入Cu和Mg，通过合适的热处理，可大幅度提高合金的综合力学性能。在合金进行热处理时固溶温度的选择与控制是合金固溶处理的关键因素对合金的力学性能影响较大。示差扫描量热法(DSC)是一种重要的分析材料相变温度、潜热和比热容等参数的方法，近年来，被广泛应用于合金相变过程的分析，如Al-Si-Cu-Mg合金中Al_2Cu的溶解等。

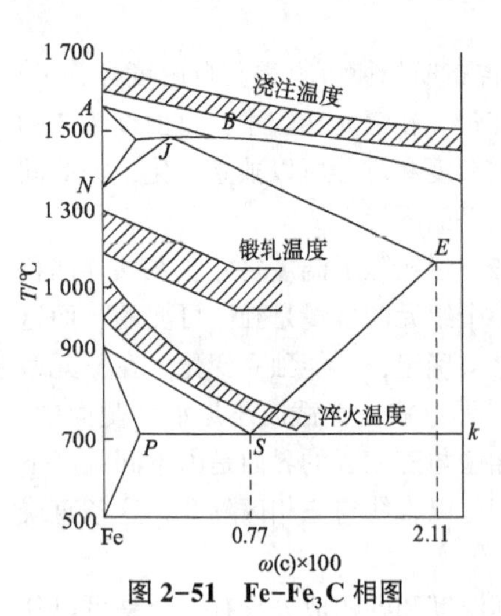

图 2-51 Fe-Fe_3C 相图

(2) Fe-Fe_3C相图的应用

如图2-51 Fe-Fe_3C相图揭示了铁碳合金的组织随成分变化的规律，由此可以判断出钢铁材料的力学性能，以便合理选择钢铁材料。例如，用于建筑结构的各种型钢需要塑性、韧性好的材料，应选用w(c) <0.25%的钢材。机械工程中的各种零部件需要兼有较好强度、塑性和韧性的材料，应选用w(c)=0.30%~0.55%范围内的钢材。而各种工具却需要硬度高、耐磨性好的材料，则多选用w(c)=0.70%~1.2%范围内的高碳钢。在铸造方面的应用，从Fe-Fe_3C相图可以看出，共晶成分的铁碳合

金熔点最低，结晶温度范围最小，具有良好的铸造性能。因此，铸造生产中多选用接近共晶成分的铸铁。根据 $Fe-Fe_3C$ 相图可以确定铸造的浇注温度，一般在液相线以上 50~100 ℃，铸钢[$w(c)=0.15\%\sim0.6\%$]的熔化温度和浇注温度要高得多，其铸造性能较差，铸造工艺比铸铁的铸造工艺复杂。在锻压加工方面的应用，由 $Fe-Fe_3C$ 相图可知钢在高温时处于奥氏体状态，而奥氏体的强度较低，塑性好，有利于进行塑性变形。因此，钢材的锻造、轧制(热轧)等均选择在单相奥氏体的适当温度范围内进行。在热处理方面的应用，$Fe-Fe_3C$ 相图对于制订热处理工艺有着特别重要的意义。热处理常用工艺如退火、正火、淬火的加热温度都是根据 $Fe-Fe_3C$ 相图确定的。

【例 2.1】图 2-52 为 Fe-C 的相图，问：① *O* 点是什么点；②曲线 *OA*，*OB*，*OC* 分别表示什么？③常温常压下石墨和金刚石何者是热力学上的稳定相？④在 2 000 K 把石墨转变成金刚石需要多大压力？

解：①*O* 点是石墨、金刚石、液相共存的三相平衡点。②*OA* 为石墨、金刚石之间的相变温度随压力的变化线。*OB* 为石墨的熔点随压力的变化线；*OC* 为金刚石的熔点随压力的变化线。③常温常压下石墨是热力学的稳定相。④从 *OA* 线上读出2 000 K时约在 $p=65\times10^8$Pa，故转变压力为 65×10^8 Pa。

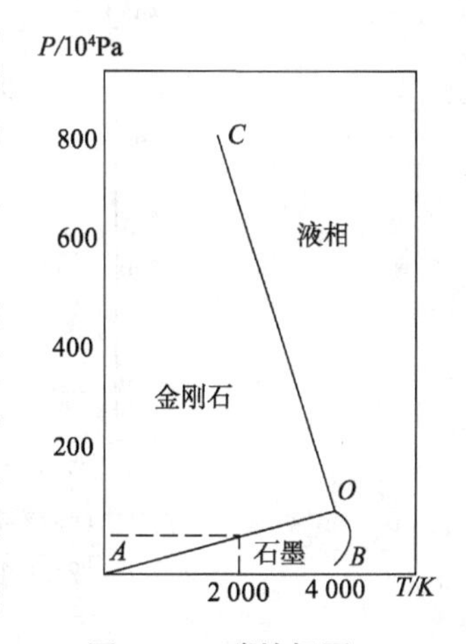

图 2-52　碳的相图

【例 2.2】碳钢和铸铁是最为广泛使用的金属材料，铁碳相图是研究钢铁材料的组织和性能及其热加工和热处理工艺的重要工具。碳在钢铁中可以有四种形式存在：碳原子溶于 α-Fe 形成的固溶体称为铁素体(体心立方结构)；或溶于 γ-Fe 形成的固溶体称为奥氏体(面心立方结构)；或与 Fe 原子形成复杂结构的化合物 C(正交点阵)称为渗碳体；C 也可能以游离态石墨(六方结构)稳定相存在。在通常情况下，铁碳合金是按 $Fe-Fe_3C$ 系进行转变的，其中 Fe_3C 是亚稳相，在一定条件下可以分解为铁和石墨，即 $Fe_3C\rightarrow3Fe+C$(石墨)。因此，铁碳相图可有两种形式：$Fe-Fe_3C$ 相图和 Fe-C 相图，为了便于应用，通常将两者画在一起，称为铁碳双重相图，如图 2-53 所示。

问：在 $Fe-Fe_3C$ 相图中：①存在三个三相恒温转变，分别是什么？②有三条重要的固态转变线，分别是什么？

解：①在 $Fe-Fe_3C$ 相图中，存在三个三相恒温转变，即在1 495 ℃发生的包晶转变：$L_B+\delta_H\rightarrow Y_J$ 转变产物是奥氏体；在 1 148 ℃ 发生的共晶转变：$L_c\rightarrow\gamma_E+Fe_3C$，转变产物是奥氏体和渗碳体的机械混合物，称为莱氏体；在 727 ℃发生共析转变：$\gamma_s\rightarrow\alpha_P+Fe_3C$，转变产物是铁素体与渗碳体的机械混合物，称为珠光体。共析转变温度常标为 A_1温度。

②在 $Fe-Fe_3C$ 相图中有 3 条重要的固态转变线：GS 线——奥氏体中开始析出铁素体(降温时)或铁素体全部溶入奥氏体(升温时)的转变线，常称此温度为 A_3 温度。ES 线——碳在奥氏体中的溶解度曲线。此温度常称 A_{cm} 温度。低于此温度，奥氏体中将析出渗碳体，称为二次渗碳体，用 Fe_3C_{II} 表示，以区别于从液体中经 CD 线结晶出的一次渗碳体 Fe_3C_{I}。PQ 线——碳在铁素体中的溶解度曲线。在 727 t 时，碳在铁素体中的最大的 $w(c)$为0.021 8%，因此，铁素体从 727 ℃冷却时也会析出极少量的渗碳体，以三

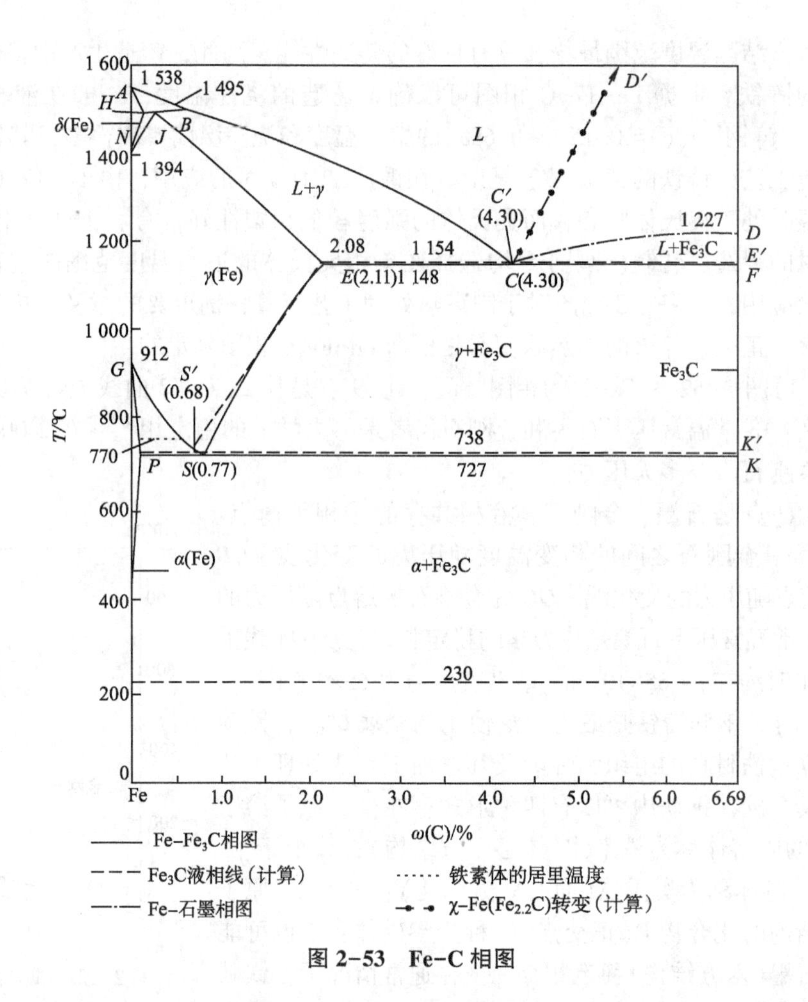

图 2-53 Fe-C 相图

次渗碳体 $Fe_3C_{Ⅲ}$称之，以区别上述两种情况产生的渗碳体。图中 770 ℃的水平线表示铁素体的磁性转变温度，常称为 A_2温度。230 ℃的水平线表示渗碳体的磁性转变。

2.2 固态相变

固体材料的组织、结构在温度、压力、成分改变时所发生的转变。固态相变是材料科学的重要课题之一。固态相变研究涉及相变热力学，相变动力学，相变晶体学，相变机理等。

2.2.1 固态相变特征

固态相变与气-液和液-固相变一样，以新相和母相之间的自由能差作为相变的驱动力，通常表示为 $\Delta G^{\alpha-\beta} = G_\beta - G_\alpha < 0$。常见的涉及晶格类型变化的固态相变一般包含形核和长大两个过程，降温转变时需要过冷获得足够驱动力，过冷度 ΔT 对固态相变形核、生长机制及速率都会发生重要影响。但由于固态相变的新相、母相均是固体，故又有不同于气-液和液-固相变的特点。对于常见的以形核长大方式发生的固态相变，固态的母相约束作用大，不可忽视；其次母相中晶体缺陷对形核起促进作用，新相优先于

晶体缺陷处形核。

2.2.1.1　相界面

固态相变时，新相与母相的相界面是两种晶体的界面，按其结构特点可分为共格界面、半共格界面和非共格界面三种。

(1) 共格界面

所谓共格晶界，是指界面上的原子同时位于两相晶格的结点上，即两相的晶格是彼此衔接的，界面上的原子为两者所共有。

共格界面特征：界面两侧保持一定的位向关系，沿界面两相具有相同或近似的原子排列，两相在界面上原子匹配得好，基本上是一一对应的。理想的完全共格界面只在孪晶面(界)出现。

(2) 半共格界面

若两相邻晶体在相界面处的晶面间距相差较大，则在相界面上不可能做到原子完全的一一对应，于是在界面上将产生一些位错，以降低界面的弹性应变能，这时界面上两相原子只能部分地保持匹配，这样的界面称为半共格界面或部分共格界面。

半共格界面结构特征：沿相界面每隔一定距离产生一个刃型位错，除刃型位错线上的原子外，其余原子都是共格的。所以半共格界面是由共格区和非共格区相间组成。

(3) 非共格界面

当两相在相界面处的原子排列相差很大时，两相在相界面处完全失配，只能形成非共格界面。非共格界面上可以存在刃型位错、螺型位错和混合型位错，呈复杂的缺陷分布，相当于大角度晶界。

相界面处结构排列的不规则以及成分的差异会使系统能量增加，称为界面能。界面能包括两部分：一部分是相界面处同类键、异类键的强度和数量变化引起的化学能，称为界面能中的化学项或界面化学能；另一部分是由界面原子不匹配(失配)、原子间距发生变化导致的界面弹性应变能，称为界面能中的几何项。

不同类型的相界面具有不同的界面能，并且构成界面能的化学项和几何项变化趋势也各不相同。由于非共格界面上原子分布较为紊乱，故其界面化学能较半共格界面要高；而半共格界面的界面化学能较共格界面的要高。另外，相界面两侧的原子间距有差异，界面上原子若要一一对应的话，必然因为错配而产生界面弹性应变能，其大小显然与相界面类型密切相关。界面应变能和界面化学能随界面类型的变化趋势相反，当形成非共格界面时，界面弹性应变能很小，而当形成共格界面时，界面弹性应变能最高，半共格界面的弹性应变能位于共格界面和非共格界面之间。

共格界面上弹性应变能的大小取决于相邻两相界面上原子间距的相对差值 δ，该相对差值即为错配度，表示为 $\delta=\Delta a/a$。

2.2.1.2　应变能

应变能是以应变和应力的形式储存在物体中的势能，又称变形能。一般以形核长大方式发生固态相变能，由于相变前后两相的比容不同，母相的约束会造成新相形核长大过程中产生体积应变能。

Nabbaro 计算了在各向同性基体上均匀的不可压缩包容物的体积应变能为

$$\Delta G_S = \frac{2}{3}\mu\Delta^2 Vf(c/a)$$

式中，V是基体中不受胁的空洞体积；Δ是体积错配度；f是形状因子。

可见，体积应变能一方面正比于体积错配度的平方Δ^2；另一方面还受析出新相形状的影响(图2-54)，圆盘(片状)的体积应变能最小，针状次之，球形最大。

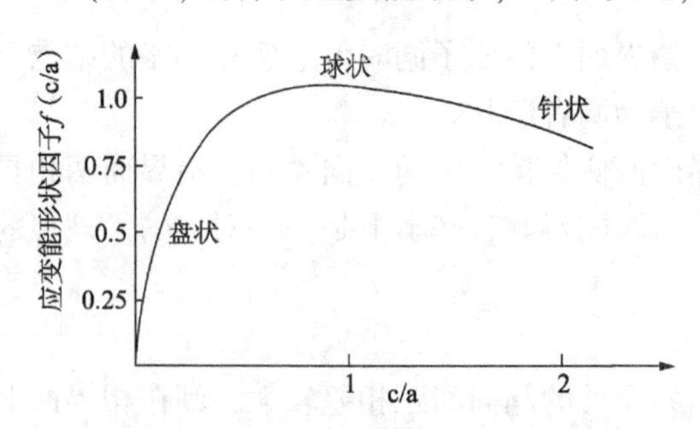

图2-54 应变能形状因子随新相轴比的变化关系

由于两相的界面错配会产生界面应变能，一般计入界面能中。共格界面的界面应变能最大，半共格界面次之，而非共格界面的界面应变能则为零。

相变阻力的产生是新相与母相之间界面能和应变能共同作用的结果。

2.2.1.3 位向关系

为了减少界面能，新相与母相之间往往存在一定的晶体学关系，它们常由原子密度大而彼此匹配较好的低指数晶面相互平行来保持这种位向关系。当然，如果界面结构为非共格时，新母相之间没有确定的晶体学关系。在固态相变时，新相与母相之间的位向关系通常以新相的某些低指数晶面与母相的某些低指数晶面平行，以及新相的某些低指数晶向与母相的某些低指数晶向平行的关系来表示。例如，碳钢中的马氏体相变，就是由面心立方的γ转变为体心立方的α_M时，母相的密排面(111)与新相的(110)面平行，新相的密排面方向[110]与母相[111]平行。

2.2.1.4 惯习面

固态相变时，新相往往在母相的一定晶面开始形成，这个晶面称为惯习面，可能是相变中原子移动距离最小(即畸变最小)的晶面。例如，从亚共析钢的粗大奥氏体中析出铁素体时，除沿奥氏体晶界析出外，还沿奥氏体的(111)面析出，呈魏氏组织，此(111)面即为铁素体的惯习面。

马氏体总是在母相的特定晶面上析出。伴随着马氏体相变的切变，一般与此晶面平行，此晶面为基体与马氏体相所共有，称为马氏体惯习面。马氏体惯习面是宏观上无畸变、无倾转的晶面，称为不变平面。例如，(0~0.4%)C的碳钢，α_M的惯习面是奥氏体的(111)面，表示为$(111)_\gamma$；(0.5%~1.4%)C的碳钢，α_M的惯习面是奥氏体的(225)面，表示为$(225)_\gamma$。

2.2.1.5 晶体缺陷的作用

晶体缺陷对相变，尤其对固态相变，具有显著的作用。晶体缺陷能够促进形核、长大及扩散。螺位错的存在可促进多型性相变的发生，如6H－α－SiC⇒4H－α－SiC；由于空位使溶质原子扩散加速，因此淬火空位及形变空位对扩散型相变具有重要作用。晶体缺陷对无扩散相变也有影响，阻碍位错运动。例如，晶体缺陷可以使马氏体转变的 M_S点降低。晶界和位错等缺陷有时虽对新相的形核有利，但往往阻碍新相长大(相界面移动困难)，且双相组织不易粗化。这是因为界面迁动过程中与其他位错交互作用，使得界面迁动困难。

2.2.1.6　过渡相

过渡相，又称中间亚稳相或亚稳态。在热力学上，亚稳相是指在一定的温度和压力下，物质的某个相尽管在热力学上不如另一个相稳定，但在某种特定的条件下这个相也可以稳定存在。奥斯特瓦尔德(Ostwald)提出的态定律也指出，物质从一种稳态向另一种稳态的转变过程将经由亚稳态(只要它存在)，即经由稳定性逐渐增加的阶段。然而这一定律并未解决为何产生这种倾向，仅认为这是物质的固有性质。

原则上讲，亚稳态迟早要转化成最终平衡态，问题是这一弛豫过程将持续多长时间，这是典型的动力学问题。换言之，亚稳态的存在取决于其寿命(τ)必须大于实验观测的时间尺度(τ_{obs})，而分子的弛豫时间(τ_{rel})要比亚稳态寿命短得多，满足$\tau>\tau_{obs}\gg\tau_{rel}$。另外，亚稳态向平衡态的弛豫还必须克服能垒 ΔG^*。

在相变尤其是固态相变中，有时先产生亚稳定的过渡相，然后过渡相再向稳定相转化。例如，在快速凝固时能得到亚稳相及非晶相(非晶相经加热后又转变为晶态)。铁碳合金中 γ 分解时，Fe_3C 为过渡相，如下面两个转变所示：

$$\gamma \rightarrow \alpha + Fe_3C$$

$$Fe_3C \rightarrow Fe + C$$

在 Al-Cu 合金时效时，先形成结构相同并保持完全共格的富铜区(溶质源于偏聚区，即 GP 区)；随后过渡到成分及结构与 $CuAl_2$相近的 θ''相和 θ'相，同时共格关系被逐渐破坏；最后形成非共格的具有正方结构的 θ 相。概括起来是：

α 过饱和→GP 区→θ''过渡相→θ'过渡相→θ($CuAl_2$)稳定相

对于高分子材料而言，相变显得更加复杂，更加丰富多彩。高分子材料比金属和陶瓷材料具有更多的聚集状态，除通常的固态、液态外，还有玻璃态、半结晶态、液晶态、高弹态、黏流态及形形色色的共混-共聚态等。这些状态间的变化规律各不相同。与小分子相比，大分子链有其尺寸、形状及运动形式上的特殊性。大分子链尺寸巨大，分子链形状具有显著各向异性特征，分子运动时间长，松弛慢，松弛运动形式多样化，松弛时间谱宽广。这些特征决定了高分子材料的相转变要比小分子材料“慢”得多。

从宏观上，我们可以运用热力学原理说明相变过程中始态和终态的关系，但是相转变过程的快慢却取决于微观分子运动的速度，即主要由动力学因素所决定。这种“慢”运动特征以及某些亚稳态到稳定态的很高的势垒，决定了一些材料尤其是高分子材料和某些无机化合物的最终热力学稳定态往往是很难达到的，故材料相变过程中存在着各种类型的亚稳态。达到亚稳态的时间相对来说要“快”得多，且亚稳态也具有相当的稳定性，因此亚稳态成为材料相变过程中的一种普遍存在，并能观察到有趣的物理现象。这也充分说明了固态相变过程的复杂性和多样性。

固态相变特征可总结为：大多数固态相变与结晶过程一样，是通过形核和长大完成的，固态相变的驱动力同样是新相和母相的自由焓(自由能)之差。由于新相和母相都是固体，所以表现出有别于液体结晶的一系列特点，具有：①相界面(phase interface)；②界面能；③应变能(strain energy)；④取向关系；⑤惯习面；⑥晶体缺陷。

2.2.2 固态相变的分类

2.2.2.1 按热力学分类

相变的热力学分类是按温度和压力对自由焓的偏导数在相变点的数学特性——连续或非连续，将相变分为一级相变、二级相变或 n 级相变。n 级相变的定义为，在相变点热力学势的第 $n-1$ 阶导数连续，而 n 阶导数不连续(突变)。

(1) 一级相变

一级相变是指当由 1 相转变为 2 相时，有 $G_1=G_2$，$\mu_1=\mu_2$，但自由能的一阶偏导数不相等的相变，即一级相变时，在相变温度 T_C 有

$$\left(\frac{\partial G_1}{\partial T}\right)_p \neq \left(\frac{\partial G_2}{\partial T}\right)_p$$

$$\left(\frac{\partial G_1}{\partial p}\right)_T \neq \left(\frac{\partial G_2}{\partial p}\right)_T$$

由于

$$\left(\frac{\partial G}{\partial T}\right)_p = -S \qquad \left(\frac{\partial G}{\partial p}\right)_T = V$$

因此，一级相变时，具有体积和熵(及焓)的突变，即

$$\Delta V \neq 0 \qquad \Delta S \neq 0$$

焓的突变表示存在相变潜热的吸收或释放。一级相变过程中可以出现两相共存(过冷、过热亚稳态)，其中母相为亚稳相，且一级相变是相变滞后的。

(2) 二级相变

二级相变是指由 1 相转变为 2 相时，有 $G_1=G_2$，$\mu_1=\mu_2$，而且自由能的一阶偏导数也相等，只是自由能的二阶偏导数是不相等的，即二级相变时，在相变温度 T_C 有

$$\left(\frac{\partial G_1}{\partial T}\right)_p = \left(\frac{\partial G_2}{\partial T}\right)_p \qquad \left(\frac{\partial G_1}{\partial p}\right)_T = \left(\frac{\partial G_2}{\partial p}\right)_T$$

$$\left(\frac{\partial^2 G_1}{\partial T^2}\right)_p \neq \left(\frac{\partial^2 G_2}{\partial T^2}\right)_p \qquad \left(\frac{\partial^2 G_1}{\partial p^2}\right)_T \neq \left(\frac{\partial^2 G_2}{\partial p^2}\right)_T \qquad \left(\frac{\partial^2 G_1}{\partial T \partial p}\right) \neq \left(\frac{\partial^2 G_2}{\partial T \partial p}\right)$$

但

$$\left(\frac{\partial^2 G}{\partial T^2}\right)_p = \left(-\frac{\partial S}{\partial T}\right)_p = -\frac{C_p}{T}$$

$$\left(\frac{\partial^2 G}{\partial p^2}\right)_T = \frac{V}{V}\left(\frac{\partial V}{\partial p}\right)_T = -V\beta \qquad \left(\frac{\partial^2 G}{\partial T \partial p}\right) = \left(\frac{\partial V}{\partial T}\right)_p = \frac{V}{V}\left(\frac{\partial V}{\partial T}\right)_p = V\alpha$$

式中，$\beta = -\frac{1}{V}\left(\frac{\partial V}{\partial p}\right)_T$ 称为材料的压缩系数；$\alpha = \frac{1}{V}\left(\frac{\partial V}{\partial T}\right)_p$ 称为材料的膨胀系数，可见，二级相变时有 $\Delta C_p \neq 0$，$\Delta\beta \neq 0$，$\Delta\alpha \neq 0$。这说明在二级相变时，体积和焓均无突变，而 C_p、β 及 α 具有突变。

一级相变及二级相变中几个物理量的变化(吉布斯自由能、熵、比热容)情况如图 2-55所示。

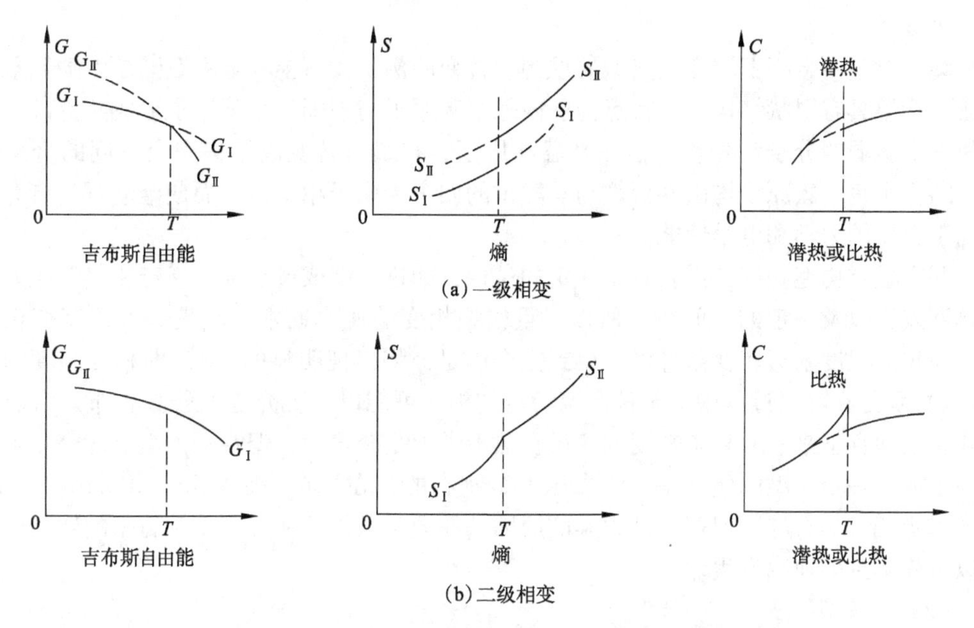

图 2-55　一级相变和二级相变中几个物理量的变化

相对一级相变来说，二级相变是连续相变，无相变滞后和两相共存(不存在亚稳相)的现象。二级相变的热力学势二级导数连续，可以导致对称性的破缺，引起某种物理性质的变化。

(3) 高级相变

二级以上的相变称为高级相变，一般高级相变很少，大多数相变为低级相变，如玻色-爱因斯坦凝聚(Bose-Einstein condensation，BEC)。涉及理想气体无序相到有序相的玻色凝聚相变就是三级相变。

通常气体凝聚成液体，是气体的分子在坐标空间凝聚，而这里说的玻色-爱因斯坦凝聚，是在动量空间里的凝聚，分子都掉到最低的能态上去了。现在用的是激光冷却的办法，还有叫作“分子逃逸”的办法，让温度降下来。这种相变是爱因斯坦 1952 年预言的效应，过了整整 70 年才得以实现，因为温度要求非常非常低，要达到亿分之几度。当温度降到相应密度的玻色-爱因斯坦凝聚的温度时，气体动量分布突然冒出一个尖峰，标志玻色-爱因斯坦凝聚。因为这项重要的发现，Cornell、Ketterle 和 Wieman 三位物理学家获得了 2001 年度诺贝尔物理学奖。

2.2.2.2　按结构变化分类

按照相变过程中结构变化方式，固态相变可分为重构型相变(reconstructive)和位移型相变(displacive)两类。

(1) 重构型相变

重构型相变表现为在相变过程中物相的结构单元间发生化学键的断裂和重组，形成一种崭新的结构，其形式与母相在晶体学上没有明确的位向关系。由于重构型相变涉及化学键的破坏和重组以及较大的结构变化，伴随着较大的热效应，故为一级相变；母相原子近邻关系在相变过程中破坏，故存在原子的扩散；界面能阻力较大，转变速率通常较为缓慢。

碳的石墨—金刚石转变是典型的重构型转变的例子。石墨和金刚石同是由碳元素所组成，石墨具有层状结构，其特点为层内每个碳原子与周围三个碳原子形成共价键，而层间则由脆弱的分子键相连。但在高温高压下，石墨可转变成结构完全不同的金刚石相，结构中每个碳原子均由共价键与其配位的四个碳原子相连，从而使金刚石具有完全不同于石墨的力学和电学性能。

要完成重构型相变，需要具备一定的条件，如过冷度或过热度、新母相蒸气压差或溶解度差，以及一定的时间等。所以，重构型相变的速率通常比较慢。若温度变化过快，在相变温度附近转变条件没有得到完全满足，将出现明显的热滞(即相变温度的推移)。特别是在降温过程中，某种高温稳定结构，可能以一种介稳的较高吉布斯自由能形式长期保存下来。此种未转变的相虽在热力学上是介稳的，但在动力学上却完全可能是稳定的。一个典型的例子是常温常压下金刚石的存在。在 298 K 和 1.01×10^5 Pa 下，碳的稳定相应是石墨，但基于动力学的原因，在通常条件下从金刚石到石墨的转变，不能以可检测到的速率发生。

(2) 位移型相变

位移型相变与重构型相变截然不同，在相变过程中不涉及母相晶体结构中化学键的断裂和重建，而只涉及原子或离子位置的微小位移，或其键角的微小转动。因而位移型相变前后原子近邻拓扑关系不变，新相与母相间保持共格且存在明确的位向关系；原子位移小，故无原子扩散过程，转变速率快；位移型相变过程涉及晶格畸变或某类原子的微小位移，故相变阻力以应变能阻力为主。

例如，石英、鳞石英和方石英都是由共顶的[SiO_4]构成的三维网络结构，其基本结构单元为[MO_4]配位正四面体，结构的差别在于四面体连接的花样上，也就是差别在二级配位上。一级配位是指最近邻原子之间的键，如[MO_4]中的 M-O 键。二级配位是指次近邻原子之间的相互作用。高温型 α-方石英和低温型 β-石英的不同仅在于 Si-O-Si 键角的不同。β-石英的 Si-O-Si 键角为 $2\pi/3$(弧度)，如果把它拉直，则与 α-方石英的键角相同(α-方石英的 Si-O-Si 键角为 π)。由此可推知，在同系列的高低温变体间发生的转变，不需要断开和重建化学键，仅发生键角的扭曲和晶格的畸变，属于位移型相变。由于仅涉及二级配位的变化，故 α-方石英到 β-石英相变前后整体结构没有发生根本变化。某些位移型相变涉及一级配位的相变，如马氏体相变，结构畸变就比较大了。

位移型相变又可分为调位型相变和晶格畸变型相变。调位型相变指的是晶胞内原子少量相对位移，产生微量正应变，如顺电—铁电相变。畸变型相变指的是晶格发生畸变，产生切变或是正应变，如马氏体相变。

2.2.2.3 按动力学机制分类

吉布斯把相变过程区分为两种不同方式：匀相转变和非匀相转变。

(1) 匀相转变

匀相转变始于程度小而范围大的相起伏，这个相起伏既有成分起伏，又有结构起伏。匀相转变的特点是母相对非局域的无限小涨落表现出失稳，无需形核(无核相变)；无明确相界，相变整体均匀进行。很多学者将匀相转变与连续相变混为一谈。例如，金属学家往往将匀相转变视为“连续相变”。实际上，匀相转变既包括物理上的“连续相变

(即二级相变)”，又包括固溶体调幅分解和失稳有序化等“一级相变(即不连续相变)”。

调幅分解是典型的匀相转变，过饱和固溶体母相在一定温度下连续分解成结构相同、成分和点阵常数不同的两个相。调幅分解的主要特征是不需要形核过程，成分连续变化。

固溶体有序化是一类重要的相变。像其他相变一样，有序化反应也可能有两种不同的转变机制。一种是成核生长的转变机制，这时有序相在无序相的基体中成核，然后通过界面处原子短程扩散控制的生长过程消耗无序相而长大。这在动力学上和其他多型性转变没有多大的不同。有序化反应也可以另一种类似于失稳分解的方式进行，这时随着温度下降到临界温度之下，无序的母相对于大范围内有序度的微小增加，即波长为晶格参数量级的短波浓度波失去稳定性，因而系统中各处的有序度均逐步增大，系统最终转变为有序结构，这就是失稳有序化。

(2) 非匀相转变

非匀相转变始于程度大而范围小的相起伏，即经典的形核-长大型相变。由于新相与母相结构或成分差别较大，相变势垒大，故以局部形成新相核心，并依靠相界面的迁移而长大的方式进行，相变过程中母相与新相共存，所以按非匀相转变方式进行的固态相变均是一级相变。金属学家将非匀相转变称为“不连续相变”。

绝大多数的一级相变涉及晶格类型的变化，属于非匀相转变，即先形成新相核心以降低相变势垒，然后新相核心通过相界面向母相迁移而长大。但并非所有的一级相变都以非匀相转变方式进行，如上述的固溶体调幅分解和失稳有序化。

“连续相变”和“不连续相变”被不同学科的研究者们给予了不同的定义。物理学家所称“连续”，是指热力学势函数一阶导数连续；而金属学家所谓“连续”主要指相变过程中成分是否连续变化。

2.2.2.4　其他分类方法

过去最常用的相变分类方法是按相变过程是否发生原子的扩散分为扩散相变和无扩散相变。

若相变前后晶格改变是以点阵重构方式进行的，则形核和长大这两个阶段均由原子的扩散来控制。母相中组成新相的原子(或分子)集团，称为核胚。扩散形核过程就是以这些核胚或新相的起伏，依靠单个原子热激活的扩散跃迁，形成最小的、可供相变为更稳定相的集合体的过程。

若固态相变中新母相存在成分差异的话，则还会发生溶质原子的扩散，并成为相变的控制因素，如固溶体的脱溶沉淀相变。

非匀相转变可根据形核-生长模式分为扩散控制转变和无扩散型转变。对于扩散控制的固态相变，过冷度越大，形核和长大的驱动力越大，所以母相转变为新相的速率也越快；但过冷度增大，实际转变温度降低，则扩散系数越低，转变速率也相应降低。因此，在一定的过冷度下转变速率最快。当过冷度进一步增大到扩散形核和长大过程不能进行时，则扩散控制的固态相变会受到抑制而不发生。例如，钢的过冷淬火抑制扩散型相变，会产生无扩散的马氏体相变。

马氏体相变是典型的无扩散转变之一。马氏体相变时没有穿越界面的原子无规则行走或顺序跳跃，因而新相(马氏体)承袭了母相的化学成分、原子近邻关系和晶体缺陷。

马氏体相变时原子有规则地保持其相邻原子间的相对关系进行位移，这种位移是切变式的。原子位移的结果产生点阵应变(或形变)。这种切变位移不但使母相点阵结构改变，而且产生宏观的形状改变。

某些不以形核长大方式进行的固态相变(即匀相转变)，涉及新母相成分的变化，则仍然存在溶质原子的扩散其相变过程也是扩散控制的，如固溶体调幅分解。

可见，相变过程中是否发生原子扩散是非典型的相变特征，涉及动力学问题，但并未反映相变动力学本质特征。

相变的每种分类之间是明确的，但热力学本质相同的相变可能发生不同的结构转变并且有不同的动力学机制。换句话说，相变的热力学分类是本质的、绝对的，结构转变和动力学是相对的。同时要注意几个特殊的相变，如马氏体转变、调幅分解和失稳有序化。

固态相变分类及特征见表 2-5 所列。

表 2-5　固态相变分类及特征

固态相变的分类	相变特征
多型性转变 (同素异构转变)	T 或 P 改变时，由一种晶体结构转变为另一种晶体结构，是一个重新形核，长大的过程，如 α - Fe↔γ - Fe　α - Co↔β - Co
共析转变	一相转变成结构、成分均不相同的两相，如 Fe-C 合金中，共析组织呈层片状 $\gamma \rightarrow \alpha + FeC$
包析转变	不同结构成分的两相转变成另一新相，如 Ag-Al 合金中，$\alpha + \gamma \rightarrow \beta$ 转变一般不能进行到底，组织中有 α 相残余
马氏体转变	相变时，新旧相成分不发生变化，不需要原子的扩散，原子只作有规则的重新排列(切变)，新旧相之间保持严格的位相关系，并呈共格，在磨光表面上可看到浮凸效应
块状转变	金属或合金发生晶体结构改变时，新旧相的成分不改变，相变具有形核、长大特点，只进行少量扩散，其生长速度甚快，借非共格界面的迁移而生成不规则的块状产物。在纯铁、低碳钢、Cu-Al 合金、Cu-Ga 合金中有这种转变
贝氏体转变	发生于钢及许多有色合金中，兼具马氏体转变和扩散型转变的特点、产物成分改变，钢中贝氏体转变通常认为借助于铁原子的共格切变和碳原子的扩散而进行，转变速度缓慢
调幅分解	为无核相变过程，固溶体分解成晶体结构相同但成分不同(在一定范围内连续变化的)的两相
有序化转变	合金元素原子从无规则排列到有规则排列，但结构不发生变化

2.2.2.5　重构型固态相变

重构型相变过程中涉及大量的化学键破坏，新相与母相间在晶体学上没有明确的位向关系，而且原子近邻的拓扑关系也要产生显著的变化。这类相变经历了很高的势垒，相变潜热很大，因而相变进展得相当缓慢。

固态金属中的相变以重构型相变所涉及的范围最广、种类最多。按照相变过程中原子的迁移特征、形核部位、相界面的结构以及相界面的迁移特征，把重构型相变进行了分类，如图 2-56 所示。

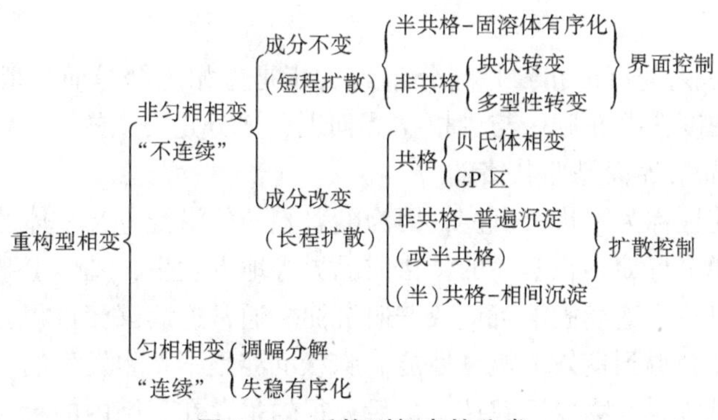

图 2-56　重构型相变的分类

2.2.2.6　脱溶沉淀

沉淀是从过饱和固溶体中析出第二相的过程，又称为脱溶转变。在许多工业加工和处理过程中，合金的很多性能，如机械性能、韧性、抗蠕变性、抗磨损性能和相变超弹性等，本质上都为第二相颗粒所控制。因此，掌握合金沉淀的机制及沉淀显微组织对合金性能的影响，对于控制沉淀过程、提高材料的性能具有重要意义。只要固溶体的溶解度随温度发生变化，都会出现沉淀，这就是发生沉淀的条件。

（1）沉淀条件

凡有固溶度变化，从单相进入两相区均有可能发生沉淀，表示为 $\alpha \to \alpha+\beta$，沉淀在加热或者冷却过程中均可发生。例如，我们熟知的时效过程是过饱和固溶体（高温淬火）在一定条件下发生的沉淀过程，$\alpha' \to \alpha+\beta$。

（2）沉淀驱动力

设 A-B 二元合金中浓度为 C_0 的母相 α 在温度 T_1 时析出浓度为 C_β 的沉淀相 β（$C_\beta > C_0$），而母相的浓度降低 C_α（$C_\alpha < C_0$）。此时自由能的变化（即形核驱动力）可通过母相自由能-成分曲线上该母相成分点的切线与析出相的自由能-成分曲线之间的垂直距离来度量。因此，析出相的核心成分只有大于 J 点成分时才可能有形核驱动力，并且随着析出相成分的不同，形核驱动力也不同；转变过程中，随着母相成分的不断变化（减小），形核驱动力将不断的减小。

（3）胞状脱溶沉淀

在某些合金中，沉淀形核在晶界发生后，并不是沿着晶界仿形长大，也不像针状、片状的魏氏组织那样沿着一定的结晶方向向晶内生长，而是形成了胞状组织，在相界面上有成分的突变。这种转变从形态上来看，与共析反应很类似，可以写为 $\alpha' \to \alpha+\beta$，其中 α' 是过饱和基体（母相），α 与 α' 具有相同的相结构，但是溶质含量较低，β 是平衡的脱溶物。晶界形核发展成胞状沉淀过程的机理随合金不同而异，其机理还不完全清楚，但其长大的特征如下：

① 脱溶物晶界形核，只朝着相邻晶粒的一边生长，而与另一相邻晶粒共格。

② 沉淀相形状一般为片状，垂直于移动的边界，由端向延伸长大，侧向是分枝增厚，靠近晶界处比较厚。

③ α 相与 β 相以层片状相间析出向晶内生长，转变区领域与未转变 α' 区域有明显

分界。

④ 胞状沉淀区内与沉淀相β相间分布的α相是母相重结晶而形成的，并且其溶质浓度降低为平衡浓度，故在胞区与母相α'界面上，成分是突变的。

⑤ 胞区生长前沿界面是非共格的。

胞状脱溶沉淀也称为不连续沉淀，因为随着胞的前沿推进，基体的成分变化是不连续的。而一般的脱溶沉淀多在基体的位错或晶界等地方发生，基体上某一点的成分随时间连续下降，所以称为连续脱溶沉淀或普遍沉淀。通常连续沉淀过程会产生弥散分布的过渡脱溶物，因此会得到良好的机械性能。胞状沉淀是不希望发生的，因为随着胞状脱溶物覆盖基体，过渡脱溶物要溶解掉，最后获得的是存在于胞内的粗大平衡脱溶物。但是，最近的研究认为，利用不连续沉淀可控制生长排列成行的复合材料，它的行间距要比凝固产生的成行排列的行间距小两个数量级，可改善性能。

关于胞状脱溶沉淀的长大理论最早是由Turnbull提出，后来由Aronson进行了修正。该理论的基本点是将界面迁移归结为溶质原子的重新分布。与连续沉淀的主要区别在于扩散路程的长短，连续沉淀是长程扩散，而不连续沉淀是短程扩散，扩散只在片层间距的数量级上发生，一般小于1 μm。有利于胞状沉淀发生的条件为：晶界不均匀形核的概率大，晶界扩散系数大，脱溶沉淀的驱动力大。

（4）相间沉淀

相间沉淀是Davenport和Honeycombe于1968年首先在含Nb、V等强碳化物形成元素的钢中发现的，随后人们在低碳钢和高碳合金中都发现了相同沉淀现象，而且除了形成碳化物外，还有氮化物的存在。由于碳氮化物在奥氏体-铁素体相界面上形成，所以称这种现象为“相间沉淀(interphase precipitation)”。发生相间沉淀时，钢的强度与晶粒度的关系偏离霍尔-佩奇(Hall-Petch)关系式，说明相间沉淀析出的碳(氮)化合物起着重要的沉淀强化作用。

① 沉淀产物形态：相间沉淀可发生在铁素体、珠光体或贝氏体内。低碳钢或中碳微合金钢中可得到由相间沉淀碳化物与铁素体组成的相间沉淀组织以及珠光体组织。光学显微镜下观察的相间沉淀组织与典型的先共析铁素体无区别，但在高倍电子显微镜下可以看到铁素体中有极细小的颗粒状碳(氮)化合物，或呈相互平行的点列分布或不规则分布。

相间沉淀组织也称为“变态珠光体”或“退化珠光体(degenerate pearlite)”。相间沉淀碳(氮)化合物是纳米级的颗粒状碳(氮)化合物。碳(氮)化合物的直径随钢的成分和等温温度的不同而发生变化，有的小于10 nm，有的甚至小于5 nm，一般平均直径在10~20 nm。相邻平面之间的距离称面间距或层间距。面间距一般在5~230 nm，也和析出时的温度或者冷却速率以及奥氏体的化学成分有关。

② 相间沉淀条件：相间沉淀是通过特殊碳(氮)化合物的奥氏体-铁素体相界面上成核和长大完成的，能否产生细小弥散相间沉淀碳(氮)化合物取决于钢的化学成分、奥氏体化温度、等温温度或连续冷却速率。相间沉淀发生的首要条件是奥氏体中含有足够的合金元素，如低碳钢中Al、Nb、V、Ti等，而且它们的碳化物和氮化物在奥氏体中溶解度随温度降低而下降。Ti、Nb的碳(氮)化物以及氮化钒的溶解度较低，加热时阻止了奥氏体晶粒的长大，从而达到了细化晶粒的效果。V的溶解度较大，主要起沉淀

强化作用。另外，为使合金元素充分溶解，必须达到合适的奥氏体化温度。奥氏体化后以适当速率连续冷却(空冷)或在珠光体和贝氏体转变温度之间等温，相变介于珠光体转变与贝氏体转变之间。低碳钢相间沉淀的等温转变动力学图与珠光体转变相似，也具有"C"形特征。

如果在连续冷却条件下发生相间沉淀，当冷却速率较慢，在较高的温度下停留的时间过长时，碳氮化物会聚集长大，组织粗大会使强度下降；如果冷却速率过快，细小的碳氮化物来不及形成，过冷奥氏体将转变为贝氏体等。

2.2.2.7　调幅分解

固溶体由非局域的无限小成分涨落导致失稳分解成两相的转变，又称失稳分解、增幅分解、调幅分解，表示为 $\alpha \to \alpha_1 + \alpha_2$。调幅分解属于典型的匀相转变，按扩散偏聚机制转变，由一种固溶体分解为结构相同而成分不同的两种固溶体，成分波动自动调整，分解产物只有溶质的富区与贫区，而这之间没有清晰的相界面。与此同时，材料具有良好的韧性和某些理想物理性能(如磁性)。

调幅分解验证了吉布斯在 1897 年从理论上所预言的匀相转变，即范围大(非局域)而微小的浓度起伏(涨落)导致失稳分解。但是，由于失稳分解的成分波动周期很短，为 5~10 nm，而且两相具有共格关系，使得实验现象难以观察。直到 20 世纪 40 年代才发现了与之有关的第一个迹象，即 Bradley 在永磁合金 Cu-Ni-Fe 的 XRD 斑点附近发现了"边带"和"卫星峰"，进而有学者指出了这是由于周期性组分调制产生的。

20 世纪 60 年代初，Hillert 考虑了扩散方程中化学成分差异对相邻原子交互作用的影响，Cahn 在自由能中考虑化学成分梯度的作用以及共格畸变的影响进一步建立了失稳分解动力学理论。

2.2.2.8　共析分解

共析分解类似于共晶反应，一个母相转变产生的两个(或多个)固体新相以相互协作的方式从母相中形核长大，只是发生共析转变时，母相为固态，其反应可表示为 $\gamma \to \alpha + \beta$。

典型的共析产物是 α 相和 β 相在共析组织中呈片状交替分布，并且在 α 和 β 两相之间的公共界面上往往存在着某种择优的位向关系。

共析分解($\gamma \to \alpha + \beta$)、共晶转变($L \to \alpha + \beta$)和胞状沉淀($\alpha' \to \alpha + \beta$)具有类似反应式和组织特征，统称胞状转变。共析分解($\gamma \to \alpha + \beta$)是典型的胞状转变之一，转变机制和形貌与胞状沉淀相同，即在晶界形核然后向晶内推进，胞区界面前为过饱和母相，胞内为两个新平衡相，α 和 β 两个新相相间生长。Fe-C 合金中，0.77% C 的共析成分在奥氏体平衡冷却时发生的片状珠光体转变($\gamma \to \alpha + Fe_3C$)是典型的共析分解。

与胞状沉淀区别在于，共析分解形成的两个新相 α 和 β 的结构和成分均与母相不同，而胞状沉淀区内产生的 α 相由母相重结晶而来，具有和母相相同的结构，只是成分不同。

2.2.2.9　贝氏体相变

贝氏体(Bainite)，曾被称为针状屈式体。1930 年，钢的热处理理论奠基人 Bain 首先发现在钢的中温等温转变过程中，相变产物具有针状组织特征，并于 1939 年第一次将贝氏体的光学金相照片正式发表。故在 20 世纪 40 年代末，为了纪念 Bain 的功绩，将钢在珠光体转变温度以下、马氏体转变温度以上，经等温或连续冷却分解所形成的组织命名为贝氏体。之后，Mehl 将钢中贝氏体分为羽毛状上贝氏体和片状下贝氏体；Habraken 又将低碳钢中出现的贝氏体铁素体中分布着富碳的奥氏体岛组织命名为粒状贝氏体，其他还有许多以形态命名的贝氏体组织。这些组织分类一直沿用至今。除了钢以外，在某些非铁合金，如铜等有色金属系合金 Cu-Zn、Cu-Al、Cu-Zn-Al 等中，也发现存在贝氏体，甚至在 Ce-ZrO_2中发现类似于贝氏体的中温转变产物，但其 400 ℃下等温转变除了结构变化外，可能还有成分变化。可见，贝氏体转变是普遍存在的固态相变形式之一。

关于钢中贝氏体转变的一些基本特征，能够获得普遍承认的有以下几点：

① 贝氏体转变是过冷奥氏体在中温转变区发生的，其转变温度范围比较宽，贝氏体转变前有孕育期，在孕育期期间，碳在奥氏体中发生扩散并形成贫碳奥氏体区。碳的扩散速率控制贝氏体转变速率并影响以后的贝氏体组织形态。

② 贝氏体的转变过程主要是贝氏体铁素体的形核与长大过程。该过程中可能存在着碳原子在奥氏体中的扩散、铁原子的自扩散及铁原子的切变。因此，在不同的转变温度下，决定过程的主要因素也不相同，所以可以获得不同类型的贝氏体组织。

③ 贝氏体组织由贝氏体铁素体及碳化物两相组成，并且贝氏体铁素体存在表面浮凸现象。贝氏体转变通常不能进行完全，即存在未转变的残余奥氏体。

除此之外，关于贝氏体转变的一些特征还存在着很多争议，其焦点就在于贝氏体相变属于切变机制还是扩散机制。以柯俊为代表的切变论者，由于发现了钢中贝氏体转变具有类似马氏体相变的表面浮凸效应，据此提出了贝氏体相变的切变学说。该学说在 20 世纪五六十年代几乎是被许多人接受的唯一理论。但是，60 年代末，切变论受到了美国著名学者 Aaronson（哈洛森）的挑战，原因是贝氏体转变温度不足以提供切变所需的能量，因此从能量的角度否定了贝氏体切变的可能性。他们认为，贝氏体相变是共析转变的变种，贝氏体是非片层共析体，这个理论后来被中国的金属学家徐祖耀及 Aaronson 的学生们所接受，并发展成现在的贝氏体相变机制的又一理论——扩散论。

总之，对于贝氏体的转变机制、贝氏体相变的基本特征以及贝氏体组织本身到目前为止都还存在较多的争议与分歧，所以至今尚无明确定义。

2.2.2.10 块状转变

块状转变也是一种中温转变，是介于马氏体相变和长程扩散的多晶型转变之间的一种中间型转变，块状转变的 CCT 曲线的位置正好与合金中的贝氏体转变的 CCT 曲线位置相当。慢速冷却时产生等轴的 α 相；稍快速率冷却时产生魏氏组织形态的 α 相；稍快速冷却时产生魏氏组织形态的 α 相；中等冷却速率冷却时产生了块状转变；而最高冷却率冷却时导致了马氏体转变。

块状转变最初是在 Cu-Zn 合金中发现的。Cu-Zn 合金由 β 相区快速冷过（$\alpha+\beta$）相区时，β 相可以转变成成分与之完全相同的块状 α 相。这种块状 α 相在 β 相晶界形核，并迅速长入周围的β 相中。由于相变产物通常具有不规则的外形，故而得名块状转变。块状转变以很快的速率发生，其新相的长大速率往往达到每秒数厘米，因此原子来不及长程扩散，致使转变后新相与母相具有相同的成分。

过去有人认为，块状转变是一种无扩散相变。然而，这种相变与马氏体相变有着本质的区别。马氏体相变是一种无扩散的“军队”式转变，即母相 β 是以原子协调运动的方式切变成 α 相，新相与母相有一定的晶体学位向关系，相变时发生明显的浮凸效应。与之相反，块状转变时 α 相的长大是以非共格界面的热激活迁移来完成的，即母相中的原子向新相中的迁移采用“平民式”的不整齐步伐。按照这一长大方式，块状转变的产物与母相之间的取向是随机的，即新相与母相之间无确定的晶体学位向关系，相应的也就没有了马氏体相变的表面浮凸效应。

此外，在许多纯金属、二元合金以及钢中也都观察到了块状转变。但是，在 Fe、Ti、Zr、Co 等纯金属中发生的长程扩散控制的多晶型转变，尽管无成分变化，但却不是本节所讲的块状转变。例如，在纯铁中，块状铁素体的形貌不同于长程扩散形成的等轴铁素体，铁素体界面呈不规则的块状。

综上所述，块状转变的特征如下：①纯净材料的同素异构或固溶体多晶型转变形式之一；②属于非匀相转变，由非共格相界面进行非协同型快速迁移，涉及跨越相界面的短程扩散，故仍属于界面控制的转变；③无成分变化；④相界面不规则，故相变产物呈块状形态。

2.2.2.11　固溶体有序化

一般意义上的有序-无序转变在结构上往往涉及多组元固溶体中两种或者多种原子在晶格点阵上排列的有序化。当温度降低时，大量的多组元固溶体常会发生晶格中原子从统计随机分布的状态向不同原子分别占据不同亚点阵的有序化状态的转变。在合金的组成原子中，若同类原子间的结合较弱而异类原子间结合较强时，则固态晶体中的原子(或者离子)将呈三位周期性的排列。此时，合金中每个原子(或者离子)的位置相对其他原子(或者离子)而言，在点阵中是固定的，这样的晶体点阵排列状态，称为完全有序态。随着温度升高，由于原子或者其群体的热运动，将会使原子的位置及排列状态的有序度减小。晶体由有序态转变为无序状态(温度降低则由无序状态转变为有序状态)，这一转变称为有序-无序相变。这类相变属于结构性转变，它们发生于某一温度区间并涉及原子或者离子的长程扩散和系统序参量的变化。有序-无序相变包括一般意义上的原子或离子排列位置的有序化，也包括电子自旋有序化(铁磁相变)、偶极矩的有序化(铁电相变)以及热激活电子的有序化(超导相变)等。

2.2.2.12　位移型固态相变

位移型相变发生时原子位置的迁移形式一般有两种：一种是在相变的时候，大面积的原子保持近邻关系进行有组织的位移，这种迁移具有协同性，称为点阵畸变位移；而另一种方式称为调位型位移，这种位移是指原子在迁移的时候只在晶胞内部进行原子位置的调整，但是具有点阵畸变特征，并且原子的调位型位移并不决定相变动力学及相变产物的形态。点阵畸变位移中一般伴随着体积和形状的变化，这种变化多会受到母相约束，所以一般多由应变能控制，多为一级相变。因为点阵畸变相变也会发生晶体结构的改变，所以也会有一部分的界面能。而调位型位移多只以界面能的控制为主，因为这类位移发生时，点阵的外形基本不变，对应的应变能趋近于零，一般为二级或者是弱一级相变，且在相变过程中，由于晶胞内原子位置的改变，中心对称性以及二、四次对称轴消失，导致晶体的对称性下降，包括连续型的位移相变(ω 相变)和以界面能为主的其他相变。点阵畸变的位移型相变变化的最小结构单元是全部阵点，而调位型相变则是某类原子或者电子。

另外，点阵畸变的位移型相变又分为以正应力为主(不存在无畸变线)的位移和以切应力为主的位移(具有无畸变线)，后者又分为马氏体相变和赝马氏体相变，在马氏体相变中，应变能决定相变的动力学及相变产物的形态；而赝马氏体相变的相变动力学及相变产物的形态并不取决于应变能。图 2-57 列出了对位移型相变的分类简况。按此分类定义马氏体相变为共格切变、无扩散，并由切变弹性应变能控制相变动力学形貌的位移型相变。但对非铁合金的马氏体相变，应变能很小。

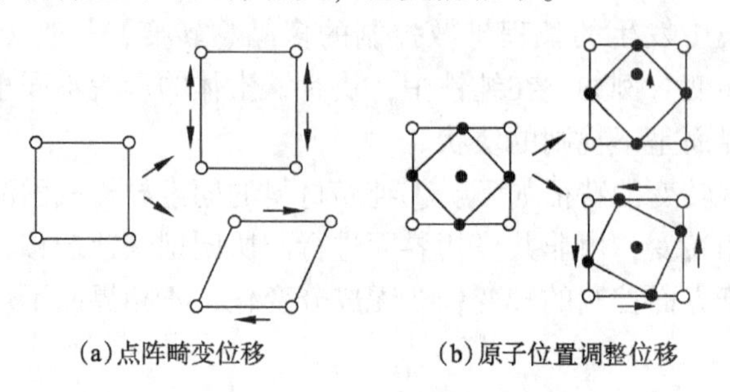

图 2-57　位移型相变的分类

2.2.2.13　调位型转变

调位型转变是位移型相变的一种，相变过程中晶胞内原子相对微小位移使内部位置发生改变。一般来说，在调位转变的过程中，点阵纯应变接近于零，不产生点阵的扭曲变形，只改变点阵的对称性或晶体结构，因此相变引发的弹性应变能极小，以至于母相到生成相的转变可以连续地进行或以界面能控制为主，前者属于二级相变，而后者则是一级相变。

2.2.2.14　马氏体型相变

上节所述的调位型位移相变是以晶体中各原子之间发生少量相对位移为主，但也往往涉及少量晶格畸变。例如，$BaTiO_3$从立方相转变为四方相，对应着晶格在某一方面的伸长。严格说来，这类相变可称为第一类位移型相变。另一类位移型相变是以晶格畸变为主，但也可能涉及晶胞内原子间的相对位移，后一种位移有人称为挪动。这类相变可以称为第二类位移型相变，但更加通俗的名称则是马氏体型相变。柯亨(Cohen)曾经指出，确认一个马氏体型转变的必要和充分条件是：点阵发生畸变型位移(包括切变主导型形状改变)、转变不需要扩散、在控制转变的动力学过程中，有很大的切变型弹性应变能。因此，这个定义不是基于转变生成相自身的本性(生成相的结构、特定形貌或特性)，而是基于转变是如何形成的。

碳钢经淬火后变硬是最早被发现的马氏体型相变，为纪念德国金相先驱者 Martens 最早用金相显微镜观察了钢淬火后的组织变化，把钢淬火冷却后获得的高硬度产物相命名为马氏体。人们最早只是把钢中由奥氏体转变马氏体的过程称为马氏体相变。但随后在一些纯金属(如 Zr、Li、Co 等)、合金(如 Fe-Ni、Au-Cd、Ni-Ti、Cu-Zn、Cu-Zn-Al 等)及无机非金属材料(如 ZrO_2陶瓷)中也有马氏体型相变，它们形成马氏体的基本特征与钢中相似。由于马氏体相变的应用不仅可以使钢强化，而且还在材料的增韧、材料功能(如阻尼、介电性)的开发等方面有颇多建树，特别是由特殊的马氏体相变引起的形状记忆效应，使得近二十多年来马氏体相变的研究越来越被人们重视。

在经受马氏体相变的材料中，由实验所观察到的现象有：在原先抛光的金相表面上出现浮凸，母相与新相存在一定的取向关系，马氏体的形貌以及分布状态随材料以及相变温度而异，马氏体相内部存在亚结构。

2.2.2.15　赝马氏体相变

对马氏体相变的分类尚无完整的阐述。Lieberman 将相变过程中原子迁动小于一个原子间距的称为正马氏体相变；原子迁动约为一个原子间距的称作准马氏体相变；把相变中存在长程扩散、成分发生改变，但是仍然显示马氏体相变晶体学特征的称为赝马氏体相变。Cohen 等把无扩散切变位移相变中相变动力学及形态由应变能决定的相变称为马氏体相变；把相变动力学及形态并不由应变能决定的称作赝马氏体相变。但 Wayman 认为，“应变能控制动力学和形态”的含义并不确切。而后，Olson 强调将具有明显相界面的一级位移型无扩散相变、并发生点阵畸变的称为马氏体相变；将相界面不清晰、对缺陷不敏感、界面移动可由孤立子模型来描述的称为赝马氏体相变。

由此可见，赝马氏体相变不满足马氏体型相变的定义，即“一种一级相变，经历成核，穿过母相和生成相两相混合区，以片状或板条状逐渐长大，具有转变前沿，显示逼近于不变平面界面的迹象”。但是，赝马氏体与马氏体一样均为切变主导型相变，并且生成相形貌相似(大片，存在变体和孪晶)，但在无畸变线问题上有明显区别。如果一个切变主导型转变不满足马氏体型相变的判据，它就被称为赝马氏体型相变。

对于大部分材料，赝马氏体型相变有三个方面的特征是共同的：①点阵畸变小而且是切变主导型的，点阵畸变的变化是连续或接近于连续的；②带状内部孪晶化显微结构，此结构在冷却至 T_C 温度以下的过程中逐渐聚集而成；③力学点阵软化，其软化可用哪些趋于零的弹性切变常数来表示，这些弹性切变常数随着温度接近于 T_C 而趋于零。由于转变时点阵畸变小，转变的应变能与驱动能之比值也小，这个比值已经被 Cohen 等用来作为把赝马氏体相变与马氏体相变区别开来的另一种指标。

2.2.3　相变的统计理论

从古代起，人类就已对热现象的本质有了一些假想和猜测。统计物理学作为一门科学的理论，是 19 世纪后半叶热力学定律建立后才发展起来。1827 年，英国植物学家布朗(Brown)观察到悬浮在水中的花粉或物质微粒所做的永不停息的无规则运动(称为布朗运动)，给热运动微观本质的研究提供了一个极为重要的实验事实；同时期的一些物理学家也不断地充实用分子运动的观点来解释热现象的理论。到了 19 世纪迅速发展成分子运动论，其中德国的克劳修斯(Clausius)、英国的麦克斯韦和奥地利的玻尔兹曼是这一理论的奠基人。1857 年，克劳修斯首先提出统计的概念，他简单地假设所有的分子只有一个速度并导出了气体压力公式及玻意耳(Boyle)定律；后来又提出分子碰撞数和自由程的概念。1860 年，麦克斯韦指出分子的速度各不相同并建立气体分子按速度分布的规律(麦克斯韦速度分布率)，随后他又建立了输运过程的数学理论。1868 年，玻尔兹曼将速度分布率推广成在重力场中的形式；他还提出 H 定理以解释宏观过程的不可逆性及导出速度分布率，后来又指出熵的统计意义(玻尔兹曼关系式)，并进一步完成了输运过程的理论。分子运动论的基本思想是，认为物质由不停运动着的分子组成，并以分子运动的集体行为来解释物质的宏观热性质。它的研究方法以经典力学为基础，给出分子的模型和碰撞机制。分子运动论描述了系统的微观动力学过程，因此成为研究输运现象和趋向平衡等不可逆过程的基本手段。

1902 年，德国的普朗克在用统计物理学解决黑体辐射问题时提出了能量量子的概念，开创了近代物理学的新时代。以量子理论为基础建立起来的量子统计理论是统计物理学的新发展。在量子力学建立的同时，1924 年，印度的玻色(Bose)和德国的爱因斯坦(Einstein)发现了一种量子统计的分布规律(玻色-爱因斯坦统计)；1926 年，意大利的费米(Fermi)和英国的狄拉克(Dirac)又发现另一种量子统计分布规律(费米-狄拉克统计)。这两种统计构成了量子统计理论的基本内容。平衡态量子统计理论解决了许多经典统计理论不能解决的困难。20 世纪 30 年代后期，粒子物理学的量子场论方法应用于物理学中又使之取得更大的进展，其中二次量子化和路径积分(即泛函积分)的格林(Green)函数方法在解决低温下非理想的量子流体等问题中取得了成功。1971 年，美国的威尔逊应用量子场论的重正化群方法完成了临界相变的理论，对统计物理学和凝聚态理论都产生了非常深刻的影响。

非平衡态统计理论是从气体分子运动论解释不可逆过程的本性及各种输运现象开始的。在讨论趋向平衡、解运输方程求输运系数、建立负温度理论以及布朗运动的涨落理论等方面都取得了成功，随后在建立非平衡态统计的一般性理论方面也取得了进展。这主要是从描述系统微观状态演变过程的方程(刘维方程)出发建立更具普遍性的关于非平衡态分布函数的系列方程(BBGK 方程链)。另外，比利时的普利高津(Prigogine)等对远离平衡态的突变现象建立的耗散结构理论等也是非平衡态统计理论发展的新成果。

我们知道，任何宏观物质都是由大量微观粒子(分子、原子、点子等的总称)所组成，统计物理研究的对象就是大量微观粒子所组成的宏观物质系统。统计物理学是由物质的微观结构和运动来研究物质宏观热性质的学科。宏观物质含有大量的微观粒子，因此统计物理学的研究对象是极大数量的粒子的集合。这些粒子可以是分子、原子、原子核、电子、光子或其他微观粒子，各种粒子都遵从相应的力学规律，所以又可以把这些研究对象视为自由度极大的力学系统。

在系统微观运动状态的量子描述中，要区别定域和非定域两种情况。

(1) 定域系

对于全同粒子所组成的固态系统，它们的粒子局限在各自的晶格位置上做小振动，可以用这些位置来标记或分辨它们。对于定域系，只有确定每一个粒子的量子态，才能确定系统的微观运动状态。例如，晶体中各个原子的振动是独立的，那么确定晶体的振动状态就要求确定每一个原子的一组振动量子数 α，对于由 N 个定域振子组成的系统，应该由 N 个量子数组 α_1，α_2，…，α_N 来描述该系统的微观运动状态。这些量子数组的不同取值，表示整个系统不同的微观运动状态。

(2) 非定域系

它包括费米系统和玻色系统。全同粒子系的交换对称性要求其波函数对于粒子交换具有一定的对称性：对称(玻色子)，或者反对称(费米子)。费米系统遵从泡利(Pauli)不相容原理，即在每一个单粒子量子态上，最多只能容纳一个费米子。玻色系统不受泡利不相容原理的约束，处在同一个单粒子量子态上的玻色子数目不受限制。

2.3　固态相变驱动力和阻力

固态相变驱动力是两相之间的自由能差或自由能梯度、化学位梯度。

阻力是界面能 σ，即晶核形成时新增加的新相与母相之间的界面能。

应变能 ε 是新相和母相之间因比容差别及弹性畸变而产生体积应变能。

2.3.1　固态相变的形核

大多数固态相变都需要经过形核阶段，形核过程可分为均匀形核和非均匀形核。

(1) 均匀形核

母相整个体系在化学上、能量上和结构上都相同时，可产生均匀形核。固态相变均匀形核时，母相中生长新相晶胚会引起体积自由能、界面能及应变能三个方面能量的变化。

体系的总的自由能变化：

$$\Delta G = n \cdot \Delta G_V + \eta \cdot n^{2/3} \cdot \sigma + n \cdot \varepsilon_V$$

式中，n 为晶核中的原子数；η 为形状因子；$\eta \cdot n^{2/3}$ 为晶核表面积；σ 为界面能；ε_V 为晶核中每原子产生的体积应变能；ΔG_V 为晶核中每原子的体积自由能差，即原子从能量较高的母相，转移到能量较低的新相，导致体系 Gibbs 自由能的降低。$\Delta G_V < 0$ 是相变驱动力。

对于球形均匀形核，胚芽具有的自由能可表示为

$$\Delta G_e = -\frac{4}{3}\pi r^3 \cdot \Delta G_V + 4\pi r^2 \sigma$$

形核激活能为：

$$\Delta G^* = \frac{16\pi\sigma^3}{3\Delta G_V}$$

临界半径为：

$$r^* = \frac{2\sigma}{\Delta G_V}$$

形核过程中体系自由能的变化：

$$\Delta G_V = \frac{\Delta H_0 \cdot \Delta T}{T} = G_\beta - G_\alpha$$

式中，ΔH_0 为两相平衡时的 ΔH 值；ΔT 为体系的过冷度（$T_{体系}$—$T_{平衡}$）。

由上式可知：体系过冷度越大，相变驱动力越大，形核越容易进行，均匀形核是在整个体系中发生的——统计形核。

潜伏时间 τ 为达到稳定形核速度之前的过渡时间。潜伏时间可作为衡量相变开始时间的标准，在实际应用中是一个重要参数。其表达式有多种、较为常用的是

$$\tau = \frac{\delta^2}{2\beta^*}$$

$$\beta^* = \frac{S^* \cdot D}{a^4}$$

式中，a 为晶格常数；S^* 为临界晶核的表面积；D 为扩散系数；δ 为胚芽的能量。

潜伏时间可作为衡量相变开始时间的标准，在实际应用中是一个重要参数。

（2）非均匀形核

多数固体中都包含有各种缺陷，如空位、杂质、位错、晶界等，一般先在上述缺陷外优先形核，属于非均匀形核。

体量总的自由能可表示为

$$\Delta G = n \cdot \Delta G_V + \eta \cdot n^{\frac{2}{3}} \cdot \sigma + n \cdot \varepsilon_V - n' \cdot \Delta G_0$$

式中，n'为晶格缺陷向晶核提供的原子数；ΔG_0 为晶体缺陷内每一个原子的自由能增值。

（3）形核驱动力

形核阶段，没有达到平衡状态，是对相变驱动力的修正。

毛细作用：临界晶核之所以被限定得很小，是由于晶核与母相间的界面能效应，使临界晶核内的原子的化学势比一般块体材料中原子化学势高，这种效应叫作毛细作用。

2.3.2 晶核的长大和扩散长大理论

（1）晶核长大的方式

晶核长大的方式有非协同型长大和协同型长大。

非协同型长大：原子向新相移动没有一定顺序，为“平民式”散漫无序位移，相邻原子的相对位移不等。界面上存在许多台阶，新相的移动只是在这些台阶的端部发生。

协同型长大：母相一侧的原子有规律地向新相移动，为“军队式”有序位移，相邻原子的相对位移相等。常见的有切变方式的协同型长大。

（2）扩散长大理论

$$J = (C^\beta - C^\alpha) \cdot v$$

$$C = C^\beta \quad x \to x^I$$

$$C = C^\infty \quad x \to \infty$$

界面移动距离 $\chi^I = 2\lambda\sqrt{Dt}$

变量 $\lambda = \dfrac{x}{\sqrt{Dt}}$

式中，$2\lambda\sqrt{D} = \alpha$ 称为长大速度常数。

界面在时刻 $\chi^I = \alpha \cdot \sqrt{t}$

t 时的位置，即移动距离。

过饱合度 $\Omega = (C^\beta - C^0)/(C^\beta - C^\alpha)$ $\quad \Omega = 0 \sim 1$

对于相同的 Ω 值，球状析出物的长大速度最大 >圆柱 >电状。

移动距离反映了长大速度。

2.4　固相反应

固相反应是高温条件下制备无机固体化合物过程中普遍存在的一种反应。广义的说，凡是有固体参加的反应都称为固相反应。如固体的相变、氧化、还原、分解，固体与固体、液体、气体的反应等都属于固相反应的研究内容。狭义的说，固相反应是固体与固体之间发生化学反应生成新的固体产物的过程。这里从广义的角度来探讨固相反应。

根据判别依据的不同，固相反应可以有不同的分类方式。若以参与反应的物质形态来分类，可归纳为下列几类：①单-固相反应，如固体物质的热解、聚合等；②固-固相反应；③固-气相反应；④固-液相反应；⑤粉末和烧结反应。如果以固体成分输运的距离为依据，又可分为三类：长距离输运的反应，如固体与气体、液体、固体的反应，烧结反应等；短距离输运的反应，如相变等；介于上述两者之间的反应，如固相聚合等。若以组成变化为依据，可分为组成发生变化的反应(如固体与固体、液体、气体的反应，分解反应等)和组成不发生变化的反应(如烧结、相变反应等)两类。

研究固相反应的目的是认识固相反应的机理，了解影响反应速度的因素，控制固相反应的方向和进行程度。在许多场合，希望固体物质具有高的反应活性，如火箭用的固体推进剂、固体催化剂等。但在防锈蚀的情况下，则希望尽最大可能降低固体物质的反应活性，减慢其反应速度，使反应进行得越慢越好。还有种情况，那就是在制作固体电子器件时，希望在固体表面的某一指定位置进行一种特定的化学反应，并且希望控制反应进行的深度和程度，如集成电路制作中的外延、p-n 结、隔离层、掩模、光刻等工艺步骤中所包含的化学反应。固相反应的热力学和动力学研究的目的就是探索固相反应的规律性的。

一种固相反应总是在晶体物相中发生物质的局部输运时产生，这是经典的观点。此时晶格点阵中原子的电子构型发生改变，这种改变涉及晶体部分的化学势(偏摩尔自由能)的局域变化。因此，固相化学反应就表现为组分原子或离子在化学势场或电化学势场中的扩散。原子或离子的化学势的局域变化便是固相反应的驱动力。扩散速率与驱动力成正比，比例常数就是扩散系数。固相中组分的化学势或电化学势梯度只是固相反应的驱动力之一，温度、外电场、表面张力等因素也是固相反应的驱动力。例如，一个初始是均匀的固溶体体系，在温度梯度的作用下，可以发生分离(demix)现象，即热扩散作用；离子晶体中的离子在电场的作用下发生迁移或电解；烧结过程中的固体趋向最小表面积，因而使原子从表面曲率大的地方向曲率小的地方扩散。液相或气相反应的动力学可以表示为反应物浓度变化的函数。但是对于固体物质参与的固相反应来说，反应物浓度的概念是毫无意义的。因为参与反应的组分的原子或离子不是自由的运动，而是受到晶体内聚力的限制，它们参加反应的机会不能用简单的统计规律来描述。对于固相反应来说，决定因素是固相反应物质的晶体结构、内部的缺陷、形貌(粒度、孔隙度、表面状况)以及组分的能量状态等。这些因素中，晶体的结构和缺陷、物质的化学反应活性和能量等是内在的因素；反应温度、参与反应的气相物质的分压、电化学反应中电极上的外加电压、射线的辐照、机械处理等是外部因素。有时外部因素也可能影响到甚至改变内在的因素，例如，对固体进行某些预处理时，如辐照、掺杂、机械粉碎、压团、加热、在真空或某种气氛中反应等，均能改变固态物质内部的结构和缺陷的状况，从而改变其能量状态。

2.4.1 固相反应机理

材料的制备和使用大多与物质的扩散、晶界迁移、再结晶、相变和化学热处理等物理化学过程有着密切的关系。研究这些过程(晶态固体中的扩散、固态相变)中的机理和速率等问题称为材料化学动力学(Materials Chemistry Kinetics)。

材料工程中烧结(sintering)、氧化(oxidizing)、蠕变(creep)、沉淀(deposition)、化学热处理(heat treatment)都与扩散(diffusion)密切相关。

与气相或液相反应相比较，固相反应的机理是比较复杂的。固相反应的过程中，通常包括以下基本的步骤：①吸附现象，包括吸附和解吸；②在界面上或均相区内原子进行反应；③在固体界面上或内部形成新物相的核，即成核反应；④物质通过界面和相区的输运，包括扩散和迁移。

一般说来，可把固相反应过程分为几个步骤。例如，对于一个分解反应，可以认为反应最初发生在某一些局域的点上，随后这些相邻近的星星点点的分解产物聚集成一个个的新物相的核，然后核周围的分子继续在核上发生界面反应，直到整个固相分解。实验证明，高氯酸铵晶体的热分解过程就是如此。当在 478 K 加热 NH_4ClO_4晶体 15 min 后，晶体的[210]晶面上出现一些孤立的核，特别是沿解离面附近尤其明显。从[110]晶面上可以看出这些孤立的核呈现无规分布。再经过 478 K 下加热 40 min 之后，发现最初的核停止生长，但是又出现了一些新的核。因为 NH_4ClO_4的热分解产物是气体，所以，核就表现为热腐蚀小坑，这可以利用扫描电子显微镜很清楚地观察到。又如某些金属的氧化反应，开始的时候是在金属表面上吸着氧的分子，并发生氧化，在表面上生成氧化物的核，并逐步形成氧化物的膜。如果这层氧化物膜阻止氧分子进入到金属表面，那么进一步的反应就要依靠在金属与氧化物以及氧化物与氧之间的界面上进行界面反应了，也要依赖于物质通过氧化膜的扩散和运输作用。在各个步骤中，往往有某一个反应步骤进行的比较慢，那么整个反应过程的反应速度就受这一步反应所控制，叫作控速步骤(rate-determining step)。

可以用图 2-58 来概括固相反应的类型、反应步骤和决定反应的各种因素。

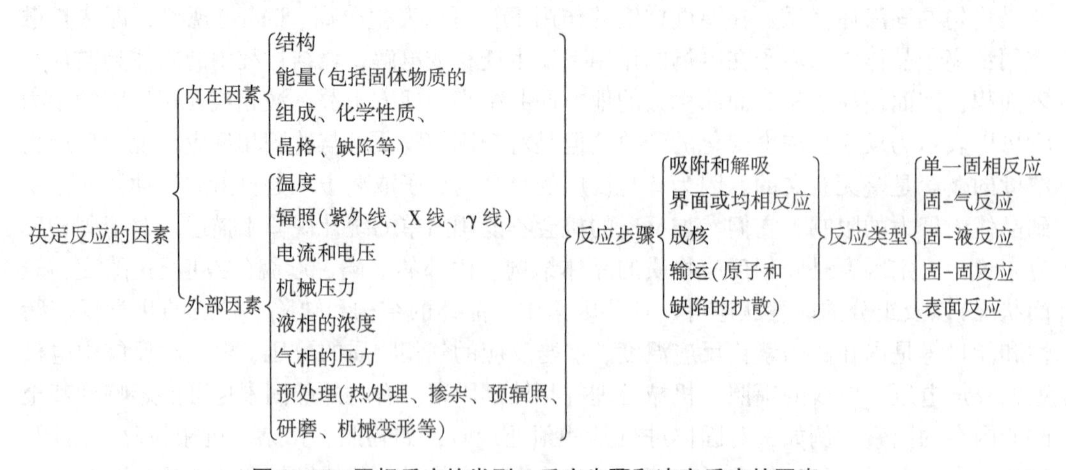

图 2-58 固相反应的类型、反应步骤和决定反应的因素

由热或光化学方法引发的固体无机化合物的分解和固体有机化合物的分子二聚及聚合都属单一固相的反应。这里只介绍分解反应。分解反应往往开始于晶体中的某一点，首先形成反应的核心。晶体中易成为初始反应核心的位置，就是晶体的活性中心。活性中心总是位于晶体结构中缺少对称性的位置，如晶体中那些存在着点缺陷、位错、杂质的地方。晶体表面、晶粒间界、晶棱等处，也缺少对称性，因此，也容易成为分解反应的活性中心。这些都属于所谓局部化学因素(topochemical factors)。用中子、质子、紫外线、X 线、γ 线等辐照晶体，或者使晶体发生机械变形，都可以增加这种局部化学因素，从而能促进固相的分解反应。核的形成速度以及核的生长和扩散的速度，决定了固相分解反应的动力学。核的形成活化能大于生长活化能，因此，当核一旦形成，便能迅速地生长和扩展。分解反应是受制于核的生成数目和反应界面的面积这两个因素。

固-固相反应是指两种固态反应物相互作用生成一种或多种生成物物相的反应。这类反应包括两种类型：加成反应和交换反应。它们都属于多相体系中的反应。

加成反应是指两个固相 A 和固相 B 作用生成一个固相 C 的反应。A 和 B 可以是单质，也可以是化合物。A 和 B 之间被生成物 C 所隔开，在反应过程中，原子或离子穿过各物相之间的界面，并通过各物相区，形成了原子或离子的交互扩散。整个反应的推动力是反应物和生成物之间自由能之差。这里只讨论晶体或单晶体之间的反应，反应熵很小，反应界面也小，反应速度慢，单位时间内放热很少，因此，可以认为是等温反应。但是反应界面较大的粉末物质的反应则大不相同。由于反应放热多，而使反应速度加快。反应热一部分传导到晶体的内部，一部分通过辐射或对流传导到周围的气相中。

固相交换反应的形式是：$AX+BY=BX+AY$。例如：

$$ZnS+CuO=CuS+ZnO$$

$$PbCl_2+2AgI=PbI_2+2AgCl$$

根据反应体系的热力学、各种离子在各物相中的迁移度以及各反应物质的交互溶解度，可以认识这些反应的机理。乔斯特(Jost)和瓦格纳(Wagner)规定了交换反应的两个条件：在 $AX+BY=BX+AY$ 这个类型的反应中，参加反应的各组分之间的交互溶解度很小；阳离子的迁移速度远远大于阴离子的迁移速度。

乔斯特提出的双层模型。他认为，反应物 AX 和 BY 是被产物 BX 和 AY 所隔开。由于阳离子的扩散比较快，因此，BX 形成一致密的层紧贴在 BY 上。只有当 A 能在 BX 层中溶解并能在 BX 层中迁移时，B 能在 AY 层中溶解并迁移时，反应才能继续进行。要想定量地讨论这个机理是比较困难的。例如，如果 BX/AY 物相界处于局域的平衡，那么就有四个组分和两个物相，这就意味着在给定的温度和静压力下，还需要再确定两个独立的热力学变量，才能推导出扩散流的方程，评价其反应动力学。在 AX/BY 或 AY/BY 界面的平衡中，则只需要再确定一个独立的变数。乔斯特利用这种模型研究过下列反应：

$$PbS+CdO=CdS+PbO$$

$$ZnS+CdO=CdS+ZnO$$

$$AgCl+NaI=NaCl+AgI$$

瓦格纳提出了另一种镶嵌式模型，即交换反应所生成的两个产物构成两个镶嵌块。

瓦格纳指出：在 AY 中一个杂原子 B 的溶解度和迁移率均很小，同样，在 BX 中杂原子 A 的溶解度和迁移率也很小，因此乔斯特模型的反应速度是很低的。而镶嵌式模型规定阳离子只在它自己所组成的晶体中运动，因此扩散速度很快。下列置换反应符合这种反应模型：

$$Cu+AgCl═══Ag+CuCl$$

$$Co+Cu_2O═══2Cu+CoO$$

一种固体电化学反应的模型，它解释了下列两个固体反应，其中第一个反应还有气体产物产生：

$$Cu_2S+2Cu_2O═══6Cu+SO_2(\text{气})$$

$$Ag_2S+2Cu═══Cu_2S+2Ag$$

这两个反应都伴随有电化学反应，原电池的电势是反应的推动力。

以下的反应也属于固-固反应：①固溶反应和离溶反应。这是指多组元体系中，各组元形成固溶体或由固溶体中离析出纯组元的现象，后面这种反应和由过饱和溶液中析出沉淀的情况相似。钢铁的高温热处理、表面的渗碳(carburization)和脱碳(decarburization)属于这类反应，这类反应与固体的物理和机械性能有很大的关系。②玻璃的失透现象(devitrification)。玻璃长期放置或长时间加热时，可能析出部分的结晶物相，玻璃由透明变成乳白色。

固-气相反应主要有金属的锈蚀或氧化反应、化学气相输运和无机微粒的气相合成等。

锈蚀反应是指气体作用于固体(金属)表面，生成一种固相产物，这样就在反应物之间形成一种薄膜相。所以在锈蚀反应的最初阶段，因为气体分子和金属表面可以充分接触，反应迅速。但当锈蚀产物(如氧化物)的物相层，一旦形成之后，它就成为一种阻挡金属和氧互相扩散的势垒，反应的进展就决定于这个薄膜相的致密程度。若是疏松的，它不妨碍气相反应物穿过并达到金属表面，反应速度与薄膜相的厚度无关；若是致密的，则反应将受到阻碍，受到包括薄膜层在内的物质输运速度的限制。锈蚀反应过程包括有气体分子扩散，金属离子的扩散，缺陷的扩散，电离、电子和空穴的迁移以及反应物分子之间的化学反应等。锈蚀反应产物的薄层既起着一种固体电解质的作用，又起着一种外加导体的作用。

金属锈蚀反应可表示为

$$M(\text{固})+\frac{n}{2}X_2(\text{气})═══MX_n(\text{固})$$

式中，X_2可以是氧、硫、卤素等电负性大的物质。下列因素将决定这样一类反应的反应速度：①金属的种类；②反应的时间阶段；③金属锈蚀产物的致密程度；④温度；⑤气相分压。对于一维的实验几何模型来说，已经观察和总结出下列一些形式的反应速率公式，式中的 x 代表在反应时间 t 内锈蚀产物的质量。

对于薄层(层厚<100 nm)生成而言，有四种规律：

① 立方规律：$x^3=K_c t$

② 对数规律：$x=K_1-K_2\ln t$

③ 对数倒数规律：$\frac{1}{x}=K'_1-K'_2\ln t$

④ 抛物线规律：$x=\sqrt{2At}$

对于厚层(层厚>100 nm)生成而言，有两种规律：

① 直线规律：$x=Bt$(由 $\frac{\mathrm{d}x}{\mathrm{d}t}=B$ 导出)

② 抛物线规律：$x=\sqrt{2At}$ (由 $\frac{\mathrm{d}x}{\mathrm{d}t}=\frac{A}{x}$ 导出)

锈蚀反应理论必须能对这些反应速率与时间的关系做出解释，并且用简单的物理化学量表示出其中的速率常数。应该指出：这些关系式只是一些极限情况，而实际的反应情况要复杂些，如果一个实际反应中包含有两个或更多的这些基本的过程在内，那么就不可能用一个简单的速率方程来表示它。例如，在反应进行时，锈蚀薄层产生裂隙或者局部发生剥落，则反应的速率就会改变。

金属氧化的抛物线型的反应速率规律是金属腐蚀反应的最普遍的动力学规律，即生成的金属氧化物膜的厚度 x 与反应时间的关系为

$$\Delta x^2=2kt$$

这个规律可以用瓦格纳的锈蚀理论来阐明，瓦格纳对金属氧化反应提出以下的假设模型：金属与外界的氧作用，生成一层致密的氧化物膜，牢固地附着在金属上。在整个氧化反应过程中，在 M/MO 和 MO/O_2(气)的两个界面上，以及在 MO 产物膜层中，始终保持着热力学平衡。在反应过程中，由于在两个界面处，各组分的化学势不同，推动了离子和电荷载流子(电子与空穴)穿过 MO 层而形成扩散流，产生物质的输运。又由于各组分的扩散速率不同，在 MO 层中形成扩散电势和电化学势梯度。

瓦格纳利用扩散流方程：

$$J_i=-\frac{D_i c_i}{RT}\frac{\mathrm{d}\eta_i}{\mathrm{d}x}$$

电中性条件(以消除扩散电势)，推导出速率常数k的方程：

$$k=\frac{1}{Z_M F^2}\int_{\mu_{M(O_2)}}^{\mu_M^0} t_{电子}(t_{离子}+t_0)\sigma\mathrm{d}\mu_M$$

式中，Z_M 为金属离子的价态；$t_{电子}$、$t_{离子}$ 和 t_0 分别为电子、金属离子和氧离子的迁移数；σ 为 MO 层的总电导率。迁移数和电导率可以用扩散系数代替：

$$k=\frac{2}{RTV_{MO}}\int_{\mu_{M(O_2)}}^{\mu_M^0} t_{电子}(D_M+D_0)\mathrm{d}\mu_M$$

对于二价过渡金属的锈蚀(生成 NiO、CoO、FeO 等)，$t_{电子}$等于 1，因此，实际锈蚀反应的速率常数 $\bar{k}$为：

$$\bar{k}=\frac{1}{RT}\int_{\mu_{M(O_2)}}^{\mu_M^0}(D_M+D_0)\mathrm{d}\mu_M$$

阴离子的扩散比阳离子的扩散小得多($D_0\ll D_M$)，可以忽略，因此，上式可以简化为：

$$\bar{k}-=\overline{D}_M\frac{|\Delta G_{MO}|}{RT}$$

式中，$\overline{D}_M$ 为金属离子的平均扩散系数。上式的物理化学意义是很清楚的：锈蚀反应的速率常数 $\bar{k}$跟控速组分的平均扩散系数与反应推动力（表示为氧化物生成自由能 ΔG_{MO}）的乘积成正比。式中的 ΔG_{MO} 只是以和温度 T 的比值出现，这是因为离子沿化学势梯度的扩散流，只相当于温度所引起的离子无规运动的一部分。

以下用固体缺陷的理论，讨论锈蚀反应的实例。

对于 $2Cu+\frac{1}{2}O_2 = Cu_2O$ 这样一个锈蚀反应，在氧化膜 Cu_2O 中，以空穴导电为主，存在着 V'_{Cu} 和电子空穴，在 Cu_2O/O_2 的界面上，

$$O_2(\text{气}) = 4\,V'_{Cu} + 4h' + 2Cu_2O$$

在 Cu_2O/O_2 的界面上，

$$Cu + V'_{Cu} + h' = 0$$

0 在此是指无缺陷状态。根据质量作用定律，在 Cu_2O/O_2 的界面上反应的平衡常数式可写为

$$[\,V'_{Cu}\,]^4 p^4 = Kp_{O_2}$$

如果假定$[\,V'_{Cu}\,]=p$，则

$$[\,V'_{Cu}\,] = p = \text{常数} \times p_{O_2}^{1/8}$$

因为 Cu_2O 中电导率与空穴浓度成正比，因此，可推测：

$$\sigma \propto p_{O_2}^{1/8}$$

瓦格纳（Wagner）和格林纳尔德（Grünewald）还在 1 000 ℃和氧气压介于 3.0×10^{-4} 和 8.3×10^{-2} 标准大气压之间，对金属铜进行了表面氧化实验，测定了试样的电导率和迁移数，求得了氧化反应的速率常数和氧压的 1/7 方成正比。这些实验结果均表明金属表面的氧化反应中，O_2 通过氧化物层的扩散是控速的步骤。

溴蒸气与金属银的反应：一块金属银在溴气作用下，表面生成一层 AgBr 膜。反应的继续进行与溴的气压、金属银中的本征缺陷和杂质缺陷以及电子空穴的运动有关。实验测定的结果表明：

① 反应速率常数与 p_{Br_2} 的平方根成正比，即 $k \propto p_{Br_2}^{1/2}$；

② 当金属银中掺杂有 Cd、Zn、Pb 等杂质时，反应速率要比纯银的反应速率慢；

③ 当在 AgBr 物相层中压入一个铂网，并将铂网与银块之间短路时，锈蚀反应的速率约增大两个数量级。

因为 AgBr 是一个离子导体，我们可以用银的间隙缺陷 $Ag_i\cdot$ 和空位缺陷 V'_{Ag} 以及电子-空穴的存在和运动来说明上述实验结果。Br_2 与 Ag 可能发生下列反应：

$$\frac{1}{2}Br_2(\text{气}) = AgBr + V'_{Ag} + h\cdot \qquad K_1 = [\,V'_{Ag}\,]\cdot p/p_{Br_2}^{1/2}$$

$$\frac{1}{2}Br(\text{气}) + Ag_i\cdot = AgBr + h\cdot \qquad K_2 = p/[\,Ag_i\cdot\,]\cdot p_{Br_2}^{1/2}$$

在 AgBr 层中产生弗仑克尔缺陷：

$$0 = V'_{Ag} + Ag_i\cdot$$

$$K_F = [\,V'_{Ag}\,][\,Ag_i\cdot\,]$$

因为空穴不断地由界面Ⅱ向界面Ⅰ运动，$Ag_i\cdot$ 不停地由界面Ⅰ向界面Ⅱ扩散，所以反应就继续的进行。因为空穴扩散的速度较慢，所以是控速反应的步骤，空穴扩散的速度决定于界面Ⅰ和界面Ⅱ上 Br_2 的浓度差 ${}^{\mathrm{I}}p_{Br_2}-{}^{\mathrm{II}}p_{Br_2}$，假定在实验温度 300～400 ℃下，AgBr 中的弗仑克尔缺陷是主要的缺陷，得

$$[Ag_i\cdot]=[V'_{Ag}]=K_F^{1/2}$$

经过推导，可得空穴浓度 p 和 Br_2 的分压 p_{Br_2} 的关系：

$$p=(K_1/K_F^{1/2})\cdot p_{Br_2}^{1/2}$$

因此 Ag 与 Br_2 之间的反应的速率常数 k 为：

$$k\propto {}^{\mathrm{I}}Ip-{}^{\mathrm{I}}p={}^{\mathrm{II}}p_{Br_2}^{1/2}-{}^{\mathrm{I}}p_{Br_2}^{1/2}$$

因为 ${}^{\mathrm{I}}p_{Br_2}^{1/2}$ 的数值很小，所以

$$k\propto {}^{\mathrm{II}}p_{Br_2}^{1/2}$$

当 Ag 中掺有二价金属 Cd、Zn、Pb 时，$Cd_{Ag}\cdot$、$Zn_{Ag}\cdot$ 或 $Pb_{Ag}\cdot$ 增多，为了保持金属银中的电中性，必定要有更多的银空位 V'_{Ag} 产生。$[V'_{Ag}]$ 增大，必然导致 AgBr 层中的 $[Ag_i\cdot]$ 和空穴 p 减少，从而使锈蚀反应减慢。

当用导线将 Ag 与压入 AgBr 层中的铂网接通，使之短路时，电子在外电路上快速流动，代替了 AgBr 层中比较慢的空穴的移动，从而可以加快锈蚀反应的速度。后面两种情况是属于局部化学反应。

2.4.2　固-液相反应

固-液相反应，从广义上可包括：①固体于常温下在作为液体的液相中转化、溶解、析出的反应。②固体在加热时可变为液体的液相中转化、溶解、析出的反应。

固-液相反应比固-气相反应要复杂得多，其包括腐蚀和电沉积这样的重要工艺过程。当某固体同某液体反应时，产物可能在固体表面上形成薄层或溶进液相。在产物形成层覆盖全部表面的情况下，反应类似于固体-气体反应。如果反应产物部分地或全部地溶进液相中，液相则会有机会接触到固体反应物，因此，决定动力学的重要因素是界面上的化学反应。

最简单的固-液相反应是固体在液体中的溶解。固体在液体中溶解的速度依赖于所暴露的特殊晶面（平面）。晶面对溶解的影响，从溶解球形单晶时获得多面体形状的观察中可以看得很清楚。氧化锌在酸的溶解中，含氧的 $[000\bar{1}]$ 面比含锌原子的 [0001] 面更迅速地受到酸的侵蚀。

像热分解一样，固体的溶解明显地受位错的影响。例如，蚀刻点在晶体表面上位错出现的位置上形成。正是由此原因，蚀刻是有用的位错显现技术，甚至可用来测定位错的密度。$NiSO_4\cdot 6H_2O$ 中刻蚀点生长速度的测定已用来决定位错位置上成核的活化能降低。人们已指出在一半新解理的萘晶体上的蚀刻点与另一半相同晶体上光二聚反应中心之间呈相对应性的关系。

2.4.3　影响固相反应的因素

由以上讨论可看出，与气、液反应相比，固相反应有其基本的特征，如其属于非均

相反应，参与反应的固体相互接触是固相间发生化学反应的先决条件，这就涉及反应固体颗粒大小(也即表面积)，固体粒子的扩散，反应的温度、压力等。事实上，影响固相反应的因素是多方面的，在此讨论若干主要的影响因素。

2.4.3.1 固体的表面积

由于固体的存在形式可以是细粉、粗粉、块体，对一定量的固体，其表面积的大小具有极大的差别，这就是说固体的表面积是由其颗粒大小所决定。一个棱长为 a 的立方体，其表面积为 $6a^2$。当把这个立方体分割为棱长等于 $\frac{a}{n}$ 的小立方体时，可得到 n^3 个小立方体，每个小立方体的表面积为 $\frac{6a^2}{n^2} \cdot n^3 = 6na^2$。由此可见，颗粒状物质的比表面(每单位重量的表面积)是与颗粒尺寸成反比的。表 2-6 列出了一定量的物质颗粒度不同时颗粒总表面积的数值。

表 2-6 立方体棱长与总表面积的关系

立方体棱长/cm	1	1×10^{-1}	1×10^{-2}	1×10^{-3}	1×10^{-4}	1×10^{-5}	1×10^{-6}	1×10^{-7}
立方体总表面积	6	6×10	6×10^2	6×10^3	6×10^4	6×10^5	6×10^6	6×10^7

因为颗粒的总表面积可大致限定反应固体颗粒之间接触的总面积，所以反应固体表面积对反应速率影响极大。值得注意的是，实际上接触面积要比总表面积小很多。尽管固体表面积大大地控制着混合物中反应颗粒间的接触面积，但在一般反应速度式中并没直接体现出来。不过它已间接地被包括进去了，因为在产物层厚度 x 和接触面积之间存在着反比的关系。对于给定质量的反应物和一定的反应程度，产物层厚度 x 随颗粒度的减小而减小。颗粒度和表面积以此影响着 x 值。事实上，反应物颗粒尺寸对反应速率的影响，在杨德尔方程中具有明确的体现，反应速率常数k值与反应物颗粒半径的平方成反比，而比表面积与颗粒半径成反比，足见总表面积对反应速率的影响。此外，反应体系比表面积越大，反应界面和扩散界面也越大，因而也使反应速率增大。再者比表面积越大，表面能越高，悬键越多，缺陷越密集，这些都会有助于加快扩散和反应。

2.4.3.2 温度

温度对固相反应的影响是不言而喻的。从热力学性质来讲，某些固相反应完全可以进行。然而实际上，在常温下反应几乎不能进行，即使在高温下，反应也需要相当长的时间才能完成。这是因为这类反应的第一阶段是在晶粒界面上或界面邻近的反应物晶格中生成晶核，完成这一步是相当困难的，因为生成的晶核与反应物的结构不同。因此成核反应需要通过反应物界面结构的重新排列，其中包括结构中的阴、阳离子键的断裂和重新组合，反应物晶格中阳离子的脱出、扩散和进入缺位等。高温下有利于这些过程的进行和晶核的生成。同样，进一步实现在晶核上的晶体生长也有相当的困难。因为对反应物中的阳离子来讲，则需要经过两个界面的扩散才有可能在核上发生晶体生长反应，并使反应物界面间的产物层加厚。由此可看出，决定这类反应的控制步骤应该是晶格中阳离子的扩散，而升高温度有利于晶格中离子的扩散，因而明显有利于促进反应的进行。

其实不论是对于化学反应或扩散，其速度均随着温度的升高而增加。这可由反应速率常数方程式和扩散方程式看出：反应速率常数$k=A\exp(-\Delta G/RT)$；扩散系数 $D=D_0\exp(-Q/RT)$。

实际上，固相反应的开始温度往往低于反应物的熔点或体系的低共熔点。若用 T_M 代表物质的熔点(绝对温度)，当温度为 0.3 T_M时，则为表面扩散的开始，也即在表面上开始反应。在烧结反应中，也就是表面扩散机理起作用的温度。当温度达到 0.5 T_M 时，固相反应可强烈地进行，这个温度相当于体扩散开始明显进行的温度，也就是烧结开始的温度。这一现象是泰曼(Gustav Tammann)发现的，故称为泰曼温度。不同的物资有不同的泰曼温度，如对于金属有 0.3~0.5 T_M；对于硅酸盐有 0.8~0.9 T_M；如果要使固体物质发生有效的固相反应必须在泰曼温度以上才有可能。

2.4.3.3　压力与气氛

对于纯固相反应来讲，加压可改善粉料颗粒之间的接触状况，如缩短颗粒之间的距离，减小孔隙率，扩大接触面积，从而提高反应速率，特别是对于体积减小的反应有正面的影响。而对于有气、液相参加的固相反应，加压不一定有正面的影响。而对于有气、液相参加的固相反应，加压不一定有正面的影响，反而会有负面的影响。这要具体反应具体分析。

气氛对固相反应的影响比较复杂，不能一概而论。首先对纯固相反应来讲，若反应物都为非变价组成，且反应也不涉及氧化和还原，则气氛对此类反应基本上不产生影响；若反应物都为非变价元素组成，且反应涉及氧化或还原，则须在氧化或还原气氛下进行反应；若反应物中有变价元素组分，且不希望反应涉及氧化和还原，则必须在惰性气氛下反应；若反应物中有变价元素组分，且希望反应涉及氧化或还原，则必须在氧化或还原气氛下反应；对于有气相参加的固相反应来讲，如分解反应，如果不希望分解产物(固相和气相)进一步发生氧化或还原，则必须在惰性气氛下反应；如果希望分解产物(固相和气相)进一步发生氧化或还原，则必须在氧化或还原气氛下反应；由此看来，气氛对于得到什么样的产物至关重要。

2.4.3.4　化学组成和结构

反应物的组成和结构是影响固相反应的重要因素，它是决定反应方向和反应速率的内在原因。从热力学的观点看，在一定的外部条件下，反应向吉布斯自由能减小的方向进行，而且吉布斯自由能减小的越多，反应的热力学驱动力越大。从结构的观点看，反应物的结构状态，质点间的化学键性质，以及各种缺陷的存在与分布都将对反应速率产生影响。研究表明，同组成反应物的结晶状态、晶型由于热历史的不同会有很大的差别，进而导致反应活性的不同会有很大的差别，进而导致反应活性的不同。典型的例子可举出用氧化铝和氧化钴合成钴铝尖晶石的反应，$Al_2O_3+CoO = CoAl_2O_4$。对于 Al_2O_3 来说，若分别采用 γ-Al_2O_3和 α-Al_2O_3作原料，发现反应的速率相差很大，即前者大于后者。这是因为在 1 100 ℃左右的温度区域内，由于氧化铝的 γ 型向 α 型的转变，而大大提高了 Al_2O_3的反应活性，从而大大的强化了反应的速率。对于 CoO 来说，如分别采用 Co_3O_4和 CoO 作原料，发现前者的反应活性大于后者。因为当用 Co_3O_4时，首先发生分解反应：$Co_3O_4 \rightleftharpoons 3CoO+\frac{1}{2}O_2$，新生态的 CoO 具有很高的反应活性。

2.4.3.5 矿化剂

有的学者指出，在反应过程中能够加速或者减慢反应速度，或者能控制反应方向的物质称为矿化剂。其实，矿化剂类似于催化剂，它的作用从本质上看是降低或提高反应的活化能。具体地说，它影响晶核的形成速率和长大速率，影响体系的状态和晶格的性质。然而矿化剂并不是在所有温度下都起作用，而是在一定的温度范围内起作用。当矿化剂与反应物生成少量液相时，往往可加速反应。例如，在耐火材料硅砖中，若不加矿化剂，其主要成分为 α-石英等。当掺入 1%~3%的 $[Fe_2O_3+Ca(OH)_2]$ 作为矿化剂，则可使大部分 α-石英转化为鳞石英，从而提高硅砖的抗热冲击性能。反应中有少量液相生成，由于 α-石英在液体中溶解度大，而鳞石英的溶解度小，从而使 α-石英不断地溶解，鳞石英不断地析出，促使 α-石英向鳞石英转变。如果不加矿化剂，即使在 870~1 470 ℃下较长时间加热，也难使 α-石英向鳞石英转变。有关矿化剂的矿化机理可能是复杂多样的，它影响反应速率的作用也是明显的。

第3章　粉体学基础

3.1　粉体学简介

3.1.1　粉体学发展简史

人们的生产和生活自古就与粉体密切相关，对粉体的认识和应用已有上万年的历史。人们最初是用矿物粉体作粉饰颜料，见证于距今3万年的北京周口店山顶洞人遗址。在那里发现了以赤铁矿粉饰的赭红色小石珠、贝壳、兽牙、鱼骨等140多件装饰品。此后，人们将粉体用于陶瓷、建筑材料、墨、印染、医药等。

如今人们的衣、食、住、行，国民经济的各个行业，无不与粉体密切相关，新材料、新能源、新工艺等领域的高新技术无不渗透着粉体的贡献。涉及粉体工程的主要工业领域主要包括冶金工业、无机非金属材料工业、煤炭工业、石油及化工行业和食品及制药行业等。现在用来生产粉体的粉碎机大小、式样各异，实现了粉碎工艺参数的自动控制，可以准确地控制粉体粒度，而且能制备粒度非常小的粉体，粉碎效率高，生产能力强。

明代宋应星的著作《天工开物》(公元1637年)对一些原始的粉末冶金工艺进行了描述和总结。到了近代，随着粉体相关工业的不断发展，各行各业认识到粉体的共性，将粉体作为物质的一种存在形式，粉体科学技术发展成为一门综合而又相对独立的学科，称为颗粒学或粉体工程学。1943年，美国学者达拉瓦勒出版了世界上第一部关于粉体的专著*Micromeritics*；1960年，德国麦尔道编写了*Handbuch der Staubtechnik*；1966年，美国的奥尔出版了*Particulate Technology*，此后国内外相继出现了多种版本的粉体工程学方面的专著和教材。

粉体工程学以粉体为研究对象，研究其性质及加工利用技术，基本内容包括：①粉体的几何性质，包括粉体粒度、颗粒形状、粒度分布、粒度测定方法、粉体填充结构；②粉体的力学性质，包括颗粒间作用力、湿粉体内液桥力、粉体摩擦力、流动阻力；③粉体加工利用的理论、方法、技术、设备，包括粉碎、机械力化学、分级、分离、储存、输送、喂料、混合、造粒等工艺及过程参数的控制；此外还涉及呼吸性粉尘、粉尘爆炸、沙尘暴的防治。

近年来，粉体技术成为实施可持续发展战略的主导技术得以迅速发展，新理论、新方法、新技术层出不穷，并与理、工、农、医等多个学科领域及若干现代工程技术不断交融，覆盖范围更广泛，科学内涵更丰富，应用技术更现实。从而使粉体工程学发展成为一门极为重要的新兴综合性学科，引领科技发展趋势，为矿业发展、能源供应、环境保护等提供技术支撑，受到国内外科技界的高度重视。

3.1.2 粉体的定义

3.1.2.1 粉体与颗粒的关系

颗粒(particle)是小尺寸物质的通称，其几何尺寸相对于所观测的空间尺度而言比较小，从厘米级到纳米级大小不等，又称为粒子(狭义的粒子是指微小的颗粒)。粉体(powder)是大量颗粒的集合体，即颗粒群，又称为粉末(狭义的粉末是指粒度较小的部分)。颗粒是粉体的组成单元，是粉体中的个体，是研究粉体的出发点。颗粒又总是以粉体这种集合体的形式出现，集合体产生了个体所不具有的性质。粉体由诸多颗粒组成，是大量颗粒的宏观表现，其性质取决于各颗粒，并受颗粒堆积情况、颗粒之间介质、外界作用力等的影响。

“颗粒”和“粉体”这两个术语，都是从几何尺寸上对物质说下的定义，其本身不涉及化学组成、物质结构、物理性质、化学性质、工艺性能和用途等。根据不同的研究目的、研究角度和研究方法对同一领域事物进行认知时，因考虑问题的出发点、角度和目的不同，对研究对象及学科的命名也不同。侧重于研究个体颗粒时，将学科称为颗粒学；侧重于研究集合体粉体及其工程问题时，则将学科称为粉体工程学。命名的差异有助于从不同的角度加深对同一对象的认识，殊途同归，在信息传播和交流中应注意这一差异。

3.1.2.2 粉体的存在状态

粉体颗粒除了以固态存在以外，气体中的液滴、液体中的气泡也都属于颗粒的范畴，所以，颗粒有固、液、气三种相态，但通常是指以固态存在的，即粉体颗粒是小尺寸的固体。同样是固态粉体颗粒，不同运动状态时也显现出不同的性质，静止时是固体，悬浮在气体中时具有气体的某些性质，流动时又酷似流体。

粉体颗粒有的以分散状态存在，有的以聚集状态存在。固态物质可以看作分散或聚集的粉体。大部分固态物质是分散的粉体，如矿沙、精矿粉、煤粉、泥沙、水泥、涂料、颜料、土壤、谷物、面粉、种子、食盐、砂糖、药丸、煤灰、尘埃等。大块固体是粉体颗粒的聚集体，即大块固体在微观结构上也是由粉体颗粒构成的。例如，大块矿石由一个个矿物颗粒聚集而成。又如，材料表面的金属氧化物镀层由一个个金属氧化物颗粒组成，材料表面沉积的碳层由一个个碳颗粒组成。以分散状态存在的粉体与以聚集体存在的大块固体具有不同甚至是迥异的性质。粉体是固体材料的一种存在状态，可将其称为粉体材料。粉体颗粒越小，其化学势越高，溶解度越大，熔点越低。超细粉体的光、电、磁、热等性质会发生奇异的变化。例如，当颜料粒径小到可见光波长(0.4~0.7 μm)的1/2~2/3时，颗粒对入射光的散射能力最大，颜料具有较高的遮盖力，而当粒径进一步减小，小到可见光波长的1/2以下时，因发生光的衍射，颜料遮盖力显著下降，对光具有透明性。因此，把粉体作为物质的一种特定存在状态，对其进行深入研究，充分认识和利用其特性，对于矿物材料及粉体技术的创新具有重要意义。

3.1.3 粉体的分类

粉体可按其成因、制备方法、颗粒分散状态、颗粒大小等进行分类。此外，还可按粉体的化学组成、晶体结构、用途等进行分类。

3.1.3.1　按成因分类

粉体按其成因可分为天然粉体和人工粉体两大类。

(1) 天然粉体

天然粉体是在自然力的作用下形成的粉体，如岩石风化、河海波浪冲击、火山爆发、地震等形成的石英砂、泥沙、火山灰、黏土等。这些天然粉体是宝贵的自然资源、重要的工业原料。

(2) 人工粉体

人工粉体是用机械粉碎等方法制造的粉体，如矿粉、水泥、化肥、涂料、奶粉、医药等粉体，是各个工业部门的原料或产品。

3.1.3.2　按制备方法分类

人工粉体的制备方法可分为机械粉碎法和化学法两类。

(1) 机械粉碎法

机械粉碎法是用破碎机、粉磨机、超细粉碎机制备粉体，其优点是生产能力强、成本低、颗粒团聚现象少，缺点是纯度低、均匀性差、几何尺寸较大。机械粉碎法在粉体制备中的应用最为广泛。

(2) 化学法

化学法是用化学反应的方法制备粉体，包括溶液法、气相法、盐分解法，其优点是纯度高、组成可控性好、化学均匀性好、颗粒尺寸小、粒度均匀，缺点是生产能力弱、工艺复杂、成本高、颗粒易团聚。

3.1.3.3　按颗粒分散状态分类

粉体颗粒按其分散状态可分为原级颗粒、聚集体颗粒、凝聚体颗粒、絮凝体颗粒四类。

(1) 原级颗粒

构成粉体的原始颗粒称为原级颗粒(native particle)，又称为一次颗粒或基本颗粒。直接由原级颗粒构成的粉体，颗粒松散堆积，颗粒之间不存在结合，能完全分散开来。

(2) 聚集体颗粒

多个原级颗粒以化学键力(离子键、共价键、金属键)于颗粒表面相连而集合起来的颗粒称为聚集体颗粒(aggregated particle)，又称为二次颗粒。

(3) 凝聚体颗粒

由原级颗粒或聚集体颗粒或二者的混合物通过较弱的表面附着物理力，如范德华力和静电引力，结合在一起形成的松散颗粒群称为凝聚体颗粒(agglomerated particle)，又称为三次颗粒。

(4) 絮凝体颗粒

在粉体的实际应用中由于液态介质的加入，多个颗粒以物理力(水分毛细管力、有机大分子的桥连黏附作用力)松散地结合在一起形成的颗粒群称为絮凝体颗粒(flocculated particle)。

3.1.3.4　按颗粒大小分类

粉体按颗粒的大小可分为粗粉体、中细粉体、细粉体、微粉体、纳米粉体五类。

粗粉体(coarse powder)：粒径>0.5 mm，由机械破碎制得，可用作无机复合骨料等，适于进行大颗粒矿物的解离、重选等。

中细粉体(medium powder)：粒径0.074~0.5 mm，由机械粗磨制得，可用作细砂填料等，适于进行较小颗粒矿物的解离、泡沫浮选、表层浮选等。

细粉体(fine powder)：粒径10~74 μm，由机械细磨制得，可用作填料、粉体增强材料、化工原料，适于进行细粒矿物的解离、泡沫浮选等。

微粉体(micro-powder)：又称为超细粉体，由机械超细磨或化学法制得，粒径0.1~10 μm，可用作优质填料、颜料、涂料、陶瓷材料、悬浮体材料，适于进行微米级矿物的泡沫浮选、油团聚浮选、选择性絮凝等。

纳米粉体(nano-powder)：粒径<100 nm，由化学法制得，可用作胶体材料、高性能涂料、颜料、糊料、胶黏材料，适于进行纳米级矿物的离子浮选、溶剂浮选等。

3.2 粉体的几何性质

3.2.1 粉体的粒度

粒度(particle size)是指粉体颗粒所占空间的线性尺寸。表面光滑的球形颗粒只有一个线性尺寸，即直径，粒度用直径表示；正方体颗粒的粒度可以用其棱长表示；长方体颗粒用其长、宽、高来表示；圆柱形颗粒用其底圆直径和高度来表示。非球形颗粒及表面不光滑的球形颗粒，可以用某种规定的线性尺寸表示其粒度，其中，有些规定是以三维尺寸为基础的，有些是以某种意义的当量球或当量圆的直径表示，但也可统称为颗粒的直径，简称为粒径。

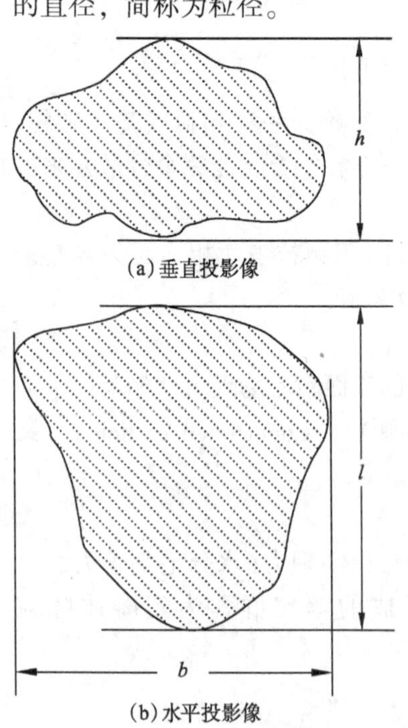

图 3-1 颗粒的投影像

3.2.1.1 颗粒的三维尺寸

颗粒的三维尺寸包括其长、宽、高。将一个颗粒以最大稳定度(重心最低)置于一个水平面上，如图3-1(a)所示，以另一水平面与此水平面恰好夹住此颗粒，则定义这两个水平面之间的距离为颗粒的高度 h。除片状颗粒外，一般不测定颗粒的高度。颗粒的水平投影像如图3-1(b)所示。按海伍德(Heywood)的规定，颗粒的宽度 b 定义为夹住颗粒投影像的相距最近的两条平行线之间的距离，与宽度垂直、能夹住此投影像的两条平行线之间的距离定义为颗粒的长度 l。三维尺寸取平均值的方法有如下三种。

(1) 二轴平均径 d_2

观测颗粒的投影像时，其长度 l 和宽度 b 的算术平均值称为二轴平均径，简称二轴径，对于必须强调长形颗粒存在的情况较为适用，其计算式如下：

$$d_2 = \frac{l + b}{2}$$

（2）三轴平均径 d_3

颗粒的长度 l、宽度 b、高度 h 的算术平均值称为三轴平均径，简称三轴径，对于片状颗粒较为适用，其计算公式如下：

$$d_3 = \frac{l + b + h}{3}$$

（3）二轴几何平均径 d_{rect}

将颗粒的投影像近似为长方形而求得的直径称为二轴几何平均径，其计算式如下：

$$d_{rect} = (lb)^{\frac{1}{2}}$$

3.2.1.2　用当量直径表示

颗粒投影像的周长和面积分别用 L 和 a 表示，颗粒的表面积和体积分别用 S 和 V 表示，体积比表面积（表面积与体积之比，即单位体积物料所具有的表面积）用 S_V 表示，将这些几何参数与圆或球的参数进行对比来定义颗粒的各种粒度，称为当量直径（equivalent diameter），简称为当量径。

（1）等体积球当量径 d_V

无论从几何学还是物理学的角度来看，球是最容易处理的，因此，往往以球为基础，把颗粒当作相当量的球。具有与颗粒相等体积的球的直径称为等体积球当量径，计算式如下：

$$d_V = \left(\frac{6V}{\pi}\right)^{\frac{1}{3}}$$

（2）等表面积球当量径 d_S

具有与颗粒相等表面积的直径称为等表面积球当量径，计算式如下：

$$d_S = \left(\frac{S}{\pi}\right)^{\frac{1}{2}}$$

（3）等体积比表面积球当量径 d_{S_V}

具有与颗粒相等体积比表面积的球的直径称为等体积比表面积球当量径，计算式如下：

$$d_{S_V} = \frac{6V}{S} = \frac{6}{S_V} = \frac{d_V^3}{d_S^2}$$

（4）等面积圆当量径 d_a

用与颗粒投影图型面积相等的圆代表颗粒投影像，与颗粒投影图形面积相等的圆的直径称为等面积圆相当径，又称为海伍德径，计算式如下：

$$d_a = \left(\frac{4a}{\pi}\right)^{\frac{1}{2}}$$

（5）等周长圆当量径 d_L

与颗粒投影图形周长相等的圆的直径称为等周长圆当量径，计算式如下：

$$d_L = \frac{L}{\pi}$$

（6）其他当量径

可将颗粒的沉降速度与球对比来求取当量直径。例如，阻力当量径 d_r 是与颗粒具有相同密度在同样介质中以同样速度运动时呈相同阻力的球的直径；自由沉降当量径 d_f 是与颗粒具有相同密度在同样介质中有相同自由沉降速度的球的直径；斯托克斯(Stokes)当量径 d_{st} 是在层流区的自由沉降当量径。

3.2.2 颗粒的形状

颗粒的形状与物性之间有密切的关系，对粉体的许多性质产生重要影响，如比表面积、流动性、填充型、形状分离、表面现象、化学活性、涂料覆盖能力、对流体阻力、在流体中运动阻力等。在工程应用中，不同的使用目的，对颗粒形状有不同的要求。例如，用作砂轮的研磨料要求有好的填充结构，还要求颗粒具有棱角；铸造用型砂要求强度高，还要求空隙率大，以便透气，故以球形颗粒为宜；混凝土集料要求强度高，还要求填充结构紧密，故碎石以正多面体为理想形状。

对实际颗粒形状仅用定性描述，如球形、卵石状、片状、棒状、针状、纤维状、树枝状、多面体状、角状、海绵状、不规则状等，已远不能满足材料科学和工程对颗粒形状定量表征的需要。用某些几何参数的组合对颗粒的形状作定量描述，称为形状因子。各种意义和名称的形状因子都是量纲为一的量，其数值与颗粒形状有关，在一定程度上表征颗粒形状偏离标准形状(一般为圆球)的程度。很多形状因子是颗粒的两种粒度(在几何规定或测定方法上不同)的无量纲组合。形状因子分为形状系数和形状指数两类。

3.2.2.1 形状系数

颗粒的表面积、体积、比表面积等几何参数与某种规定的粒径 d_p 的相应次方的比例关系称为形状系数(shape coefficient)，形状系数有较明确的物理意义。

(1) 表面积形状系数 Φ_S

颗粒表面积 S 与粒径 d_p 的平方相关联的系数称为表面积形状系数，计算式如下：

$$\Phi_S = \frac{S}{d_p^2}$$

对于球形颗粒，d_p 为球的直径，$\Phi_S = \pi$；其他形状颗粒，Φ_S 与 π 的差别表征颗粒形状对球形的偏离程度。对于立方体颗粒，d_p 取立方体的棱长，$\Phi_S = 6$。

(2) 体积形状系数 Φ_V

颗粒体积 V 与粒径 d_p 的立方相关联的系数称为体积形状系数，计算式如下：

$$\Phi_V = \frac{V}{d_p^3}$$

对于球形颗粒，$\Phi_V = \pi/6$；其他形状颗粒，Φ_V 与 $\pi/6$ 的差别表征颗粒形状对球形的偏离程度。对于立方体颗粒，$\Phi_V = 1$。

(3) 比表面积形状系数 Φ_{S_V}

表面积形状系数 Φ_S 与体积形状系数 Φ_V 之比称为比表面积形状系数，计算式如下：

$$\Phi_{S_V} = \frac{\Phi_S}{\Phi_V}$$

对于球形或立方体颗粒，$\Phi_{S_V} = 6$；其他形状颗粒，Φ_{S_V} 与 6 的差别表征颗粒形状对球形或立方体的偏离程度。

(4) 卡门(Carman)形状系数 Φ_C

等体积比表面积球当量径 d_{S_V} 与等体积球当量径 d_V之比，称为卡门形状系数，计算式如下：

$$\Phi_C = \frac{d_{S_V}}{d_V}$$

对于球形颗粒，卡门形状系数 $\Phi_C = 1$。对于立方体颗粒，$\Phi_C = (\pi/6)^{1/3}$。

3.2.2.2　形状指数

形状指数(shape index)是颗粒几何参数的无量纲组合。形状指数与形状系数有所不同，它没有明确的物理意义，只是按各种数学式计算出来的数值。

(1) 瓦德尔(Wadell)球形度 Ψ_W

颗粒的瓦德尔球形度定义为

$$\Psi_W = \left(\frac{d_V}{d_S}\right)^2 = \frac{d_{S_V}}{d_V}$$

瓦德尔球形度在数值上与卡门形状系数相等，但其最初表达式不像卡门形状系数那样有较明确的物理意义。对于球形颗粒，$\Psi_W = 1$；一般情况下 $\Psi_W < 1$。例如，煤尘 $\Psi_W = 0.606$，水泥 $\Psi_W = 0.57$，云母尘粒 $\Psi_W = 0.108$。

(2) 克伦宾(Krumbein)球形度 Ψ_K

颗粒的克伦宾球形度定义为

$$\Psi_K = \frac{h}{b}\left(\frac{h}{l}\right)^2$$

式中，宽度 b 和长度 l 与前述海伍德的规定不同，此处是先规定投影像的最大尺寸为 l，然后规定与 l 垂直的尺寸为宽度 b。对于球形和立方体颗粒，$\Psi_K = 1$；一般情况下$\Psi_K < 1$。

(3) 扁平度 m 和伸长度 n

颗粒的宽度 b 与高度 h 之比，称为扁平度。颗粒的长度 l 与宽度 b 之比，称为伸长度，其计算式如下：

$$扁平度\ m = b/h$$

$$伸长度\ n = l/b$$

(4) 丘奇(Church)形状因子 Ψ_C

颗粒的丘奇形状因子定义为定方向径 d_F与定向等分径 d_M之比：

$$\Psi_C = \frac{d_F}{d_M}$$

颗粒的形状可以用上述各种不同的形状因子来表达。对比不同形状颗粒的形状因子会发现，不同形状的颗粒，其形状因子可能相等，即相同的形状因子，其颗粒形状可能不同。例如，球和立方体的比表面积形状系数都是 6，二者的克伦宾球形度都是 1。一个几何体的形状是由其轮廓表面上的各个点的空间坐标的相互关系所决定的，仅用形状因子一个数值来代表形状的所有信息是不完善的，也是不可能的，近年来人们试图测定轮廓界面上一系列点的坐标，将这些能够更完全地表达颗粒形状的信息用各种函数表示。一般情况下，为方便起见，根据使用要求简单地选取一种形状因子来表达颗粒的形状。

3.2.3 粒度分布

在粉体中，如果所有颗粒的粒度都相等或近似相等，则称为单粒度(单分散)粉体。实际粉体所含颗粒的粒度大都有一个分布范围，称为多粒度(多谱或多分散)粉体。粒度分布的范围越窄，其分散程度越小，集中度也就越高。

对于实际的粉体，颗粒个数有限，粒度分布严格地说是不连续的，但大多数情况下粒度分布可以认为是连续的。在实际测定中，往往将连续的粒度分布范围分为多个离散的粒级，测出各粒级中的颗粒个数、质量或体积分数 $\Delta\varphi$，或者测出小于(有时用大于)各粒级的累积分数 φ。进行逐个测定时，用显微镜法及计数器法获得的是个数分布数据；用筛分析法和沉降法获得的是质量分布数据。

用数学函数可准确地描述粒度分布。例如，可用概率论或近似函数经验法来寻找粒度分布的数学函数，进而用解析法求得平均粒径、比表面积、单位质量颗粒数等粉体特征参数。

微小粒径范围 Δd_p 内，颗粒个数、质量或体积分数 $\Delta\varphi$ 很小，则有 $\Delta\varphi/\Delta d_p$ 内 $\approx d\varphi/dd_p$，将 $f(d_p)=d\varphi/dd_p$ 称为颗粒分布函数或概率密度函数，它是颗粒累积分布曲线在粒径 d_p 处的斜率。任意两个颗粒 d_{p_1} 到 d_{p_2} 范围内的分数为

$$\int_{d_{p_1}}^{d_{p_2}} f(d_p)\,dd_p$$

分布函数 $f(d_p)$ 是具有归一性的函数，即个数、质量或体积分数在 $(0, +\infty)$ 内的积分为 1 或 100%；也可以是颗粒个数积分等于体系总个数 N，或颗粒质量积分等于体系总质量 W，或颗粒体积积分等于体系总体积 V。

3.2.3.1 正态分布

正态分布在统计学上又称为高斯分布，是一条钟形对称曲线，如图 3-2 所示。一些气溶胶或沉淀法制备的粉体粒径近似符合正态分布。

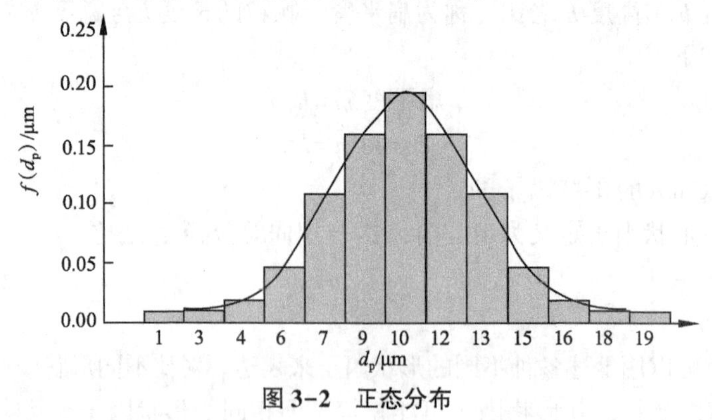

图 3-2 正态分布

正态分布函数的表达式为

$$f(d_p)=\frac{1}{\sqrt{2\pi}\sigma}\exp\left[-(d_p-\overline{d_p})^2/2\sigma^2\right]$$

式中，d_p 为粒径；$\overline{d_p}$ 为平均粒径；σ 为标准偏差，由正态分布函数的性质可得

$$\sigma=d_{84.13}-d_{50}=d_{50}-d_{15.87}$$

式中的 $d_{84.13}$、d_{50}、$d_{15.87}$分别表示小于该粒径的累积百分数为84.13%、50%、15.87%。d_{50}又称为中位数径，是一种平均粒径，小于该粒径的颗粒占一半，大于该粒径的颗粒占一半。

标准偏差反映分布函数相对于平均粒径的分散程度。$\alpha=\sigma/\overline{d_p}$ 称为相对标准偏差，量纲为一。α 值越小，分布越窄。当 $\alpha=0.2$ 时，有68.3%的颗粒集中在 $\overline{d_p}\pm0.2\overline{d_p}$ 这一狭小的粒径范围内，通常把 $\alpha\leqslant0.2$ 的粉体称为单分散粉体。

3.2.3.2　对数正态分布

用粉碎法、结晶法或沉淀法制备的粉体、气凝胶中的粉尘颗粒、海边的沙粒等，以粒径为横坐标时其分布曲线不对称，偏向于小颗粒一侧，此曲线近似为对数正态分布（logarithmic normal distribution），如图3-3所示。

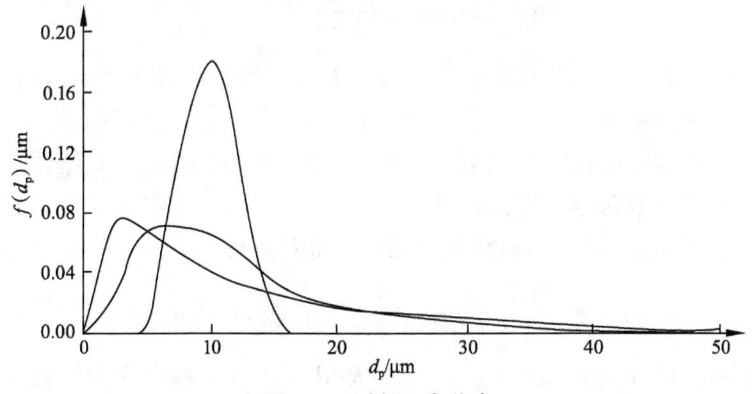

图3-3　对数正态分布

分别用 $\lg d_p$ 和 $\lg\sigma_g$ 代替正态分布函数中的 d_p 和 σ，得到对数正态分布函数

$$f(d_p)=\frac{1}{\sqrt{2\pi}\lg\sigma_g}\exp\left[-(\lg d_p-\lg d_g)^2/2\lg^2\sigma_g\right]$$

式中，d_p为粒径；d_g为几何平均径，$d_g=\prod d_{pi}^{i}$，φ_i为 i 粒级的分数；σ_g为几何标准偏差，

$$\lg\sigma_g=\sqrt{\Sigma\left[\varphi_i(\lg d_{p_i}-\lg d_p)^2\right]}=\sigma\lg d_g$$

由对数正态分布函数的性质可得

$$\lg\sigma_g=\lg d_{84.13}+\lg d_{50}=\lg d_{50}-\lg d_{15.87}$$

$$\sigma_g=\frac{d_{84.13}}{d_{50}}=\frac{d_{50}}{d_{15.87}}$$

正态分布以标准偏差 σ 表征粒度分布的宽窄，而对数正态分布则用量纲1的几何标准偏差 σ_g表征分布的宽窄。如果粒群的粒径组成符合对数正态分布，在对数正态概率纸上作图，其粒径必定分布在一条直线附近，σ_g即为直线的斜率。

当粉体中所有颗粒的粒径 d_p完全相等时，则 $\sigma_g=1$，这是 σ_g的最小值。若 $\alpha_g\leqslant1.2$，则有68.3%的颗粒的粒径集中在 $0.83d_{50}\sim1.2d_{50}$，故称为单分散粉体。

如果颗粒的粒径服从对数正态分布，则颗粒的其他参数如比表面积、质量等的分布也服从对数正态分布，而且有相同的几何标准偏差，用解析法可求得各种平均粒径。

3.2.3.3 罗辛-拉姆勒分布

对数正态分布在解析法上是比较方便的，因此得以广泛应用。但是，对于粉碎产物、粉尘等粒度分布范围广的粉体来说，在对数正态分布图上作图时所得直线的偏差很大。

罗辛-拉姆勒(Rosin-Rammler)方程是20世纪30年代由罗辛(P. Rosin)、拉姆勒(E. Rammler)、斯珀林(K. Sperling)及后来的贝内特(I. G. Bennet)，根据磨矿因素试验，用统计方法建立的粒径特性方程，又称为RRSB方程：

$$R(d_p)=100\exp\left[-\left(\frac{d_p}{d_e}\right)^n\right]$$

$$P(d_p)=100-100\exp\left[-\left(\frac{d_p}{d_e}\right)^n\right]$$

式中，d_p为粒径；$R(d_p)$为累积筛上产率,%；$P(d_p)$为累积筛下产率,%；d_e为特征粒径，为$R(d_p)=36.8\%$或$P(d_p)=63.2\%$时对应的粒径；n为方程模数，也称为均匀系数，表征粒度分布范围的宽窄，n值越大表示粒度分布范围越窄，n值越小表示粒度分布范围越宽，对于一般粉碎产物，$n\leqslant 1$。

将上式两边同除以100，然后对其倒数取二重对数得

$$\lg\left[\lg\frac{100}{R(d_p)}\right]=n\lg\left(\frac{d_p}{d_e}\right)+\lg(\lg e)=n\lg d_p+K$$

式中，$K=\lg(\lg e)-n\lg d_e$。在$\lg d_p-\lg\{\lg[100/R(d_p)]\}$坐标系中作图呈直线，根据斜率可求得$n$由$R(d_p)=36.8\%$处可得$d_e$，或由截距$K=\lg(\lg e)-n\lg d_e$求出特征粒径$d_e$。

多数破碎和磨碎产物的粒度分布都服从罗辛-拉姆勒分布规律，尤其是煤、石灰石等脆性物料经各种破碎和磨碎设备处理后的产物。

3.3 粒度的测定

粒度测定在表征粉体颗粒的特性方面很重要。选矿、金属粉、催化剂、食品、造纸、涂料、颜料、精细化工等行业中，粒度测定是过程控制和描述产品特性方面应用最广的技术之一。除工业应用外，粒度测定在医学、生物学、环境学等研究领域也很常用。

(1) 筛分法

筛分(sieving)是让粉体试样通过一系列不同筛孔的标准筛(standard sieve)，将其分离成若干个粒级，再分别称量，求得以质量分数表示的粒度分布。筛分法适于20～100 mm的粒度分布测定。如果采用电成形微孔筛，其筛孔尺寸可小至5 μm，甚至更小，从而可分析细粒粉体。

各国规定了不同的标准筛系列，其中大多数系列的筛孔尺寸按$\sqrt[4]{2}$等比几何级数改变，即相邻号筛孔面积之比为$\sqrt{2}=1.414$。制造筛的材料、筛孔的形状、尺寸、排列等都影响筛分效果，因此不同的国家及行业对其标准都作了具体规定，筛上都需标明所执行的标准。

目前广泛使用的标准筛是美国的泰勒(Tyler)系列，以目(mesh，每英寸长度上方形孔的数目，1 in=2.54 cm)作为筛号，称为泰勒筛。以200目为基准(每英寸长度上有200个方形孔，网丝直径为0.053 mm)，筛孔尺寸为0.074 mm；最细为400目，筛孔尺寸为0.038 mm。美国材料与试验协会(American Society for Testing and Materials，ASTM)系列则采用筛号，以18号为基准(号与目不同)，筛孔尺寸为1 mm；最细为400号，筛孔尺寸为0.038 mm。

(2) 光学显微镜法

光学显微镜(简称光镜，optical microscope)用可见光作光源，能够直接观察和测定单个颗粒，是测定粒度的最基本方法。而且，显微镜法可用来标定其他测定方法，或者帮助分析其他方法测定结果的偏差。光学显微镜的放大倍数可达1 000~1 500倍，根据光学仪器的分辨率，测定粒度的范围大致为0.2~200 μm。显微镜法测定的样品量极少，因此取样和制样时要保证样品有充分的代表性和良好的分散性。制备光学显微镜样品时，一般取0.5 g左右粉体试样放在一块玻璃板上，使用多次四分法使试样质量达到约0.01 g。然后，将其置于洗净、干燥的玻璃载片(约75 mm×25 mm)上，滴几滴分散液，再用刮勺或玻璃棒揉研。常用的分散液有蒸馏水、乙醇、甲醇、丙酮、苯等挥发性液体，或松节油、甘油、液体石蜡等黏滞性液体。用挥发性液体作分散液时，成像比较清晰，但对颗粒的黏结力较差。

样品制备好后，即可在显微镜下逐个测定颗粒的粒度，并按前述的统计方法求出平均粒径。测定的颗粒数一般需几百个才有代表性，颗粒数过少可能会造成较大偏差。用光学显微镜测定时，常在目镜中插入一块刻有标尺或一些几何图形的玻璃片，由人眼通过目镜直接观测；或将显微镜中的颗粒图像或照片投影到一个备有标尺或几何图形的屏幕上，通过对比确定颗粒的粒度。屏幕上可投射大小可调节的圆形光点，用作尺寸对比。现在根据投影原理已制成若干半自动或全自动的显微测粒装置。例如，利用图像分析仪可对图像进行自动扫描、数据处理、储存、输出结果。

(3) 透射电镜和扫描电镜

在光学显微镜下无法看清小于0.2 μm的细微结构，就必须使用波长更短的电磁波代替可见光作光源，以提高显微镜的分辨率。电子显微镜(简称电镜，electron microscope)的成像原理与光学显微镜基本相同，所不同的是它用电子束(50~100 kV加速电压下，电子波长0.005 3~0.003 7 nm)代替可见光(波长380~780 nm)作为光源，用磁透镜代替玻璃透镜，而实现更高的分辨率。

用透射电子显微镜(简称透射电镜，transmission electron microscope，TEM)观测粉体时，需将粉体颗粒散落在托于载网的支持膜上。载网的作用是托住支持膜，使支持膜平整，一般用200~400目的铜网，使用之前可用乙酸戊酯、蒸馏水、无水乙醇清理。支持膜是一层无结构、均匀的薄膜，作用是使样品中的细小颗粒不至于从载网的孔隙中漏下去。支持膜对电子应透明，厚度一般为10~20 nm，在电子束的冲击下还应有一定的机械强度，能保持稳定的结构，有良好的导热性，在电镜下无可见的结构，且不与承载的样品发生化学反应，不干扰对样品的观测。支持膜可用塑料膜，也可以用碳膜或者金属膜。碳膜在电子束照射下性能稳定，适于进行高分辨率的测定和研究。在一般工作条件下，用塑料膜即可达到要求，塑料膜中火棉胶膜的制备相对容易，但机械强度不如聚乙烯甲醛膜。制样时，取少量研磨后粉体试样置于烧杯中，倒入无水乙醇或其他溶剂，在超声波中振荡 10~30 min，让粉体能够较好地分散，用注射器吸取少量振荡后的溶液，滴在支持膜上，做成透射电镜观测试样。

（4）原子力显微镜

原子力显微镜(atomic force microscope，AFM)是美国 IBM 公司的宾尼希(G. Binnig)与斯坦福大学的奎特(C. F. Quate)于 1985 年发明的。原子力显微镜利用原子之间的范德华力呈现样品的表面特性，是继光学显微镜、电子显微镜之后的第三代显微镜。在一个对力非常敏感的微悬臂(cantilever)的尖端安装一个微小的探针，当探针轻微地接触样品表面时，探针尖端的原子与样品表面的原子之间产生极其微弱的相互作用力，它们之间的作用力会随距离的改变而变化。当原子与原子很接近时，彼此电子云斥力大于原子核与电子云之间的吸引力，合力表现为斥力；反之，若两原子分开一定距离时，电子云之间的斥力小于彼此原子核与电子云之间的吸引力，合力表现为引力。作用力使微悬臂弯曲，将微悬臂弯曲的形变信号转换成光电信号并进行放大，就可以得到原子之间作用力微弱变化的信号，利用微小探针与待测样品表面之间的交互作用力呈现样品表面结构的物理特性，从而达到检测目的。

原子力显微镜系统中，当针尖与样品之间有交互作用之后，使悬臂摆动，因此当激光照射在悬臂末端时，其反射光的位置也会因悬臂摆动而有所改变，这就造成偏移量的产生。整个系统中，依靠激光光斑位置检测器记录偏移量并转换成电信号，供控制器作信号处理。后来相继出现了一些以测量探针与样品之间各种作用力来研究表面性质的仪器，如以摩擦力为对象的摩擦力显微镜、研究磁场性质的磁力显微镜、利用静电力的静电力显微镜等，这些不同功能的显微镜在不同的研究领域发挥重要的作用，它们又统称为扫描力显微镜(scanning force microscope，SFM)。

原子力显微镜的工作模式有接触模式(contact mode)、轻敲模式(tapping mode)和非接触模式(non-contact mode)。测定粗糙样品表面时，若采用接触模式易损坏探针，故常用轻敲模式，并可适于柔软、黏附性强或与基底结合不牢固的样品。原子力显微镜可进行纳米级甚至原子级的分辨，其样品制备过程简便，可以不需要诸如染色、包埋、电镀、电子束照射等处理过程，除能对大气中干燥的样品进行观察外，还能对液体中样品成像。样品为粉体时，需将粉体颗粒固定后才能进行观测。例如，对金属粉体可进行高压成型，对无焊接性粉体进行加黏结剂成型等。

（5）光散射法

光散射法(light scattering method)利用颗粒对激光的散射角度而改变的原理测定粉体粒度分布。大颗粒的散射光角度大，小颗粒的散射光角度小。

马尔文(Malvern)激光粒度仪是 20 世纪 70 年代末开发的粒度分析仪，测定范围为 0.5~1 800 μm，之后一系列激光粒度仪相继问世。马尔文激光粒度仪可选择不同的量程以获得最佳的测试精度，大颗粒物料选用大量程镜头测试，小颗粒物料选用小量程镜头测试，有针对性地选择不同的测试镜头，使被测样品的全部粒度分部恰好落在所选镜头量程的最佳位置，充分保证测定的最大分辨率和测试结果的最高精度性和可靠性，测试在 20 s 内即可完成。干法的分散介质为 0.01~0.6 MPa 压缩气体(空气或惰性气体)，湿法的分散介质可采用多种液体，样品量从几毫克到几千克，测试结果可给出粒度分布曲线和平均粒度。

（6）消光法

消光法（light extinction method）通过测定经粉体散射和吸收后的光强度在入射方向上的衰减确定粒度。光源产生的单色光经过聚光透镜、光阑和准直透镜变为一束平行光，穿过在气体或液体中分散的粉体，然后通过透镜和光阑被光电探测器接收。

与光散射法一样，消光法属于成像以外的光学方法。由于其特点为非接触测定，故适于对气溶胶做在线测定，如对燃料喷射中的液滴或煤粉、大气粉尘、洁净室中的尘粒、云雾水滴、动力装置蒸气中的水滴，也适用于液体分散体系，如检测净化水及乳化燃料中的颗粒。若试样为粉体，则需制备成分散良好的以液体或气体为介质的分散体系。

光散射法和消光法粒度测定速度快，通过光电转换易于实现测定和数据处理自动化，粒度测定范围广，为 2 nm~2 mm。由于激光强度大，又有单色性和方向性好等优点，20 世纪 70 年代以来用激光作光源在粒度测定上已获得广泛应用。

（7）库尔特计数器

颗粒本身是离散的个体，因此对颗粒分级计数不失为一种好的测定方法。库尔特（Coulter）计数器利用电传感法对颗粒进行逐个测定，已成为磨料和某些行业的测试标准，但受导电介质的限制和小孔的约束，仅局限于某些领域使用。

电传感法（electric sensing method）是将被测颗粒分散在导电的电解质溶液中，在该导电液中放置一个开有小孔的隔板，并将两个电极分别插入小孔两侧的导电液中。在电压差作用下，颗粒随导电液逐个地通过小孔。每个颗粒通过小孔时产生的电阻变化表现为一个颗粒体积或粒径成正比的电压脉冲。对于球形颗粒悬浮液的电阻变化 ΔR 可写成如下关系式：

$$\Delta R = K\frac{\rho V}{A^2}f\left(\frac{d_p}{D_0}\right)$$

式中，ρ 为液体电阻率；A 为小孔截面积；D_0为孔道直径；V 为颗粒体积；K 为与 1 相差不大的系数；d_p 为颗粒粒径；$f\left(\frac{d_p}{D_0}\right)$ 为一个收敛级数的展开式。当$\frac{d_p}{D_0}$足够小时，$f\left(\frac{d_p}{D_0}\right)$趋于 1。因此，对于球形颗粒来说，可认为 ΔR 与颗粒体积 V 即 d_p^3 成正比。

仪器可按脉冲大小进行归档（颗粒体积或粒度的间隔）计数，给出单位体积导电液中的总颗粒数和各档的颗粒数，也可给出颗粒体积或粒度的分布。

电传感法测定粒度的仪器最早由英国的库尔特公司进行商品生产，故称为库尔特计数器。其粒度测定范围通常为 0.5~1 000 μm，取决于悬浮液进入隔板小孔的直径、测定电压脉冲的灵敏度及噪声干扰。其特点是测定速度快，每分钟可计数几万个颗粒，所需样品量少，再现性较好。早期被应用于血球的计数，后经改进发展，迅速推广用于固体颗粒、乳状液中液滴的粒度测定，包括过滤材料性能的测试及晶粒生长和颗粒聚结过程的研究。

（8）气体吸附法

气体吸附法是研究固体表面结构的重要方法。N_2吸附 BET 法被认为是测定颗粒比表面积的标准方法，此外，气体吸附质还可以用 CO_2，但 CO_2用于测定有极性的固体表面和微孔时会产生偏差。利用比表面积可计算粉体的平均粒度及固体内的孔径分布。

BET 法是基于多分子层吸附理论。大多数固体对气体的吸附并不是单分子层吸附，而是多分子层吸附，物理吸附尤其如此。为解决这一问题，1938 年布鲁诺尔（S. Brunauer）、埃米特（P. H. Emmett）和特勒（E. Teller）在朗格缪尔（I. Langmuir）单分子层吸附理论的基础上，提出多分子层吸附理论。他们认为第一层吸附是气-固直接发生作用，属于化学吸附，吸附热相当于化学反应热的数量级，第二层以后的各层是相同气体分子之间的相互作用，属于物理吸附，吸附热等于气体凝聚相变能。

使气体分子吸附于颗粒表面，通过测定气体吸附量，可换算出粉体比表面积。低温下（−195 ℃）令样品吸附 N_2，在 N_2的相对压强 p/p_0为 0.05~0.35 时，测定 5~8 个不同 p/p_0下的平衡吸附量 V，按 BET 方程计算单分子层饱和吸附量 V_m，

$$\frac{p}{V(p_0-p)}=\frac{1}{V_m c}+\frac{(c-1)p}{V_m c p_0}$$

式中，p 为吸附平衡时气体的压强；p_0为吸附气体的饱和蒸气压；c 为与吸附热有关的常数。求得 V_m后，可计算出样品的比表面积 S_V，

$$S_V=\frac{4.353V_m}{W/\rho_p}$$

式中，W 为试样质量；ρ_p为颗粒密度。根据粉体比表面积 S_V与等体积比表面积球当量径 d_{S_V}的关系（$d_{S_V}=6/S_V$）可求出粒度。颗粒裂纹等内表面和微细凹凸的存在，使吸附法比其他方法测定的比表面积大，即平均粒径偏小。

N_2吸附法还可通过测定气体吸附量或气体脱附量来确定固体中细孔的孔径分布。其基本原理是蒸气凝聚（或蒸发）时的压强取决于孔中凝聚液体弯月面的曲率。开尔文（Kelvin）方程给出了一端封闭的毛细管中蒸气压随表面曲率的变化

$$\ln\left(\frac{p}{p_0}\right)=-\frac{2\sigma V_a\cos\theta}{r_c RT}$$

式中，p 为弯曲液面上的饱和蒸气压；p_0为平液面上的饱和蒸气压；σ 为液体的表面张力系数；V_a为液体的摩尔体积；θ 为接触角；r_c为毛细管的曲率半径；R、T 分别为摩尔气体常量和热力学温度。在 N_2吸附的条件下，推导出 r_c可表示为

$$r_c=-\frac{2\sigma V_a\cos\theta}{RT\ln\left(\frac{p}{p_0}\right)}$$

用 N_2吸附法测定的最小孔径为 1.5~2 nm，最大为 300 nm。对于更小或更大的孔，其测定误差偏大。纳米陶瓷的一次颗粒小于 100 nm，聚集形成的孔径应小于 100 nm，可用气体吸附法测定。

（9）粒度测定方法的选择

对于同一种样品，用不同方法测定的粒度不同，有时相差很大甚至有数量级的差别。这并不足为奇，这是由于所测定或计算的粒度的定义不同，或是由于分散状态不同（颗粒团聚）所致。因此，对某一待测样品选择测定方法时，往往要选用几种方法进行对比测定。选择测定方法时通常应考虑如下几点：

① 根据数据的应用场合来选择：例如，筛分法因简便且经济，被广泛用于选矿厂控制磨矿作业的操作，使磨矿细度既达到单体解离又不产生过细现象。然而，对于用作涂料的微细粉体(如二氧化钛)的粒度分析，需测定投影面积平均径，这种情况需选择测定投影面积的光学仪器。因此，选择描述颗粒特性的方法时，必须考虑其数据的应用场合是否恰当，否则，即使是最准确、最精密的分析资料，对于某种研究目的来说也可能是不恰当的。又如，对于气相反应的催化剂，既要考察其外表面积，也要考察其内表面积，故宜用空气透过法而不是用气体吸附法测定比表面积。再如，对于制造过滤板的粉体，为计算流体通过过滤板的压强降，显然需测定粉体的比表面积；但当研究过滤板的过滤性能时，则需测定粉体的粒度分布。在水文地质上为描述砂粒在沉降中的行为，宜用沉降法。

② 根据粉体的粒度范围选择：被测样品的粒度范围常限定所能采用的仪器类型。例如，根据重力沉降原理进行测定的仪器，对小于 1 μm 的颗粒不适合，因为小于 1 μm 的颗粒需要的沉降时间太长，对大于 100 μm 的颗粒也不适合，因为大颗粒沉降太快。所以，重力沉降法仅对 1~100 μm 的颗粒是有效的。同样，光学显微镜可以精确地测定大于 0.5 μm 的颗粒，更小颗粒的测定应当用电子显微镜。所以，在确定粒度分析的技术要求时，测定的粒度范围是一个重要参数。

③ 根据粉体的存在形式选择：根据取样的难易程度、分散粉体的难易程度、可取得样品的数量、粉体的物理化学性质等考虑相应的方法。对气凝胶和两相流中的颗粒，或处于动态过程如正在结晶长大或因溶解正在减小的颗粒，常要求快速、实时、在线测定，此时常用光散射法、消光法、全息照相法。

④ 根据粒度测定的精度要求选择：不同测定方法的精度不同，同一测定方法的精度还受仪器性能和技术要求的影响。由于受样品代表性的影响，高精度仪器的测定结果不见得可靠。对某个给定的颗粒体系，由于该体系空间分布的不均匀性，导致所测样品的粒度与实际物料的粒度之间有一定的偏差，因此选用精度低、分析时间短、能分析大量样品的仪器，可能比选用精度高、分析时间长、样品量少的仪器会更好一些。一般而言，常规测试往往要求快速简便，并尽可能自动化，对精度要求不高。

⑤ 根据样品量选择：对于干式筛分法，用 100 g 粉体试样比较恰当，测得的粒度误差为 5%~10%，如果只用 10 g 试样，测得数据的误差可能高达 50%。因此，一旦确定分析所要求的资料类型，为得到这种资料，选择测定方法时必须考虑样品量。

⑥ 根据粒度测定所需时间选择：测定方法及仪器性能都会影响所耗时间。有些仪器能够提供高精度的测定数据，但所需时间长；有些仪器精度可能较低，但可在短时间内提供相近的测定信息。筛分法在选矿中的应用很广泛，不仅筛子便宜，分析方法也简便快捷；带有复杂辅助设施的显微镜能得到高度准确的分析资料，但耗时太长。因此，在实际应用中，需根据样品个数、每个样品所需时间、工作总时间等来选择测定方法。

⑦ 根据设备投资和分析费选择：计算投资时，应考虑仪器价格、使用寿命、配件价格、配套设施造价。此外，还应考虑人员操作，虽然分析一个样品可能只需 5 min，但要掌握操作技术，操作人员可能需要经过至少半年的培训，才能熟练地得到有用信息，人员培训费是必须的。一般而言，价格高昂的仪器使用频率低、分析费高，但每批样品的个数越多，平均每个样品的分析费越低。若能快速地提供对生产过程进行反馈控制的信息，即使仪器昂贵、运行费高，有时也是必要的。

第4章　材料化学动力学

材料的制备和使用大多与物质的扩散、晶界迁移、再结晶、相变和化学热处理等物理化学过程有着密切的关系。研究这些过程(晶态固体中的扩散、固态相变)中的机理和速率等问题称为材料化学动力学。

4.1　固体中的扩散

液体中的扩散、混合要比气体中慢得多，而固体则由于原子运动更不自由，扩散将更慢。

固体中的扩散可以用实验来证明。纯 Au、纯 Ni 制成非常清洁的结合面，在高温下(900 ℃下)保持一段长时间(3 年左右)：

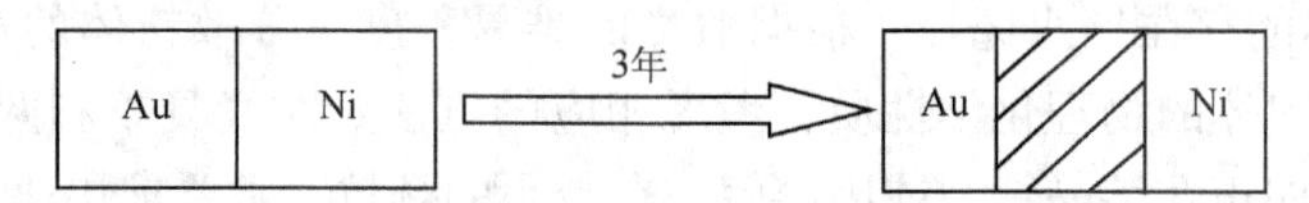

扩散是自然界存在的一种普遍现象，也是固体材料中极为重要的现象之一。深入了解扩散具有十分重要的意义，它实际上是一种传质过程(溶质在固溶体中的宏观扩散)。

4.2　扩散动力学方程——Fick 第一、第二定律

4.2.1　Fick 第一定律与稳态扩散

扩散的宏观规律主要是指扩散过程中物质传输的速率、数量和方向等。

1855，德国物理学家 Adolt Fick 在大量研究扩散现象基础上提出定量描述质点扩散的动力学方程，即 Fick 扩散定律(第一、第二定律)。

Fick 第一定律认为：扩散过程中，单位时间内通过垂直于扩散方向的单位截面积的扩散物质量与该截面积处的物质浓度梯度成正比。数学表达式：

$$J = -D \cdot \frac{\mathrm{d}c}{\mathrm{d}x} \text{ 或 } -D \cdot \frac{\partial c}{\partial x} \text{(适用范围：稳态扩散)}$$

式中，J 为扩散通量或扩散流量密度，表示单位时间内通过单位面积的扩散物质量($kg \cdot m^{-2} \cdot s^{-1}$或 $g \cdot cm^{-2} \cdot s^{-1}$)；$c$ 为体积浓度($kg \cdot m^{-3}$或 $g \cdot cm^{-3}$)；x 为扩散方向的距离(m 或 cm)；D 为扩散系数($m^2 \cdot s^{-1}$或 $cm^2 \cdot s^{-1}$)。

负号表示溶质的扩散方向与浓度下降的方向一致。

稳态扩散：扩散系统中，任一点的浓度不随时间变化，或任意时刻流入的物质量与流出的物质量相等。

稳态扩散的典型例子是钯片两侧维持不同的 H_2 压力时，H 原子将渗透穿过钯片。可以采用这种方法提纯 H_2。而其他气体如 N_2、O_2、H_2O 则不能穿过钯片。

4.2.2　Fick 第二定律与不稳定扩散（非稳态扩散）

在 Fick（菲克）第一定律中假设浓度梯度与时间无关，而在更具普遍意义的非稳态扩散（nonsteady-state diffusion）中，某一点的浓度是随时间变化的。绝大多数扩散属于非稳态扩散，即扩散过程中任一点的浓度随时间而变化，这种过程可以用 Fick 第一定律结合质量守恒定律推导出的 Fick 第二定律（扩散第二定律）来处理。

在垂直于物质运动的方向 x 上，截取面积为 A，则物质体积元为 $A \cdot x$，设流入、流出的扩散通量分别为 J_x，$J_{x+\Delta x}$，则在 Δt 时间内，体积元中扩散物质的积存量 Δm 应为：

$$\Delta m = (J_x \cdot A - J_{x+\Delta x} \cdot A) \cdot \Delta t$$

$$\frac{\Delta m}{\Delta x \cdot A \cdot \Delta t} = \frac{J_x - J_{x+\Delta x}}{\Delta x}$$

令 $\Delta x \cdot \Delta t \to 0$，则有：$\frac{\partial C}{\partial t} = -\frac{\partial J}{\partial x}$　……连续性方程。

又 Fick 第一定律 $J = -D \cdot \frac{\partial C}{\partial x}$ 代入上式有

$$\frac{\partial C}{\partial t} = \frac{\partial}{\partial x}\left(D \cdot \frac{\partial C}{\partial x}\right)$$

如扩散系数 D 与浓度无关，则上式可简化为

$$\frac{\partial C}{\partial t} = D \cdot \frac{\partial^2 C}{\partial x^2} \quad \text{（一维非稳态扩散）}$$

考虑三维扩散情况，则在 x，y，z 三个方向上：

$$\frac{\partial C}{\partial t} = \frac{\partial}{\partial x}\left(D_x \frac{\partial C}{\partial x}\right) + \frac{\partial}{\partial y}\left(D_y \frac{\partial C}{\partial y}\right) + \frac{\partial}{\partial_z}\left(D_z \frac{\partial C}{\partial_z}\right)$$

Fick 第一定律描述的是扩散通量与浓度梯度成正比，而第二定律表达了扩散元素浓度与时间及位置间的一般关系。

若浓度梯度呈球形（半径为 r）对称，且 D 为常量时，Fick 第二定律可表示为

$$\frac{\partial C}{\partial t} = D\left(\frac{\partial^2 C}{\partial r^2} + \frac{2}{r} \cdot \frac{\partial C}{\partial r}\right)$$

研究扩散问题时，有时用柱坐标（r，θ，z）和球坐标（r，θ，φ）更为方便。柱坐标表示扩散为

$$\frac{\partial C}{\partial t} = \frac{D}{r}\left[\frac{\partial}{\partial r}\left(r\frac{\partial C}{\partial r}\right) + \frac{\partial}{\partial \theta}\left(\frac{1}{r}\frac{\partial C}{\partial \theta}\right) + \frac{\partial}{\partial z}\left(r\frac{\partial C}{\partial z}\right)\right]$$

常用的第二定律扩散方程解有高斯解，误差函数解和正弦解。

以高斯解为例，设总量为 M 的扩散元素沉淀成非常薄的薄层，这时的解为

$$C(x, t) = \frac{M}{2\sqrt{\pi D t}} \cdot \exp\left(-\frac{x^2}{4Dt}\right) \tag{4-1}$$

式(4-1)描述的浓度随时间位置的变化曲线。当只向 $x>0$ 处扩散时，第二定律高斯解为

$$C(x, t) = \frac{M}{\sqrt{\pi Dt}}\exp\left(-\frac{x^2}{4Dt}\right)$$

【例 4.1】制作半导体元件时，常先在硅表面涂敷一薄层硼，然后加热使之扩散，测得 1 100 ℃硼在硅中的扩散系数 $D = 4 \times 10^{-7} m^2 \cdot s^{-1}$，硼薄膜质量 $M = 9.43 \times 10^{19}$ 原子，扩散 $7 \times 10^7 s$ 后，表面($x = 0$)硼浓度为多少?

解：
$$C = \frac{9.43 \times 10^{19}}{\sqrt{\pi \times 4 \times 10^{-7} \times 7 \times 10^7}} \times 1 = 1 \times 10^{19}(\text{原子}/m^3)$$

4.2.3 扩散过程的驱动力

Fick 定律表明扩散总是由高浓度区向低浓度区进行，浓度梯度似乎是扩散的驱动力。但在某些情况下，扩散的方向并不是由高浓度向低浓度区进行，而是相反地由低浓度区向高浓度区进行，这种扩散称为上坡扩散。

Dehlinger 和 Becker 首先描述了由负扩散所导致的失稳分相现象。

将 Fe-C(0.448%)与 Fe-C(0.478%)-Si 合金棒焊接在一起，在 1 050 ℃进行 13 d 扩散退火后，在焊接面 C 原子已经发生了扩散，造成上述结果的原因是 Si 提交了 C 的活度和化学位，从而驱使 C 从含 Si 的一侧向另一侧上坡扩散，以求达到化学位的平衡。结论是扩散真正的驱动力是化学位梯度。

驱动力 F 可表示为

$$F = -\frac{\partial M_i}{\partial x}$$

化学位梯度可表示为

$$U_i = -B_i\frac{\partial M_i}{\partial x}$$

式中，B_i 表示迁移率；U_i恒定速度(扩散速度)。

4.2.4 影响扩散的因素

扩散系数是表征扩散量的一个重要参数，对于分析扩散的理论问题都有重要意义。从扩散系数的表达式看，扩散系数可以受外界条件(温度、压力等)影响，也可以受内部因素(例如晶体结构、组元性质以及化学成分等)的影响，具体如下所述。

(1)温度

如果扩散系数中的频率因子不随温度变化(一般间隙扩散和各向同性介质中的自扩散近似地属于这种情况)，扩散系数和温度间的关系具有 Arrhenius 方程形式，即

$$D = D_0\exp(-Q/kT)$$

扩散系数的对数与温度的倒数呈线性关系，扩散系数随温度指数形式升高。在实际应用中，少许提高温度，就可以较大幅度提高扩散速度。

压力对自由能的偏导值是体积，一般是增加压力使扩散激活能增加。但对于凝聚态材料，除非在非常高的压力下，否则压力的影响不大。

(2)元素性质

在某些固溶体中发现，溶质元素的熔点越高，其扩散激活能越大。例如，Au-Cu、

Au-Pd、Au-Pt溶质原子的扩散激活能与溶质金属的熔点之比几乎为一定值。总之，原子在晶体中的扩散与元素本身原子之间以及与其他元素原子之间键能(结合力)有关。

(3)晶体结构

晶体结构的影响，包括：

① 当晶体具有同素异构体时，晶体结构的变化会导致扩散原子扩散系数的变化。

② 在对称性较低的晶体结构中，宏观扩散的各向异性。

③ 晶体中存在的点、线、面缺陷对扩散有较大影响。晶体中空位浓度的增大将提高原子的扩散系数。从而加速置换原子的扩散。

银分别沿晶体表面、晶界和晶内扩散时，其扩散激活能的关系为

$$Q_{表面}=\frac{1}{2}Q_{晶界}=\frac{1}{3}Q_{晶内}$$

此外，扩散物质的浓度，扩散类型以及应力场、电场、表面张力等对扩散速率均有影响。

4.3　金属氢化物

在基础理论方面，主要研究有表面反应，氢化物的电子结构和晶体结构、氢的扩散，氢化物的析出以及氢化物的生成热。大多数金属与氢反应都能生成金属氢化物。这些氢化物，根据键合方式，可分为三大类：① 共价键氢化物：$(AlH_3)_x$、SnH_4、Sn_2H_6、B_nH_m、$(GeH_3)_n$；② 离子键氢化物：LiH 、NaH、MgH_2、CaH_2；③ 金属键氢化物：过渡族金属　UH_3、YH_2、NbH_2、VH_2、VH、NbH。

常见的储氢材料有储氢合金、电池，它们是一种清洁无污染能源。

4.4　金属的冶炼与提纯

矿物是由地壳中的化学元素组成，在各种地质作用下形成的自然产物，是化合物。岩石是矿物的集合体，是混合物。

冶炼是指高温下矿石中的元素的分离和浓缩。其实质是从矿物中提取，分离某种有用金属。

冶炼过程：

① 选矿：矿石粉碎、筛选——精矿。

② 冶炼：高温物理化学处理——粗金属。

③ 精炼和提纯：去除粗金属中的杂质。

冶炼方法：

① 干法冶炼：高温化学反应，进行元素的分离、浓缩。

② 湿法冶炼：利用水溶液。

4.5　理想溶体的热力学及精炼提纯

溶体是指两种或两种以上的成分相溶而成为一相，溶体包括溶液和固溶体。下面讨

论溶体自由能、混合气体化学势、溶体中的化学势、固体的溶解度和区域精炼。

4.5.1 溶体自由能

为了便于讨论，以下的分析过程只局限于二元系，但这些过程和结论一般可以推广并适用于三元或多元系。二元系熔体的自由能不但和相、温度及压力有关，而且取决于构成溶体的两种物质的相对量。如果 n_A摩尔的 A 组分和 n_B摩尔的 B 组分构成溶体，则 A 组分、B 组分的化学势分别为

$$\mu_A = \left(\frac{\partial G}{\partial n_A}\right)_{T,\ P,\ n_B},\ \mu_B = \left(\frac{\partial G}{\partial n_B}\right)_{T,\ P,\ n_A}$$

体系自由能可表示为

$$G = n_A \cdot \mu_A + n_B \cdot \mu_B$$

摩尔分数分别为

$$x_A = \frac{n_A}{n_{总}} = \frac{n_A}{n_A + n_B} \qquad x_B = \frac{n_B}{n_A + n_B}$$

溶体平均摩尔自由能为

$$G_m = x_A \cdot \mu_A + x_B \cdot \mu_B$$

4.5.2 混合气体化学势

理想混合气体 A、B 中任意组分 B 的化学势可表示为

$$\mu_B = \mu_B^{\ominus} + RT\ln(p_B/p^{\ominus})$$

分压 p_B，p_A及总压 p 的关系如下：

$$p_B = p \cdot x_B$$

$$p = p_A + p_B$$

4.5.3 溶体中的化学势

溶体中物质的化学势随成分的变化规律，由于每种溶体的性质不同而有较大差异，从而使分析讨论过程复杂化。简便有效的方法是以理想溶体为模型进行分析。理想溶体中 B 组分的化学势可表示为

$$\mu_B = \mu_B^{\ominus} + RT\ln x_B$$

式中，$\mu_B^{\ominus}$ 是溶体中 B 组分的标准化学势。

当 x_B很小，即溶质很少时，称为稀溶液，此时，稀溶液的蒸气压符合拉乌尔定律、亨利定律。B 组分蒸气压表示为

$$p_B = \kappa_{B,\ x} \cdot x_B$$

稀溶液具有依数性，即蒸气压降低，沸点升高，凝固点降低，产生渗透压。

对于所有的 x_B值，下式恒成立，这时的溶体称为完全理想溶体。

$\mu_B = \mu_B^{\ominus} + RT\ln x_B$ 恒成立，这时 $\mu_B^{\ominus} = \mu_B^0 = G_B^{\ominus}$

仅当 x_B取很小值时，即溶液中含溶质很少时，上式成立，这时的溶液称为理想稀溶液。

4.5.4　固体的溶解度

首先考察固体物质 A 在溶剂 B 中的溶解，或者从溶剂 B 中析出 A 的现象。物质 A 的溶解行为取决于固体 A 的化学势大小和溶解过程中溶质 A 的化学势大小。与溶液中溶质的标准化学势相比，固体溶质的化学势越高也就越容易溶解。

固体与液体平衡的明显特征是溶液中 A 的化学势（μ_A^l）等于固体 A 的化学势（μ_A^s）。即

$$\mu_A^s = \mu_A^{\ominus, s} = \mu_A^l = \mu_A^{\ominus} + RT\ln(x_A)_{sat}$$

$(x_A)_{sat}$为饱合溶解度。

$$RT\ln(x_A)_{sat} = \mu_A^s - \mu_A^{\ominus}$$

$$R\ln(x_A)_{sat} = \frac{\mu_A^s - \mu_A^{\ominus}}{T} > 0$$

所以，随着温度升高，由于 $|\mu_A^{\ominus}| > |\mu_A^s|$，因此饱和浓度$(X_A)_{sat}$随温度升高而增大。

对于理想溶液来说，由于过冷(介稳)状态的纯 A 液体可以看成是 A 的标准态，因此有

$$\mu_B^s = \mu_B^l$$

$$\mu_B^s = \mu_B^{\ominus, s} + RT\ln(x_B^s)_{sat}$$

$$\mu_B^l = \mu_B^{\ominus, l} + RT\ln(x_B^l)_{sat}$$

$$\ln(x_B^l)_{sat} - \ln(x_B^s)_{sat} = (\mu_B^{\ominus, s} - \mu_B^{\ominus, l})/RT$$

4.5.5　区域精炼

利用溶液中析出固体的现象，使其中一种成分浓缩、富聚的方法称为区域精炼。在二元系的固液相处于平衡时，系统中溶质浓度 C_l^* 的液相与溶质浓度 C_s^* 的固相处于平衡且共存。由于 C_l^* 大于 C_s^*，因此浓度为 C_l^* 的液相凝固时，在固液界面析出浓度为 C_s^* 的固相。这说明凝固过程中存在着溶质浓度升高或降低的可能性，从而造成明显的成分不均匀，即产生偏析。这种不均匀效应的强弱程度可由下式偏析系数(或分凝系数)k 表示。

$$k = \frac{C_s^*}{C_l^*}$$

如果 $k \gg 1$ 或 $k \ll 1$，越有可能通过熔化或凝固过程去除杂质(精炼)，从而获得较高纯度的某种物质。利用这一原理的精炼法叫作区域精炼。把含有杂质的棒料用高频感应加热等方法进行局部熔化，同时缓慢地从一端向另一端移动，这时，①固相的扩散速度非常小；②熔化部分充分混合(浓度梯度为零)；③固液界面处于平衡，因此熔化带从左向右移动时，左侧的杂质浓度变低而右侧杂质浓度升高，杂质被聚集到右侧。棒料经过多次这样反复处理，杂质逐渐降低。对 Si，Ge 等 k 值极小的元素来说，这是一种有效的精炼方法。

区域精炼工艺通常把金属棒横放，在容器中完成精炼过程。但由于容器可能引起金

属污染，所以近年来逐渐发展成把金属棒竖放，避免金属棒与容器接触的精炼方法，称为浮游式区域精炼法。

4.5.6 分配系数

区域精炼同时也涉及液相与固相之间的成分分配问题。为使分析过程更有普遍性，首先考虑两个互不相混的液体间的物质分配问题。取两种液体分别为α相和β相，A成分在两液相间的分配或溶解度为一常数，

$$K=\frac{\chi_{A}^{\beta}}{\chi_{A}^{\alpha}}$$

式中，K为α相和β相之间的分配系数。K和标准化学势差的关系是

$$\Delta G_{A}^{\theta}=-RT\ln K=\mu_{A}^{\ominus,\beta}-\mu_{A}^{\ominus,\alpha}$$

萃取效率是指V_1中含Wg溶质，萃取n次，每次都用V_2的新鲜溶剂，最后原溶液中所剩溶质的量W_n为：

$$W_n=W\left(\frac{KV_1}{KV_1+V_2}\right)^n$$

4.6 化学平衡热力学及冶炼

所谓冶炼过程，是指高温下元素的分离和浓缩过程。其实质是从原料中分离提取某种有用金属，精炼后制成金属的物理化学过程。

4.6.1 气固反应

考虑只有一种成分是气体的反应过程，如氧化银的分解反应，反应式为

$$2Ag_2O \xlongequal{} 4Ag+O_2$$

假设Ag_2O和Ag分别存在于不同的固体中，O_2存在于气相中，当温度一定时，在平衡状态下，反应自由能变化ΔG可表示为

$$\Delta G=\Delta G^{\ominus}+RT\ln K_P$$

式中，K_P称为平衡常数。

$$K_P^{\ominus}=\prod_B(P_B/P^{\ominus})^{\nu_B}$$

$$K_P=\prod_B(P_B)^{\nu_B}$$

$$K_P=\frac{P_{O_2}^{\frac{1}{2}}\cdot\alpha_{Ag}^2}{\alpha_{Ag_2O}}=P_{O_2}^{\frac{1}{2}}$$

$\Delta G=0$时，　　$\Delta G^{\ominus}=-RT\ln\left(\frac{P_{O_2}}{P^{\ominus}}\right)^{\frac{1}{2}}=-\frac{1}{2}RT\ln(P_{O_2}/P^{\ominus})$

4.6.2 还原反应

在温度充分高的空气中加热时，无论何种金属氧化物均应发生分解。金属氧化物

MO_2还原反应的一般表达式为：

$$MO_2 \xlongequal{} M+O_2$$

在实际应用的还原工艺中，通常使用还原剂。常用的还原剂一般选用 H_2、CO 气体，固体碳和 Mg、Al 等活性金属。用 H_2、CO 做还原剂时，H_2被氧化成 H_2O，CO 被氧化成 CO_2。

4.6.3　化学平衡时的两相间分配

利用液相之间化学平衡时的物质分配，把其中一种液相的杂质去除掉，是精炼工艺中常用的方法之一。这种方法利用渣-钢反应完成精炼，在反应过程中钢液中的杂质被氧化，然后从钢液进入到渣液中。当氧化物是气体时，气态氧化物将从钢液中逸出，然后向气相移动。炼钢是这种精炼方法的典型代表。

铁矿石先在高炉中通过还原反应炼成生铁，这一过程叫作炼铁。除含有 4%~5% C 外，生铁中还含有 Si、Mn、S、P 等杂质。向转炉中吹入纯氧，通过氧化反应除去生铁中的杂质，这一过程称为炼钢。炼钢时 C 以 CO 气体形式排出，其他杂质以氧化物形式被炉渣吸收。炼钢时最重要的除碳反应(也称脱碳反应)按下式进行

$$2\underline{C}+O_2 \xlongequal{} 2CO$$

式中，$\underline{C}$ 表示铁中溶解的碳。

除 Si 反应(也称脱硅反应)由下式表示

$$\underline{Si}+O_2 \xlongequal{} SiO_2$$

炼钢时氧化脱 P 反应，可由下式表示

$$\frac{4}{5}\underline{P}+O_2 \xlongequal{} \frac{2}{5}P_2O_5$$

4.7　高温氧化

金属氧化是自然界中普遍存在的现象。金属氧化有广义和狭义两种含义。广义氧化是指金属原子或离子氧化数增加的过程；狭义氧化是指金属与环境介质中的氧化合，生成金属氧化物的过程。金属之所以被氧化，从热力学观点看，是因为金属和氧化合后生成的氧化物比金属或氧各自以单质存在时更加稳定。

金属氧化也会发热，但反应速度非常小，通常难以直觉感觉到。但如果把金属制成细粉，把比表面积增大，放出的热量将急剧增加。

4.7.1　纯金属的氧化

金属氧化过程，是指多氧气氛中的氧化现象。在氧、氢以及其他混合气体气氛中，根据气体成分、组成比、温度及压力等影响因素的不同，有些金属被氧化，有些金属不被氧化。以石油为原料燃烧后的燃气，具有这种性质。这里介绍纯金属的氧化。

(1)Ni 的氧化

Ni 氧化后生成 NiO，是纯金属氧化中最简单的例子之一，其反应式如下：

$$2Ni + O_2 \xlongequal{\quad} 2NiO$$

$$K = \frac{\alpha_{NiO}^2}{\alpha_{Ni}^2 \cdot P_{O_2}} = P_{O_2}^{-1}$$

式中，α 是活度；K 为平衡常数。

由于热力学以纯物质为标准，因此 $\alpha_{NiO} = \alpha_{Ni} = 1$，因此

$$P_{O_2} = K^{-1} = \exp\left(\frac{\Delta G^{\ominus}}{RT}\right)$$

查物理化学等各种手册，知

$$\Delta G_{NiO}^{\ominus} = -468\ 700 + 170.46T$$

1 200 K 时，　$P_{O_2} = \exp[\Delta G_{NiO}^{\ominus}] = 3.2 \times 10^{-7}$ Pa

表明只有在 3.2×10^{-7}Pa 下，Ni、NiO、O_2三者之间才能稳定共存，即使氧分压略高于该值，Ni 也有可能全部被氧化，而氧分压略低于该值时，NiO 有可能完全被还原。温度一定，则 P_{O_2}就确定了。这一过程可用相律来描述。

$$f = C - P + 2 = 2 - 3 + 2 = 1$$

(2) Fe 的氧化

Fe 是最常见的金属之一，通常生成三种氧化物，氧化过程也比 Ni 复杂。铁最初生成 FeO，随着氧分压升高，FeO 被氧化成 Fe_3O_4，进而被氧化成 Fe_2O_3。当温度大于850 K时，

$$2Fe + O_2 \xlongequal{\quad} 2FeO$$

$$\Delta G_{FeO}^{\ominus} = -529\ 800 + 130.7T(\text{J/mol})$$

$$6FeO + O_2 \xlongequal{\quad} 2Fe_3O_4$$

$$\Delta G_{Fe_3O_4}^{\ominus} = -624\ 400 + 250.2T(\text{J/mol})$$

$$4Fe_3O_4 + O_2 \xlongequal{\quad} 6Fe_2O_3$$

$$\Delta G_{Fe_2O_3}^{\ominus} = -498\ 900 + 281.3T(\text{J/mol})$$

4.7.2 合金的氧化

为了弥补纯金属性能的某些不足，通常需要进行合金化，因此有必要研究合金的氧化问题。这里我们讨论二元合金中只有一种成分被氧化的情况。例如，含有1%(摩尔分数) Ni 的 Au 合金在 1 200 K 下氧化时，由于 Au 不发生氧化，因此反应式为

1 200 K 时，　$2Ni + O_2 \xlongequal{\quad} 2NiO$

$$K_{NiO} = \frac{\alpha_{NiO}^2}{\alpha_{Ni}^2 \cdot P_{O_2}}$$

已知　$\alpha_{NiO} = 1$，$\alpha_{Ni} \neq 1 = 0.01$

所以　$P_{O_2} = 10^4 \exp(\Delta G^{\ominus}/RT) = 3.2 \times 10^{-3}$ Pa

4.7.3 硫化

使用煤炭、石油等含硫燃料时，产生的突出问题之一是硫化问题。实际上，硫化与

氧化从广义的氧化观点看是一样的。例如，Ni 的硫化可表示成

$$3Ni+S_2 = Ni_3S_2$$

Ni 的平衡硫势：

$$P_{S_2} = \exp\left(\frac{\Delta G^{\ominus}}{RT}\right)$$

900 K 时，平衡硫势为 1.9×10^{-6} Pa。对大多数金属来说，平衡硫势比氧势高，硫化物不如氧化物稳定，硫化引起的损伤比氧化引起的损伤更为严重，因此，对以煤炭和石油为能源的硫化问题应予以充分重视。

4.7.4　混合气体中的氧化

以上的分析讨论，只限于单种 O_2或单种 S_2气氛中的氧化或硫化问题。但实际气氛往往是燃烧之后排放的气体，或者是化工设备在 H_2O、SO_2、CO_2及卤素等各种气氛中服役时遇到的腐蚀问题。

氧原子把氢原子全部氧化后形成的产物是 H_2O，在一定条件下，H_2O 按下式分解生成 H_2和 O_2。1 mol H_2O 中分解了 x mol 达平衡，有

$$H_2O(g) = H_2(g) + \frac{1}{2}O_2(g)$$

初始	1	0	0	
平衡	$1-x$	x	$0.5x$	$1+0.5x$(总物质的量)

$$P_{H_2O} = \frac{1-x}{1+0.5x}P$$

$$P_{O_2} = \frac{0.5x}{1+0.5x}P$$

$$\Delta G^{\ominus}_{H_2O} = 246\ 400 - 54.8T$$

$$P_{H_2} = \frac{x}{1+0.5x}P$$

因为 $\Delta G^{\ominus} = -RT\ln K_p$，

故

$$K_P^{\ominus} = \frac{P_{H_2}\cdot P_{O_2}^{\frac{1}{2}}}{P_{H_2O}} = \frac{x}{1-x}\left(\frac{x}{2+x}\cdot\frac{P}{P^{\ominus}}\right)^{\frac{1}{2}} = \exp\left(\frac{-\Delta G^{\ominus}}{RT}\right) = 1.3\times10^{-9}$$

$$\frac{P}{P^{\ominus}} = 1$$

因为 $x \ll 1$，

故

$$1-x=1,\ 2+x=2$$

$P=10^5$ Pa，$T=1\ 200$ K 时，

$$x\,(x)^{\frac{1}{2}} = 1.3\times10^{-8} \Rightarrow x = 7.0\times10^{-6}$$

有

$$P_{H_2O}=10^5\ \text{Pa},\ P_{H_2}=0.70\ \text{Pa},\ P_{O_2}=0.35\ \text{Pa}$$

水蒸气的平衡氧势非常高，因此排放高温、高压水蒸气的火力发电用泵在这种气氛中自然会被氧化。

对含有卤素的气氛，HCl 按下式分解

$$2HCl = H_2+Cl_2$$

如在 HCl 中混入 O_2后可能发生

$$2HCl(g)+\frac{1}{2}O_2(g) = H_2O(g)+Cl_2(g)$$

含有 CO_2的气氛也可参照上分析过程，来考察气氛中的氧化和渗碳。实际应用的气氛中往往同时含有 O、H、C、S 等组分，因此分析过程更加复杂，关于这类问题可参阅材料的高温氧化及高温腐蚀等有关图书。

4.8 自蔓燃合成

4.8.1 概述

从历史来看，一百多年前，利用铝粉和氧化铁粉混合剂的铝热法在焊接中得到应用。该方法通过固体之间的反应热以及氧化铁的还原，完成构件的焊接过程。但当时主要侧重于焊接并未考虑用这种方法合成新材料。自蔓燃合成现象最初来自中国发明的黑色火药(KNO_3+S+C)，随后迅速发展成硝酸甘油、TNT 炸药，但具有科学意义的自蔓燃合成则起始于 1895 年德国人的铝热法在钢材焊接中的应用，其反应过程是

$$Fe_2O_3+2Al \longrightarrow 2Fe+Al_2O_3+Q$$

自蔓燃合成法，作为科技术语目前还没有统一规范，美国有时还用“燃烧合成法(combustion synthesis)”，俄罗斯用自蔓燃高温合成法(self-propagating high-temperature synthesis，SHS)，日本则用“自燃烧法”“自燃烧烧结法”“自发热合成法”等多种叫法。虽然名称繁杂但大同小异，基本是指使某种原料通过燃烧的方式形成化合物的现象。

用自蔓燃合成法制造新材料已受到普遍重视并进行了大量研究，但各国对自蔓燃合成法研究的重点各自不同。俄罗斯主要从燃烧学角度推进基础研究，重点在于大量生产普通的陶瓷制品；美国是从材料科学角度进行基础研究，如金属和陶瓷的结合以及覆层材料的制造等；而日本则有两大研究流派，一派把自蔓燃合成法和真密度烧结工艺进行复合，致力于一步烧结合成的研究，另一派则是利用自蔓燃合成法制造常规工艺难以生产的新型材料。

4.8.2 自蔓然合成的热力学基础

自蔓燃合成是利用两种以上物质的生成热，通过连续燃烧放热来合成化合物。为使叙述过程简单明了，我们只讨论 A 和 B 两种元素化合生成 AB 化合物过程，但无论是三元以上的元素，还是比例不符合 1∶1 的化合物，其分析方法完全相同。即

$$A+B \longrightarrow AB+Q$$

$$A+B \xrightarrow{\text{点火}} AB+Q \Rightarrow AB$$

常见的实例有 Ti+B、Ti+Ni、Ti+Al 和 Fe_2O_3+Al。

对 A+B→AB，随温度变化的热容 $C_p(T)$ 通常用下式近似求解

$$C_p(T) = a + bT + CT^{-2}$$

一般情况下，反应的吉布斯自由能变化，生成热可用下式表示

$$\Delta H = \int_{T_0}^{T_{ad}} C_p(T)\,dT$$

式中，T_0 表示初始温度；T_{ad} 表示反应结束后最终生成物达到的绝热温度；T_m 表示熔点。适用条件为 $T_{ad} < T_m$。

当 $T_{ad} = T_m$ 时，

$$\Delta H = \int_{T_0}^{T_m} C_p(T)\,dT + \nu \cdot \Delta H_m$$

式中，ΔH_m 表示合成物的熔解焓；ν 表示熔解比例 。

当 $T_{ad} > T_m$ 时，

$$\Delta H = \int_{T_0}^{T_m} C_{ps}(T)\,dT + \Delta H_m + \int_{T_m}^{T_{ad}} C_{pl}(T)\,dT$$

以上只是分析了自蔓燃形成后可能达到的绝热温度，而不是讨论能否形成自蔓燃。能否形成的影响因素有生成热、绝热温度、熔点、原料粉末性质、点火温度、扩散系数等。

4.8.3　自蔓燃合成的分类

按原料组成进行分类，有三种类型：

① 元素粉末型：利用粉末间的生成热完成，如 Ti+B→TiB_2。

② 铝热剂型：利用氧化还原反应完成，如 Fe_2O_3+Al→Fe+Al_2O_3。

③ 混合型：以上两种类型的组合，如 $3TiO_2+3B_2O_3+Al \longrightarrow 3TiB_2+5Al_2O_3$。

按反应形态进行分类，有三种类型：

① 固-气反应型：如 $3Si+2N_2 \longrightarrow Si_3N_4$。

② 固液反应型：如 3Si+4N(液)$\longrightarrow Si_3N_4$。

③ 固固反应型：如 $3Si+\frac{4}{3}NaN_3(S) \longrightarrow Si_3N_4+\frac{4}{3}Na\uparrow$。

对自蔓燃合成法进行分类，是为了更好地理解自蔓燃合成的内涵，以便从不同的需求出发，研究和利用这一技术。因此，除了归纳分类之外，还应从不同的角度去深入探讨自蔓燃合成过程，如燃烧学范畴的燃烧模型，点火过程及初始条件的影响；在材料科学领域，利用自蔓燃合成法制造新材料的可行性和实用性，原料粉末与合成材料性能之间的内在关系等。

4.8.4　TiNi 和 TiAl 的自蔓燃合成

以 TiNi 形状记忆金属间化合物的实际生产工艺为例，TiNi 金属间化合物的生成热是 67.8 kJ/mol，在室温下使其发生反应时，绝对温度可达 TiNi 的熔点。通过调整粉末配比、改变实验工艺参数等方法进行大量预备实验后，Ti-Ni 系是能够进行自蔓燃合成的。

TiAl 合金是理想的轻质耐热材料，但构成 TiAl 金属间化合物的 Ti 和 Al 元素，两者

之间的熔点相差约 1 000 ℃，此外，TiAl 合金和坩埚发生强烈反应，并且延展性很小，很难用熔化、铸造、锻造成型等常规方法进行制造。通过使用高纯度粉末，经过大量的预备实验证明，Ti 和 Al 的高纯粉末也能实现自蔓燃合成，经过轻度烧结处理后，即可作为各种深加工用材。

尽管自蔓燃合成法有不可取代的优点，但也并非在任何情况下都能适用。因此，使用前要与常规工艺进行充分比较，进行一系列的探索性实验后，做出合理的选择。

第 5 章　晶体生长

5.1　晶体

晶体(crystal)是由大量微观物质单位(原子、离子、分子等)按一定规则有序排列的结构，因此可以从结构单位的大小来研究判断排列规则和晶体形态。晶体是有明确衍射图案的固体。晶体的分布非常广泛，自然界的固体晶体物质中，绝大多数是晶体。气体、液体和非晶物质在一定的合适条件下也可以转变成晶体。晶体按其结构粒子和作用力的不同可分为四类：离子晶体、原子晶体、分子晶体和金属晶体。固体可分为晶体、非晶体和准晶三大类。固态物质是否为晶体，一般可由 X 射线衍射法予以鉴定。晶体具有以下特征：①自然凝结的、不受外界干扰而形成的晶体拥有整齐规则的几何外形，即晶体的自范性。②晶体拥有固定的熔点，在熔化过程中，晶体温度始终保持不变。③单晶体有各向异性的特点。④晶体可以使 X 光发生有规律的衍射。宏观上能否产生 X 光衍射现象，是实验上判定某物质是不是晶体的主要方法。⑤晶体相对应的晶面角相等，称为晶面角守恒。

5.1.1　单晶与多晶

所谓单晶(monocrystal，monocrystalline)，即结晶体内部的微粒在三维空间呈有规律地、周期性的排列，或者说晶体的整体在三维方向上由同一空间格子构成，整个晶体中质点在空间有序地排列。单晶整个晶格是连续的。例如，水晶、金刚石等。

多晶是众多取向晶粒的单晶的集合。多晶与单晶内部均以点阵式的周期性结构为基础，对同一品种晶体来说，两者本质相同。两者不同处在于单晶是各向异性的，多晶则是各向同性的。在摄取多晶衍射图或进行衍射计数时，多晶体亦有其特色。

多晶体中当晶粒粒度较小时，晶粒难于直观呈现晶面、晶棱等形象，样品清晰度差，呈散射光。这种场合的多晶常称作粉晶(powder crystal)。

在一定条件下多晶体可转变为单晶体，同理单晶体也可转变为多晶体。多晶体硅料可以制备单晶：多晶体硅料经加热熔化，待温度合适后，经过将籽晶浸入、熔接、引晶、放肩、转肩、等径、收尾等步骤，完成一根单晶锭的拉制。炉内的传热、传质、流体力学、化学反应等过程都直接影响到单晶的生长与生长成的单晶的质量，拉晶过程中可直接控制的参数有温度场、籽晶的晶向、坩埚和生长成的单晶的旋转与升降速率，炉内保护气体的种类、流向、流速、压力等。

晶体类别实例：

① 立方晶系：钻石、明矾、金、铁、铅。

② 正方晶系：锡、金红石、白钨。

③ 斜方晶系：硫、碘、硝酸银。

④ 单斜晶系：硼砂、蔗糖、石膏。

⑤ 三斜晶系：硫酸铜、硼酸。

⑥ 三方(菱形)晶系：砷、水晶、冰、石墨。

⑦ 六方晶系：镁、锌、铍、镉、钙。

准晶(quasicrystal)是一种介于晶体和非晶体之间的固体。准晶具有完全有序的结构，然而又不具有晶体所应有的平移对称性，因而可以具有晶体所不允许的宏观对称性。一种典型的准晶结构是三维空间的彭罗斯拼图(Penrose)。二维空间的彭罗斯拼图由内角为36°、144°和72°、108°的两种菱形组成，能够无缝隙、无交叠地排满二维平面。这种拼图没有平移对称性，但是具有长程的有序结构，并且具有晶体所不允许的五次旋转对称性。

1982年4月8日，以色列科学家丹尼尔·谢赫特曼(Daniel Shechtman)首次在电子显微镜下观察到一种“反常”现象：铝锰合金的原子采用一种不重复、非周期性但对称有序的方式排列，如图5-1所示。他因发现准晶而获得了2011年诺贝尔化学奖。

图5-1　电子显微镜下的准晶照片

当时人们普遍认为，晶体内的原子都以周期性不断重复的对称模式排列，这种重复结构是形成晶体所必须的，自然界中不可能存在具有谢赫特曼发现的那种原子排列方式的晶体。随后，科学家们在实验室中制造出了越来越多的各种准晶，并于2009年首次发现了纯天然准晶。2009年，科学家们在俄罗斯东部哈泰尔卡湖获取的矿物样本中发现了天然准晶的“芳踪”，这种名为icosahedrite(取自正二十面体)的新矿物质由铝、铜和铁组成；瑞典一家公司也在一种耐用性最强的钢中发现了准晶，这种钢被用于剃须刀片和眼科手术用的手术针中。图5-2是人们发现的准晶照片。

有关准晶的组成与结构的规律仍在研究之中。有关组成问题值得重视的事实有：组成为Al70Pd21Mn9的是准晶体而组成为Al60Pd25Mn15却是晶体。有关结构问题，人们普遍认为，准晶体存在偏离了晶体的三维周期性结构，因为单调的周期性结构不可能出现五重轴，但准晶体的结构仍有规律，不像非晶体物质那样的近距无序，仍是某种近距有序结构。

准晶具有独特的属性，坚硬又有弹性、非常平滑，而且，与大多数金属不同的是，其导电、导热性很差，因此在日常生活中大有用武之地。科学家正尝试将其应用于其他

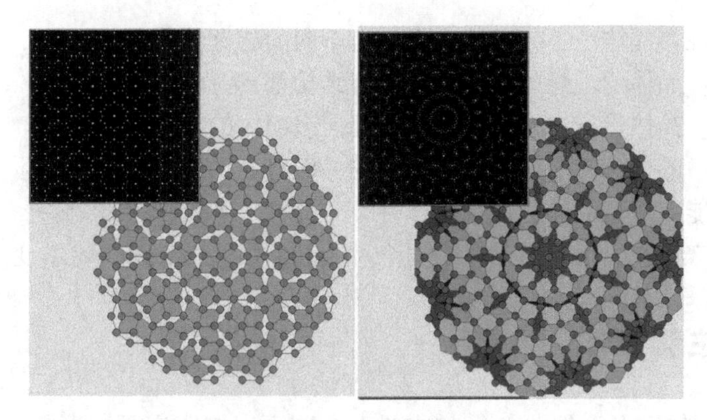

图 5-2　准晶照片

产品中，如不粘锅和发光二极管等。另外，尽管其导热性很差，但因为其能将热转化为电，因此，它们可以用作理想的热电材料，将热量回收利用，有些科学家正在尝试用其捕捉汽车废弃的热量。

晶体、准晶体、非晶体的示意图如图 5-3 所示。

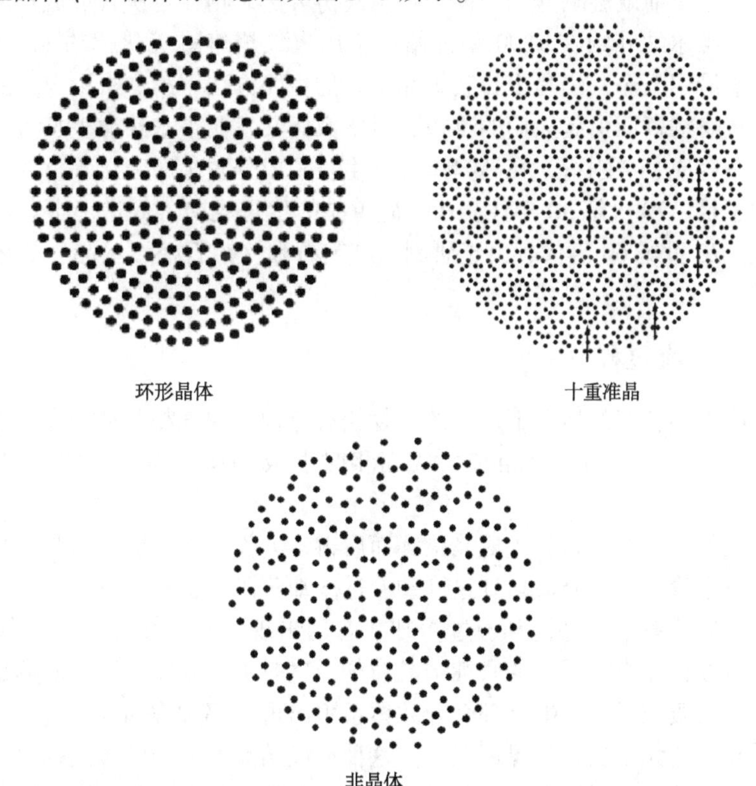

图 5-3　晶体、准晶、非晶体示意图对比

5.1.2　晶体特性

① 长程有序：晶体内部原子至少在微米级范围内的规则排列。

② 均匀性：晶体内部各个部分的宏观性质是相同的。

③ 各向异性：晶体中不同的方向上具有不同的物理性质。

④ 对称性：晶体的理想外形和晶体内部结构都具有特定的对称性。

⑤ 自限性：晶体具有自发地形成封闭几何多面体的特性。

⑥ 解理性：晶体具有沿某些确定方位的晶面劈裂的性质。

⑦ 最小内能：成型晶体内能最小。

⑧ 晶面角守恒：属于同种晶体的两个对应晶面之间的夹角恒定不变。

5.2 晶体生长技术

自然界存在的许多天然晶体，如水晶、金刚石、红蓝宝石、翡翠等，都具有高硬度，耐磨损，经打磨后光彩夺目等特点。近年来人们在高能技术的推动下可以人工合成晶体。目前，人们不仅能合成几乎所有的天然晶体，而且还能合成大量自然界奇缺或根本没有的新晶体。

所谓晶体生长是物质在特定的物理和化学条件下由气相、液相或固相形成晶体的过程。人类在数千年前就会晒盐和制糖。人工模仿天然矿物并首次合成成功的是刚玉宝石（α 氧化铝）。维尔纳叶约在 1890 年开始试验用氢氧焰熔融氧化铝粉末，以生长宝石，这个方法一直沿用至今，仍是生长装饰品宝石的主要方法。第二次世界大战后，由于天然水晶作为战略物资而引起人们的重视，科学家们又发明了水热法生长人工水晶。人们还在超高压下合成了金刚石，在高温条件下生长了成分复杂的云母等重要矿物，以补充天然矿物的不足。20 世纪 50 年代，锗、硅单晶的生长成功，促进了半导体技术和电子工业的发展。20 世纪 60 年代，由于研制出红宝石和钇铝石榴石单晶，为激光技术打下了牢固的基础。

5.2.1 晶体生成过程

晶体是在物相转变的情况下形成的。物相有三种，即气相、液相和固相。只有晶体才是真正的固体。由气相、液相转变成固相时形成晶体，固相之间也可以直接产生转变。

晶体生成的一般过程是先生成晶核，而后再逐渐长大。一般认为晶体从液相或气相中的生长有三个阶段：①介质达到过饱和、过冷却阶段；②成核阶段；③生长阶段。

在某种介质体系中，过饱和、过冷却状态的出现，并不意味着整个体系的同时结晶。体系内各处首先出现瞬时的微细结晶粒子。这时由于温度或浓度的局部变化，外部撞击，或一些杂质粒子的影响，都会导致体系中出现局部过饱和度、过冷却度较高的区域，使结晶粒子的大小达到临界值以上。这种形成结晶微粒子的作用称之为成核作用。

介质体系内的质点同时进入不稳定状态形成新相，称为均匀成核作用。

在体系内的某些局部小区首先形成新相的核，称为不均匀成核作用。

均匀成核是指在一个体系内，各处的成核几率相等，这要克服相当大的表面能位垒，即需要相当大的过冷却度才能成核。

非均匀成核过程是由于体系中已经存在某种不均匀性，如悬浮的杂质微粒，容器壁上凹凸不平等，它们都有效地降低了表面能成核时的位垒，优先在这些具有不均匀性的地点形成晶核。因之在过冷却度很小时亦能局部地成核。

在单位时间内，单位体积中所形成的核的数目称为成核速度。它决定于物质的过饱和度或过冷却度。过饱和度和过冷却度越高，成核速度越大。成核速度还与介质的黏度有关，黏度大会阻碍物质的扩散，降低成核速度。晶核形成后，将进一步成长。

5.2.2　晶体生长理论

晶体生长理论是用以阐明晶体生长这一物理-化学过程。形成晶体的母相可以是气相、液相或固相；母相可以是单一组元的纯材料，也可以是包含其他组元的溶液或化合物。生长过程可以在自然界中实现，如冰雪的结晶和矿石的形成；也可以在人工控制的条件下实现，如各种技术单晶体的培育和化学工业中的结晶。

晶体生长的热力学理论：吉布斯于 1878 年发表的著名论文《论复相物质的平衡》奠定了热力学理论的基础。他分析了在流体中形成新相的条件，指出自然体自由能的减少有利新相的形成，但表面能却阻碍了它。只有通过热涨落来克服形成临界尺寸晶核所需的势垒，才能实现晶体的成核。到 20 世纪 20 年代，福耳默等人发展了经典的成核理论，并指出了器壁或杂质颗粒对核的促进作用(非均匀成核)。一旦晶核已经形成(或预先制备了一块籽晶)，接下去的就是晶体继续长大这一问题。吉布斯考虑到晶体的表面能系数是各向异性的，在平衡态自由能极小的条件就归结为表面能的极小，于是从表面能的极图即可导出晶体的平衡形态。晶体平衡形态理论曾被 P · 居里等人用来解释生长着的晶体所呈现的多面体外形。但是晶体生长是在偏离平衡条件下进行的，表面能对于晶体外形的控制作用限于微米尺寸以下的晶体。一旦晶体尺寸较大时，表面能直接控制外形的能力就丧失了，起决定性作用的是各晶面生长速率的各向异性。这样，晶面生长动力学的问题就被突出了。

晶体生长的动力学理论：晶面生长的动力学指的是偏离平衡的驱动力(过冷或过饱和)与晶面生长的速率的关系，它是和晶体表面的微观形貌息息相关的。从 20 世纪 20 年代就开始了这方面的研究。晶面的光滑(原子尺度而言)与否对生长动力学起了关键性的作用。在粗糙的晶面上，几乎处处可以填充原子成为生长场所，从而导出了快速的线性生长律。至于偏离低指数面的邻位面，科塞耳与斯特兰斯基提出了晶面台阶-扭折模型，晶面上台阶的扭折处为生长的场所。由此可以导出相应的生长律。至于光滑的密集平面(这些是生长速率最低，因而在晶体生长中最常见的)，当一层原子填满后，表面就没有台阶提供继续填充原子的场所，则要通过热激活来克服形成二维晶核的势垒后，方能继续生长。这样，二维成核率就控制晶面生长速率，导出了指数式的生长律。只有在很高的驱动力(如过饱和度达 50%)作用下方可观测到生长。但实测的结果与此推论有显著矛盾。为了解释低驱动力作用下光滑晶面的生长，夫兰克于 1949 年提出螺型位错在晶面露头处会形成永填不满的台阶，促进晶面的生长。在晶体生长表面上观测到的螺旋台阶证实了夫兰克的设想。在伯顿、卡夫雷拉与夫兰克 1951 年题为《晶体生长与表面平衡结构》这一重要论文中，对于理想晶体和实际晶体的晶面生长动力学进行了全面的阐述，成为晶体生长理论发展的重要里程碑。

在晶体生长形态学中还有一个重要问题，就是形态的稳定性。具体来说，就是生长界面是否能够持续地保持下去。有些界面虽然能够满足斯忒藩问题的解，但实际上却并不出现，因为这种界面对于干扰是不稳定的。设想某一平界面在某瞬时受到干扰，使界面局部突出。它随时间的演变将有两种可能性：一种是干扰的振幅逐渐衰减，最终界面恢复原状，表明原界面是稳定的；另一种情况是干扰振幅逐渐增大，则表明原来的平界面是不稳定的，可能转化为凹凸不平的胞状界面，或甚至于发展为枝晶(dendrites)。对于纯的材料，正的温度梯度(熔体温度高于凝固点)使界面稳定，而负的温度梯度(熔体温度低于凝固点)则导致界面失稳。通常生长晶体总是在正的温度梯度条件下进行，但也经常观测到平界面的失稳。到60年代初马林斯与塞克卡用动力学方法来处理界面稳定性问题，导出更正确的稳定性判据，并可以追踪界面失稳和初期的演变过程。界面稳定性理论也被推广应用于共晶合金的凝固、枝晶生长以及光滑界面失稳等问题，目前这一理论还在继续发展之中。

5.2.3 最佳晶体生长体系的选择

生长优质晶体的理想体系必须具备下列条件：

① 为获得高品质单晶，晶体必须是单质，同分共熔化合物或同分升华化合物。

② 对熔体生长，原料在生长温度具有较低的蒸气压，这可使晶体在高真容下生长，减少环境污染并有利于生长出高完整性晶体；对气相生长，原料在生长温度具有较高的蒸气压，可以提高晶体生长速率，降低成本。

③ 对熔体生长，晶体应具有低熔点；对气相生长，晶体应具有适中的升华温度。

④ 晶体应具有较高的导热率，以利于散发结晶潜热，提高生长速度。

⑤ 晶体结晶潜热小，可加速晶体生长。

⑥ 在生长温度的室温之间，晶体无相变。

总之，不同的晶体可采用不同的生长方法，从不同的生长体系中制得，故应选择接近理想条件下的生长方法和体系。

5.2.4 晶体生长方法的分类

按照环境相的不同，可将重要的晶体生长方法分类如下：

(1) 气相生长

气相生长可分为物理气相沉积(升华-凝结法、分子束法和阴极溅射法)；化学气相沉积(气体分解法、气体合成法和金属有机化物化学气相沉积 MOCVD 法)；外助气相生长；热纤丝过程；气液固生长机制(VLS)法。

升华法，是从气相生长晶体的基本方法。原料在管内升华结晶，在管的高温一端被加热升华成为气相，然后输送到温度较低的另一端，凝结成核生长。此法又分为开管和闭管两种方法。

(2) 溶液生长

溶液生长可分为低温溶液生长(变温法、温差法、流动法、溶剂蒸发法、化学反应法、凝胶法、电化反应法)；水热溶液生长(温差法、降温法、“亚稳相”技术)；高温溶液生长技术；助溶剂、自发结晶、籽晶法生长。

(3) 熔体生长

籽晶提控法(自动提控、导膜提控、差经提控、液封提拉、冷坩锅技术)；坩锅下降法与热变换法；泡生法；焰熔法；区域熔融法(水中区熔、悬浮区熔)都可归类于熔体生长。

(4) 固相生长

固相生长主要有多形体相变法、应变退火法、烧结法。

外延生长法，又名取向附生，指两个晶体表面连生，形成有取向的生长界面。一般说，一个晶体表面从结构上提供择优的位置，使第二个晶相附生上去。外延方法主要有两种：一种是气相外延，另一种是液相外延。外延多半是从一个晶体基片上外延一层薄膜，因此，按基片和薄膜的性质可分为同质外延和异质外延。

5.2.5　人工合成晶体的主要途径

近年来人工合成晶体实验技术迅速发展，成功地合成了大量重要的晶体材料，如激光材料、半导体材料、磁性材料、人造宝石以及其他多种现代科技所要求的具有特种功能的晶体材料。当前人工合成晶体已成为工业发展主要支柱的材料科学中一个重要组成部分。

人工合成晶体的主要途径是从溶液中培养和在高温高压下通过同质多像的转变来制备(如用石墨制备金刚石)等。具体方法很多，下面简要介绍几种最常用的方法。

(1)水热法

这是一种在高温高压下从过饱和热水溶液中培养晶体的方法。用这种方法可以合成水晶、刚玉(红宝石、蓝宝石)、绿柱石(祖母绿、海蓝宝石)、石榴子石及其他多种硅酸盐和钨酸盐等上百种晶体。

晶体的培养是在高压釜内进行的。高压釜由耐高温高压和耐酸碱的特种钢材制成。上部为结晶区，悬挂有籽晶；下部为溶解区，放置培养晶体的原料，釜内填装溶剂介质。由于结晶区与溶解区之间有温度差(如培养水晶，结晶区为330~350 ℃，溶解区为360~380 ℃)而产生对流，将高温的饱和溶液带至低温的结晶区形成过饱和析出溶质使籽晶生长。温度降低并已析出了部分溶质的溶液又流向下部，溶解培养料，如此循环往复，使籽晶得以连续不断地长大。

(2)直拉法

这是一种直接从熔体中拉出单晶的方法。熔体置柑埚中，籽晶固定于可以旋转和升降的提拉杆上。降低提拉杆，将籽晶插入熔体，调节温度使籽晶生长。提升提拉杆，使晶体一面生长，一面被慢慢地拉出来。这是从熔体中生长晶体常用的方法。用此法可以拉出多种晶体，如单晶硅、白钨矿、钇铝榴石和均匀透明的红宝石等。

(3)焰熔法

这是一种用氢氧火焰熔化粉料并使之结晶的方法。小锤敲打装有粉料的料筒，粉料受振动经筛网而落下，氧经入口进入将粉料下送，氢和氧在喷口处混合燃烧，粉料经火焰的高温而熔化并落于结晶杆上，控制杆端的温度，使落于杆端的熔层逐渐结晶。为使晶体生长有一定长度，可使结晶杆逐渐下移。用这种方法成功地合成了如红宝石、蓝宝石、尖晶石、金红石、钛酸锶、钇铝榴石等多种晶体。

(4)坩埚下降法

用于晶体生长用的材料装在圆柱形的坩埚中，缓慢地下降，并通过一个具有一定温度梯度的加热炉，炉温控制在略高于材料的熔点附近。根据材料的性质加热器件可以选用电阻炉或高频炉。在通过加热区域时，坩埚中的材料被熔融，当坩埚持续下降时，坩埚底部的温度先下降到熔点以下，并开始结晶，晶体随坩埚下降而持续长大。这种方法常用于制备碱金属和碱土金属卤化物和氟化物单晶。

(5)区熔法

区熔法是利用热能在半导体棒料的一端产生一熔区，再熔接单晶籽晶。

(6)泡生法

泡生法又称为凯氏长晶法(Kyropoulos method)，简称 KY 法。其原理与柴氏拉晶法(Czochralski method)类似，先将原料加热至熔点后熔化形成熔汤，再以单晶之晶种(seed crystal，又称籽晶棒)接触到熔汤表面，在晶种与熔汤的固液界面上开始生长和晶种相同晶体结构的单晶，晶种以极缓慢的速度往上拉升，但在晶种往上拉晶一段时间以形成晶颈，待熔汤与晶种界面的凝固速率稳定后，晶种便不再拉升，也没有作旋转，仅以控制冷却速率方式来使单晶从上方逐渐往下凝固，最后凝固成一整个单晶晶碇。

5.2.6 气相生长法制备单晶

5.2.6.1 物理气相沉积

物理气相沉积(physical vapour deposition，PVD)技术表示在真空条件下，采用物理方法，将材料源——固体或液体表面气化成气态原子、分子或部分电离成离子，并通过低压气体(或等离子体)过程，在基体表面沉积具有某种特殊功能的薄膜的技术。物理气相沉积的主要方法有真空蒸镀、溅射镀膜、电弧等离子体镀、离子镀膜及分子束外延等。发展到目前，物理气相沉积技术不仅可沉积金属膜、合金膜，还可以沉积化合物、陶瓷、半导体、聚合物膜、制备单晶等。制备单晶的原理是利用物理凝聚的方法，将多晶原料经过气相转化为单晶体。其中最常用且最简单的是升华-凝结法。

将原料封闭在硫黄管内，从下往上保持一个温度梯度，物料在热区被加热升华，然后在冷区凝结为晶体。

热区升华的分子被惰性气体(载体)带到冷区凝结成晶体称为升华-凝结法。

5.2.6.2 化学气相沉积

化学气相淀积(CVD)是近几十年发展起来的制备无机材料的新技术。化学气相淀积法已经广泛用于提纯物质，研制新晶体，沉积各种单晶、多晶或玻璃态无机薄膜材料。这些材料可以是氧化物、硫化物、氮化物、碳化物，也可以是Ⅲ-Ⅴ、Ⅱ-Ⅳ、Ⅳ-Ⅵ族中的二元或多元的元素间化合物，而且它们的物理功能可以通过气相掺杂的沉积过程精确控制。化学气相沉积已成为无机合成化学的一个新领域。

化学气相沉积装置最主要的元件就是反应器。按照反应器结构上的差别，可以把化学气相沉积技术分成开管/封管气流法两种类型：

① 开管法：这种制备方法的特点是反应气体混合物能够随时补充。废气也可以及时排出反应装置。以加热方法为区分，开管气流法应分为热壁和冷壁两种。前者的加热会让整个沉积室壁都会因此变热，所以管壁上同样会发生沉积。后者只有机体自身会被加热，也就没有上述缺点。冷壁式加热一般会使用感应加热、通电加热以及红外加热等。

② 封管法：这种反应方式是将一定量的反应物质和气体放置于反应器的两边，将反应器中抽成真空，再向其中注入部分输运气体，然后再次密封，再控制反应器两端的

温度使其有一定差别，它的优点是：能有效避免外部污染；无须持续抽气就能使是内部保持真空。它的缺点是：材料产生速度慢；管中的压力不容易掌握。

化学气相沉积在制备晶体中的应用体现在：

（1）化学气相沉积法生产晶体、晶体薄膜

化学气相沉积法不但可以对晶体或者晶体薄膜性能的改善有所帮助，而且也可以生产出很多别的手段无法制备出的一些晶体。化学气相沉积法最常见的使用方式是在某个晶体衬底上生成新的外延单晶层，最开始它是用于制备硅的，后来又制备出了外延化合物半导体层。它在金属单晶薄膜的制备上(如制备 W、Mo、Pt、Ir 等)以及个别的化合物单晶薄膜(如铁酸镍薄膜、钇铁石榴石薄膜、钴铁氧体薄膜等)也比较常见。

（2）生产晶须

晶须是由高纯度单晶生长而成的微纳米级的短纤维，可分为有机晶须和无机晶须两大类。其中有机晶须主要有纤维素晶须、聚(丙烯酸丁酯-苯乙烯)晶须、聚(4-羟基苯甲酯)晶须(PHB 晶须)等几种类型，在聚合物中应用较多。无机晶须主要包括陶瓷质晶须(碳化硅、钛酸钾、硼酸铝等)、无机盐晶须(硫酸钙、碳酸钙等)和金属晶须(氧化铝、氧化锌等)等，其中金属晶须主要应用于金属基复合材料中，而陶瓷基晶须和无机盐晶须则可应用于陶瓷复合材料、聚合物复合材料等多个领域。化学气相沉积法在生产晶须时使用的是金属卤化物的氢还原性质。化学气相沉积法不但能制备出各类金属晶须，同时也能生产出化合物晶须，如氧化铝、金刚砂、碳化钛晶须等。

（3）化学气相沉积技术生产多晶/非晶材料膜

化学气相沉积法在半导体工业中有着比较广泛的应用，如作为缘介质隔离层的多晶硅沉积层。在当代，微型电子学元器件中越来越多地使用新型非晶态材料，这种材料包括磷硅玻璃、硼硅玻璃、二氧化硅以及氮化硅等。此外，也有一些在未来有可能发展成开关以及存储记忆材料，如氧化铜-五氧化二磷、氧化铜-五氧化二钒-五氧化二磷以及五氧化二钒-五氧化二磷等都可以使用化学气相沉积法进行生产。

5.2.7 溶液法制备单晶

溶液法制备晶体是指首先将晶体的组成元素(溶质)溶解在另一溶液(溶剂)中，然后通过改变温度、蒸气压等状态参数，获得过饱和溶液，最后使溶质从溶液中析出，形成晶体的方法。溶液法生长单晶主要包括低温溶液、热液和高温热液等制备方法。

（1）低温溶液生长——变温法

在饱和溶液中放入晶种，以一定的速率降低溶液温度，使溶液过饱和，进而析出结晶营养料使晶种长大。

此法关键是溶液充分过冷(热)，消除微晶；找准饱和点，高精度控温。

该法的缺陷是可生得晶体，但晶体的大小受到限制，依赖于析出结晶料的溶解度和容器的大小。

（2）水热溶液制备法

该法主要用于通常条件下不溶于水的物质，如宝石($SiO_2+Al_2O_3+MgO+TiO_2$)、水晶(SiO_2)。

在高温、高压下将原料溶解，然后利用温度差或降温手段得到过饱和溶液，从而使晶体得以生长。该法已成功地应用于工业化大量生产水晶。

(3) 高温溶液(助溶剂)生长法

高熔点的结晶物质 $\xrightarrow{\text{溶解于}}$ 低熔点的助溶剂 $\longrightarrow$ 饱和溶液 $\xrightarrow[\text{或蒸发}]{\text{降温}}$ 在籽晶上生长或自发结晶

5.2.8 熔体生长法制备单晶

(1) 焰熔法

焰熔法是法国化学家奥古斯德 · 维多 · 路易 · 伐诺伊发现，并取得商业成功的合成宝石制造法，也称维尔纳叶法(Verneuil process)或火焰合成法。

该法是工业化生长宝石的主要方法，如红宝石、蓝宝石、金红石。将原料粉振动散落在氢氧焰中，这时结晶炉内部温度可达 2 000 ℃以上。落入氢氧焰内的原料粉以半熔融状态积聚在火焰失端附近的 Al_2O_3 质耐火托柱上，经烧结形成圆锥体，这时调节 H_2 和 O_2 流量比，在适当温度下将圆锥体熔化，形成透明的晶核，以晶核为起点，慢慢使其长大而成梨晶。

(2) 籽晶提拉(控)法

籽晶提拉(控)法又称直拉法(Czochralski 法，CZ 法)、上引法。

该法最早是由 Kyropoulos 提出，称为凯氏长晶法(KY 法)；同时代 Czochralski 等人也提出类似方法(CZ 法)。另外，导膜法利用导模，可以制作其他形状的异形单晶。

CZ 法生长的具体工艺过程包括装料与熔料、熔接、细颈、放肩、转肩、等径生长和收尾这样几个阶段。

① 装料、熔料：此阶段是 CZ 生长过程的第一个阶段，这一阶段看起来似乎很简单，但是这一阶段操作正确与否往往关系到生长过程的成败。大多数造成重大损失的事故(如坩埚破裂)都发生在或起源于这一阶段。

② 籽晶与熔硅的熔接：当硅料全部熔化后，调整加热功率以控制熔体的温度。一般情况下，有两个传感器分别监测熔体表面和加热器保温罩石墨圆筒的温度，在热场和拉晶工艺改变不大的情况下，上一炉的温度读数可作为参考来设定引晶温度。按工艺要求调整气体的流量、压力、坩埚位置、晶转、埚转。硅料全部熔化后熔体必须有一定的稳定时间达到熔体温度和熔体的流动稳定。装料量越大，则所需时间越长。待熔体稳定后，降下籽晶至离液面 3~5 mm 距离，使粒晶预热，以减少籽经与熔硅的温度差，从而减少籽晶与熔硅接触时在籽晶中产生的热应力。预热后，下降籽晶至熔体的表面，让它们充分接触，这一过程称为熔接。在熔接过程中要注意观察所发生的现象来判断熔硅表面的温度是否合适，在合适的温度下，熔接后在界面处会逐渐产生由固液气三相交接处的弯月面所导致的光环(通常称为“光圈”)，并逐渐由光环的一部分变成完整的圆形光环，温度过高会使籽晶熔断，温度过低，将不会出现弯月面光环，甚至长出多晶。熟练的操作人员，能根据弯月面光环的宽度及明亮程度来判断熔体的温度是否合适。

③ 引细颈：虽然籽晶都是采用无位错硅单晶制备的，但是当籽晶插入熔体时，由于受到籽晶与熔硅的温度差所造成的热应力和表面张力的作用会产生位错。因此，在熔接之后应用引细颈工艺，即 Dash 技术，可以使位错消失，建立起无位错生长状态。

Dash 的无位错生长技术原理是基于金刚石结构的硅单晶中位错的滑移面为{111}面。当以[100]、[111]和[110]晶向生长时，滑移面与生长轴的最小夹角分别为 36.16°、19.28°和 0°。位错沿滑移面延伸和产生滑移，因此位错要延伸、滑移至晶体表面而消失，以[100]晶向生长最容易，以[111]晶向生长次之，以[110]晶向生长情形若只存在延伸效应则位错会贯穿整根晶体。引细颈工艺通常采用高拉速将晶体直径缩小到大约 3 mm。在这种条件下，冷却过程中热应力很小，不会产生新的位错。高拉速可形成过饱和点缺陷。在这种条件下，即使[110]晶向生长位错也通过攀移传播到晶体表面。实践发现，重掺锑晶体细颈粗而短就可以消除位错，可能是通过攀移机制实现的。在籽晶能承受晶锭重量的前提下，细颈应尽可能细长，一般直径之比应达到 1 : 10。

④ 放肩：引细颈阶段完成后必须将直径放大到目标直径，当细颈生长至足够长度，并且达到一定的提拉速率，即可降低拉速进行放肩。拉晶工艺几乎都采用平放肩工艺，即肩部夹角接近 180°，这种方法降低了晶锭头部的原料损失。

⑤ 转肩：晶体生长从直径放大阶段转到等径生长阶段时，需要进行转肩，当放肩直径接近预定目标时，提高拉速，晶体逐渐进入等径生长。为保持液面位置不变，转肩时或转肩后应开始启动埚升，一般以适当的埚升并使之随晶升变化。放肩时，直径增大很快，几乎不出现弯月面光环，转肩过程中，弯月面光环渐渐出现，宽度增大，亮度变大，拉晶操作人员应能根据弯月面光环的宽度和亮度，准确地判断直径的变化，并及时调整拉速，保证转肩平滑，晶体直径均匀并达到目标值。从原理上说也可以采用升高熔体的温度来实现转肩，但升温会增强熔体中的热对流，降低熔体的稳定性，容易出现位错(断苞)，所以，工艺都采取提高拉速的快转肩工艺。

⑥ 等径生长：当晶体基本实现等径生长并达到目标直径时，就可实行直径的自动控制。在等径生长阶段，不仅要控制好晶体的直径，更为重要的是保持晶体的无位错生长。晶体内总是存在着热应力，实践表明，晶体在生长过程中等温面不可能保持绝对的平面，而只要等温面不是平面就存在着径向温度梯度，形成热应力，晶体中轴向温度分布往往具有指数函数的形式，因而也必然会产生热应力。当这些热应力超过了硅的临界应力时晶体中将产生位错。因此，必须控制径向温度梯度和轴向温度梯度不能过大，使热应力不超过硅的临界应力，满足这样的条件才能保持无位错生长。

另外，多晶中夹杂的难熔固体颗粒、炉尘(坩埚中的熔体中的 SiO_2，在炉膛气氛中冷却，混结成的颗粒)、坩埚起皮后的脱落物等，当它们运动至生长界面处都会引起位错的产生，其原因一是作为非均匀成核的结晶核，二是成为位错源。调整热场的结构和坩埚在热场中的初始位置，可以改变晶体中的温度梯度。调节保护气体的流量、压力，调整气体的流向，可以带走 SiO_2 和 CO 气体，防止炉尘掉落，有利于无位错单晶的生长，同时也有改变晶体中的温度梯度的作用。

无位错状态的判断，因晶体的晶向而异，一般可通过晶锭外侧面上的生长条纹(通常称为苞丝)、小平面(通常称为扁棱和棱线)来判断。生长时，在放肩阶段有六条棱线出现，三条主棱线、三条副棱线，等晶阶段晶锭上有苞丝和三个扁棱，因生长界面上小平面的出现而使弯月面光环上有明显的直线段部分。生长晶向对准时，三个小平面应大小相等，相互间呈 120°夹角。但实际生长时往往由于生长方向的偏离，造成小平面有大有小，有的甚至消失。方向生长时，有四条棱线，没有苞丝。无位错生长时，在整根晶体上四条棱线应连续，只要有一条棱线消失或出现不连续，说明出现了位错。

出现位错后的处理视情况不同处理方法也不同，当晶锭长度不长时，应进行回熔，然后重新拉晶；当晶锭超过一定的长度，而坩埚中还有不少熔料时，可将晶锭提起，冷却后取出，然后再拉出下一根晶锭；当坩埚中的熔体所剩不多时，或者将晶体提起，或者继续拉下去，断苞部分作为回炉料。拉晶人员应调整拉晶工艺参数，尽可能避免出现位错。

这里所提到的"苞丝"实质上是旋转性表面条纹。我们已经讨论了在晶体转轴与温度场对称轴不一致的条件下，晶体旋转所产生的轴向(沿提拉方向)的生长速率起伏以及由此而产生的旋转性杂质条纹；在同样的条件下，晶体的径向(垂直于提拉方向)生长速率起伏所产生的结果。

⑦收尾：收尾的作用是防止位错反延。在拉晶过程中，当无位错生长状态中断或拉晶完成而使晶体突然脱离液面时，已经生长的无位错晶体受到热冲击，其热应力往往超过硅的临界应力。这时会产生位错，并将反延至其温度尚处于最低温度的晶体中去，形成位错排，星形结构。

5.2.9 晶体生长熔炉设计基本要素

晶体生长熔炉设计要素包括：电源，加热器件，隔热部分，坩埚，温度传感器，温度设定控制装置和电源控制驱动装置。

熔炉中使用的隔热材料和加热元素见表5-1。

表5-1 炉体结构中的隔热材料和加热元素

隔热材料	可用的温度最大值	加热元素			
		空气氛围下	最高温度	电压	所需电流
玻璃丝	600	Nichrome wire	900	med	med
弗拉克斯纤维	1 350	SiC	1 475	low	high
石英棉	1 100	Kanthal wire(FeCrAl)	1 300	med	med
耐火砖	1 100~1 650	$MoSi_2$	1 700	low	high
氧化铝	1 850	Pt(40% Rh)	1 800	low	high
氧化锆	2 400	ZrO_2：Y	1 900	low	high
氧化镁	2 800	$LaCrO_3$	1 900	low	high

5.3 非晶态材料的制备

非晶态材料的一般制法是熔体冷却法，但也可以使用溶胶凝胶法、气相沉积法和能量泵入法。

溶胶凝胶法可以用于制备块状玻璃、超薄玻璃功能薄膜、有机改性硅酸盐材料。

气相沉积法可以制备高池石英玻璃、非晶态硅太阳能电池。

能量泵入法是向晶态固体物质泵入能量，使其直接形成非晶态材料，具体手段是通过高能射线辐射或冲击波法实现。

第 6 章　硅酸盐材料化学

硅酸盐材料属于无机非金属材料，主要讲述其热力学、固相反应、固相烧结等。

6.1　硅酸盐热力学

6.1.1　热效应

系统在等温过程中由于物理变化或化学变化吸收或放出的热量总称为热效应。硅酸盐热效应一般包括生成热、溶解热、相变热和水化热等。

6.1.1.1　生成热

在反应温度和标准压力 $P^{\ominus}$ 下，由稳定状态的单质生成 1 mol 化合物时的热效应，称为该化合物的标准生成热，以 $\Delta_f H_m^{\ominus}$ 表示。

利用化合物的标准生成热 $\Delta_f H_m^{\ominus}$，可以计算各种化学反应的热效应 $\Delta_r H_m^{\ominus}$。

$$\Delta_r H_m^{\ominus} = \sum (\Delta_f H_m^{\ominus})_{生成物} - \sum (\Delta_f H_m^{\ominus})_{反应物}$$

硅酸盐的生成热，常用氧化物生成硅酸盐的热效应来表示：

$$2CaO+SiO_2(\beta) \longrightarrow \beta\text{-}2CaO \cdot SiO_2(简写为\ \beta\text{-}C_2S)$$

$$\Delta_f H_m^{\ominus} = -126.4\ kJ \cdot mol^{-1}$$

由单质生成时：

$$2Ca+Si+2O_2 \longrightarrow 2CaO \cdot SiO_2$$

$$\Delta_f H_m^{\ominus} = -2\ 310.03\ kJ \cdot mol^{-1}$$

6.1.1.2　溶解热

由于许多物质，特别是硅酸盐，其生成热很难直接测定，因为从单质直接生成相当困难，因此常利用溶解热来计算这类反应的热效应。

溶解热是对一定数量的溶剂而言的，即 1 mol 物质完全溶解在某种溶剂中的热效应。硅酸盐的溶解热常用 20%~40% HF 作溶剂。

对溶剂的要求是溶剂的性质和数量应保证反应物与产物完全溶解，且反应物与产物生成的溶液必须完全相同。

溶解热也与温度 T、压力 P 有关，习惯上若不注明时，系指标准压力 $P^{\ominus}$、298 K 时的溶解热。

硅酸盐反应的一些热效应，常常用溶解热法间接计算。从原始物质和最终产物的溶解热之差，即可求得反应的热效应。对硅酸盐反应而言，写成一般式表示如下：

$$\Delta_r H = \sum (L_{氧化物} - L_{硅酸盐})$$

由于酸的浓度及其组成的比例对溶解热的影响极为显著，所以在不同浓度、不同组成以及不同温度的酸中所生成的溶解热不可以进行比较。

6.1.1.3 相变热

相变热主要有晶型转变热、熔化热与结晶热、汽化热与升华热，是物质发生相变时需要吸收或放出的热量。

(1)晶型转变热

物质由一种晶型转变为另一种晶型所需的热量，称为晶型转变热。晶型转变热可以用两种晶型的溶解热之差来测定。但是，在某些物质的晶型转变中，某一种晶型在标准温度时不稳定，如α－石英⇔β－石英，在298 K时得不到α－石英，就不能用这种方法，而是利用两种晶型的热容-温度的函数关系来测定。

$$H_{\alpha} = \int C_{\mathrm{m},\alpha} \cdot \mathrm{d}T$$

$$H_{\beta} = \int C_{\mathrm{m},\beta} \cdot \mathrm{d}T$$

晶型转变热 $$\Delta H_{转变} = H_{\alpha} - H_{\beta}$$

式中，$C_{\mathrm{m},\alpha}$与$C_{\mathrm{m},\beta}$分别为晶型的摩尔热容；H_{α}与H_{β}分别为晶型的热焓。

(2)熔化热与结晶热

熔化热是指在标准压力$P^{\ominus}$下，物质在熔点时加热使之熔化所需的热量。反之，物质在结晶时所放出的热量，称为结晶热。熔化热与结晶热数值相等，符号相反。

许多硅酸盐的熔点都很高，难于直接测定，通常都是用同一物质的结晶状态和玻璃态的溶解热来间接计算。在测定中，溶解温度和酸的浓度必须一样，因为溶解热随温度和酸的浓度而改变。

在温度T_1时用溶解热法得到硅酸盐的熔化热后，再用基尔霍夫公式计算在熔点T_{m}时的熔化热，即通过下式计算：

$$\Delta H^{\ominus}_{熔,T_{\mathrm{m}}} = \Delta H^{\ominus}_{熔,T_1} + \int_{T_1}^{T_{\mathrm{m}}} \Delta C_{\mathrm{m}} \cdot \mathrm{d}T$$

(3)汽化热与升华热

物质由液态或固态转变为气态时所需吸收的热量称之为汽化热(蒸发热)或升华热。汽化热或升华热都很大。同一物质的汽化热或升华热比熔化热往往大十几倍到几十倍，因此在进行热力学计算时切不可忽略。

6.1.1.4 水化热

水化热是指物质与水相互作用生成水化物时的热效应。各种物质的水化热差异很大，它与物质的本性以及结合的水分子数目有关。

水化热可直接测定，但因方法比较复杂，而且有些水化作用进行得很慢，所以也常用溶解热法间接测定。硅酸盐类的水化热，常用溶解热法间接计算，即水化前反应物的溶解热与水化物的溶解热之差。

水泥在水化过程中放出的热量，即水泥的水化热。从水泥的水化热对混凝土的危害性来看，既要考虑放热量，又要考虑放热速度。如放热速度非常快，迅速放出大量的热，对于大体积混凝土就会产生裂缝，严重损害混凝土的结构，影响混凝土的寿命。降低混凝土内部的发热量是保证大体积混凝土质量的重要因素。因此，水化热是大坝水泥的主要技术指标之一。

6.1.2　化合物的热力学稳定性

6.1.2.1　分解压

化合物只有在一定条件下才稳定，在高温加热时有可能分解为元素或较简单的化合物。通式为

$$MX_{固}(s)=M_{固}(s)+X_{气}(g)$$

在一定温度下达到平衡时，其气体压力(P_x)成为化合物 MX 的分解压。此时，平衡常数就等于分解压，即

$$K_p^{\ominus}=P_x$$

分解反应是吸热反应，根据吕查德里原理，温度升高，分解压总是随之增大。从范特霍夫等温方程式可知

$$\Delta G^{\ominus}=-RT\ln k=-RT\ln P_x$$

从上式可看出分解压与标准生成自由能的关系是，P_x 越大则 $\Delta G^{\ominus}$ 越小，化合物越易分解，因此越不稳定。

6.1.2.2　氧化物的热力学稳定性

氧化物热力学稳定性及元素对氧的亲和力可用 $\Delta_f G_m^{\ominus}$ 或 P_{O_2}（氧压）来衡量。可以得到如下几点：

① 大多数氧化物的分解压都很小，即金属对氧的亲和力一般都非常大。

② 在同一金属的氧化物中，高价氧化物的分解压比低价氧化物的要大。如下面金属氧化物的分解压关系：

$$FeO<Fe_2O_3 \qquad Cu_2O<CuO$$

③ 若金属与氧能生成一系列氧化物，则按氧化程度的顺序，高一级氧化物只能依序分解成次一级氧化物，通常这一规则称为逐级转化顺序原则。

④ 通常所说的金属对氧的亲和力是指在所讨论的温度下，由金属与氧生成顺序中最低级氧化物时的标准自由能变化。但由于在高温下对于许多低级氧化物研究得很不够，因此有时不得不用其较高级氧化物的标准生成自由能来衡量。

6.1.2.3　氧化物的标准生成自由能与温度的关系

氧化物的标准生成自由能与温度的关系，即 $\Delta_f G_m^{\ominus}-T$ 关系图，对于理解和估计各种耐火氧化物在高温下的行为有很大的实际意义。例如，熔化金属钛就不宜采用镁质或镁铬质耐火材料。

6.1.2.4　氧化物构成的多组分硅酸盐系统

由几种氧化物构成的多组分硅酸盐系统，在锻烧或在一定温度下使用时，可能有以下反应发生：

$$3Al_2O_3+SiO_2 = 3Al_2O_3\cdot SiO_2$$

$$2CaO+SiO_2 = 2CaO\cdot SiO_2$$

$$MgO+Al_2O_3 = MgO\cdot Al_2O_3$$

$$3CaO+Al_2O_3 = 3CaO\cdot Al_2O_3$$

$$2CaO+Fe_2O_3 = 2CaO\cdot Fe_2O_3$$

要确定在多组分材料中可能发生的某一反应，需要知道这些生成反应的标准生成自由能。

6.1.2.5 碳化物、氮化物与硫化物的 $\Delta_f G_m^{\ominus}$

碳化物、氮化物与硫化物的标准生成自由能一般都大于其氧化物的标准生成自由能，因此，碳化物、氮化物与硫化物的抗氧化性能一般都不强，在氧化性气氛中将发生氧化。例如：

$$SiC+2O_2 = SiO_2+CO_2$$

$$Si_3N_4+3O_2 = 3SiO_2+2N_2$$

碳化硅在空气中之所以能较长时间使用，是因为表面的碳化硅氧化生成了 SiO_2 而生成的 SiO_2 层起了保护作用。碳化物、氮化物与硫化物在惰性气氛中使用较为合适。

6.1.3 热力学应用

热力学应用方面体现在可用于含碳耐火材料。含碳耐火材料是当今耐火材料的发展方向之一。

不烧 MgO-C 和 MgO-CaO-C 砖，可广泛用于炼钢炉与炉外精炼设备。

不烧的与烧成的 Al_2O_3-C、Al_2O_3-SiC-C 广泛用于铁水预处理容器、出铁沟、滑动水口等，使用效果很好。

这些材料的弱点是碳易被氧化且强度低，因此常加入一些添加剂抑制碳的氧化并提高制品的强度。通过以下热力学的应用案例，对含碳耐火材料的反应热力学以及添加剂的热力学行为进行分析。

6.1.3.1 MgO-C 砖中反应的热力学分析

由 $$2MgO(s) = 2Mg(g)+O_2(g) \quad \Delta G^{\ominus} = 341\ 500 - 92.6T$$

与 $$2C(s)+O_2 = 2CO(g) \quad \Delta G^{\ominus} = -55\ 600 - 40.1T$$

相加，并乘以 1/2 可得

$$MgO(s)+C(s) = Mg(g)+CO(g) \quad \Delta G^{\ominus} = 142\ 950 - 66.35T \tag{1}$$

因为是敞开体系，$P_{Mg} = 1\times10^5$ Pa，$P_{CO} = 1\times10^5$ Pa

$$\Delta G^{\ominus} = 0 \Rightarrow T = 1\ 881\ ℃$$

MgO 与 C 开始反应的温度约为 1 881 ℃。

在氧气转炉炼钢过程中，产生的气体主要是 CO。由于是敞开体系，CO 的压力也约为 1×10^5 Pa。在炼钢温度下金属 Mg 处于气态且不溶于钢液中。

Mg 蒸气一经溢出就再被氧化成 MgO，此时，Mg 蒸气压可认为是很小的：

设 $$P_{Mg} = 1.33\times10^2 \text{ Pa}$$

$$Mg(1\times10^5 \text{ Pa}) = Mg(1.33\times10^2 \text{ Pa}) \quad \Delta G^{\ominus} = RT\ln\left(\frac{1}{760}\right) \tag{2}$$

与式(1)合并：

$$MgO(s)+C(s) = Mg(g, 133 \text{ Pa})+CO(g, 100 \text{ kPa}) \quad \Delta G^{\ominus} = 142\ 950 - 66.35T - RT\ln760$$

$$\Delta G^{\ominus} = 0 \Rightarrow T = 903\ ℃ = 1\ 176 \text{ K}$$

因为炼钢温度大于 1 600 ℃，所以 MgO 与 C 可发生反应。

6.1.3.2　MgO-CaO-C 砖中的热力学分析

白云石矿、镁白云石矿含有 MgO、CaO、SiO_2、C 等组分。在炼钢温度下，可能发生如下反应：

$$MgO(s)+C(s) = Mg(g)+CO(g) \quad K_A^{\ominus} = \frac{P_{Mg} \cdot P_{CO}}{\alpha_{MgO} \cdot \alpha_C} \tag{1}$$

$$CaO(s)+C(s) = Ca(g)+CO(g) \quad K_B^{\ominus} = \frac{P_{Ca} \cdot P_{CO}}{\alpha_{CaO} \cdot \alpha_C} \tag{2}$$

$$SiO_2(s)+C(s) = SiO(g)+CO(g) \quad K_C^{\ominus} = \frac{P_{SiO} \cdot P_{CO}}{\alpha_{SiO_2} \cdot \alpha_C} \tag{3}$$

含碳镁质白云石或白云石耐火材料在炼钢温度下，其 MgO、CaO、C 主要都是以纯粹态(独立相)存在，因此它们的活度为 1。但是 SiO_2则是以化合物或溶液存在，因此其活度都比纯 SiO_2小得多。

$$\alpha_{MgO} = \alpha_{CaO} = \alpha_C = 1$$

1 600 ℃时，Rein 和 Chipman 测得 $\alpha_{SiO_2} = 0.017$。

$$P_{Mg} + P_{Ca} + P_{SiO_2} = \frac{K_A^{\ominus} + K_B^{\ominus} + K_C^{\ominus} \times 0.017}{P_{CO}} \tag{4}$$

若体系中三个反应都发生，CO 的分子数必等于 Mg、Ca 与 SiO 的总分子数。而分压又与其气体分子数成比例，故

$$P_{CO} = P_{Mg} + P_{Ca} + P_{SiO_2} \tag{5}$$

将式(5)代入式(4)得

$$P_{CO} = (K_A^{\ominus} + K_B^{\ominus} + 0.017K_C^{\ominus})^{\frac{1}{2}}$$

6.1.3.3　含碳耐火材料中添加剂的热力学行为

常用添加剂有 Si 、Al、Mg、Ca、Zr、Ca-Si、Mg-Al、SiC、B_4C 、BN，用于抑制 C 的氧化。添加剂能否抑制碳的氧化，涉及这些添加剂与氧的亲合力大小。

6.2　硅酸盐固相反应

固相反应是一系列合金、传统硅酸盐材料以及新型无机功能材料生产过程中的基础反应，它直接影响到这些材料的生产过程和产品质量。这一部分着重介绍固相反应的机理及其动力学关系。

6.2.1　固相反应机理

6.2.1.1　固相反应的特点

固相反应是固体参与直接化学反应并起化学变化，同时至少在固体内部或外部的一个过程中起控制作用的反应。固相反应除固体间的反应外，也包括有气、液相参与的反应。

常见的例子有金属氧化，碳酸盐、硝酸盐、草酸盐等的热分解，黏土矿物的脱水、煤的干馏等。

固相反应的共同特点：①固态物质的反应活性通常较低，速度较慢。它一般包括相界面上的反应和物质迁移两个过程。②固相反应通常需在高温下进行，反应体系是非均一体系。

6.2.1.2 固相反应机理

比较完整的固相反应过程，可根据多种性质，如吸附能力、催化能力、X 射线衍射强度等变化特点，划分为六个阶段。

以 $ZnO+Fe_2O_3$——→锌尖晶石为例：

① 隐蔽期：约 300 ℃，反应物混合时已互相接触，随温度升高，离子活动能力增大，但晶格和物相基本上无变化。此时，熔点较低反应物的性质掩蔽了另一反应物的性质。

② 第一活化期：300~400 ℃，随着温度升高，质点可动性增大，开始互相反应形成“吸附型”化合物。此阶段特征是混合物催化性质提高，密度增加，但 X 射线衍时强度没有明显变化，无新相形成。

③ 第一脱活期：约 500 ℃左右，反应表面上质点扩散加强，使局部进一步反应形成化学计量产物，但尚未形成正常的晶格结构。

④ 第二活化期：500~620 ℃，由于温度升高，离子或原子由一个点阵扩散到另一个点阵，此时反应在颗粒内部进行。颗粒内部晶格反应的结果，常伴随颗粒表面的进一步疏松与活化。此阶段混合物催化能力第二次提高，X 射线衍射强度开始明显变化。ZnO 谱线呈弥散现象。

⑤ 晶体成长期：620~800 ℃，由 X 射线谱上可以清晰地看到反应产物特征衍射峰，说明晶核已成长为晶体颗粒，此时反应产物结构还不够完整，存在一定缺陷。

⑥ 大于 800 ℃，具有使缺陷校正而达到热力学上稳定状态的趋势，此时催化能力与吸附能力迅速下降。

以上六个阶段不是截然分开的，而是连续地相互交错进行的，值得注意的是并非所有固相反应都具有以上六个阶段。

当固相反应中有气相和液相参与时，非固相的存在增加了扩散的途径，提高了扩散速度，加大了反应面积，大大促进了固相反应的进行。

6.2.1.3 固相反应中间产物

固相反应中间产物的阶段性是一般固相反应的另一特点。也就是说，固相反应的产物不是一次生成的，而是经过最初产物、中间产物、最终产物几个阶段，而这几个阶段又是互相连续的。

例如，1 200 ℃时，$CaO:SiO_2=1:1$

最初产物：$2CaO\cdot SiO_2(2:1)$

中间产物：$3CaO\cdot 2SiO_2(3:2)$

最终产物：$CaO\cdot SiO_2(1:1)$

6.2.2 固相反应动力学

固相反应动力学是讨论固相反应速度及影响速度的因素。某一固相反应的速度应该由构成它的各方面反应速度组成，但事实上，在不同的固相反应中(或同一反应的不同阶段中)，只是某个方面在起控制作用，即整个固相反应速度是由最慢的速度所控制。

6.2.2.1　化学反应速度控制

如果在某一固相反应中，化学反应速度最慢，则此时固相反应速度为化学反应速度所控制。在固相反应中，化学反应是依靠反应物之间的直接接触，通过接触面进行反应的，所以化学反应速度除与反应物量的变化有关外，还与反应物间接触面积的大小有关。

固相反应速度为 $\frac{dx}{dt}$，x 为 t 时间内形成的反应产物量或反应物消耗量。

如反应物开始量为 a，在某一段时间后反应物瞬时残存量应为$(a-x)$。固相反应速度应与任一瞬间的$(a-x)$量成正比，并与接触面积 F 成正比，即

$$A \rightarrow B$$

$$a \quad\quad 0$$

$$a - x \quad x$$

$$\frac{dx}{dt} = kF(a - x)$$

式中，k 为化学反应速度常数，它与反应物性质及反应条件有关，在一定的温度与压力下有一固定值。式两边同除以反应物开始量 a，令 $x/a = G$(G 称为转化率，表示反应某一瞬间反应产物量占反应物总量的分数)，代入式中，则得转化率：

$$\frac{x}{a} = G$$

$$\frac{dG}{dt} = kF(1 - G) \tag{1}$$

式(1)为一级多相化学反应动力学方程式。形成硅酸盐的反应大多数为一级反应。

对式(1)进行积分需要找出 F-G 之间的关系。在陶瓷与耐火材料生产中所用原料多为颗粒状，大小不一，形状复杂。随着反应的进行，G 的变化，反应物接触表面 F 也将不断发生变化，因此要正确求出接触面积及其变化很困难。

为简化起见，设颗粒为等径球形，反应前半径为 r，反应一段时间后，反应产物层厚为 y，反应物与反应产物数量的变化用质量分数表示；并设反应物与反应产物间体积密度相差不大，则反应产物与反应物间质量之比可用体积表示。此时转化率 G 可用下式表示：

$$转化率\ G = \frac{反应物总体积\ V_1 - 反应后残余体积\ V_2}{反应物总体积\ V_1}$$

$$= \frac{\frac{4}{3}\pi r^3 - \frac{4}{3}\pi (r - y)^3}{\frac{4}{3}\pi r^3} = \frac{r^3 - (r - y)^3}{r^3}$$

整理得

$$r - y = r(1 - G)^{1/3}$$

上式两边平方后同乘以 4π，得

$$4\pi(r-y)^2=4\pi r^2(1-G)^{2/3}$$

$$S=4\pi r^2$$

令上式中 $4\pi(r-y)^2=F$，F 在此表示反应一段时间后反应物的表面积，即接触面积；S 表示反应开始时的表面积，则

$$F=S(1-G)^{2/3} \tag{2}$$

将式(2)代入式(1)，有

$$\frac{dG}{dt}=kS(1-G)^{5/3}$$

移项积分有

$$-\int(1-G)^{-5/3}d(1-G)=kS\int dt$$

$$\frac{3}{2}(1-G)^{-2/3}+C=kSt$$

利用开始条件确定积分常数 C，当 $t=0$ 时，$G=0\Rightarrow C=-\frac{3}{2}$ 代入上式得

$$H(G)=(1-G)^{-2/3}-1=k't \qquad k'=\frac{2}{3}kS$$

$H(G)-t$ 为线性关系，斜率为 k'，S 表示反应开始时的表面积。

例如：Na_2CO_3+SiO_2按摩尔比 1∶1 进行的反应，加入少量 NaCl，反应颗粒半径为 0.036 nm，反应温度为 740 ℃作图得一直线，为一级反应，说明这一阶段是由化学反应速度控制的。

6.2.2.2 扩散速度控制

以上是化学反应速度控制的过程，当反应进行一阶段后，反应产物层加厚，扩散阻力增加，导致扩散速度减慢，此时，反应过程的速度转为扩散速度控制。这个扩散速度实际上是由反应物通过反应产物层时的扩散速度所控制。

(1)杨德尔动力学方程

有两个假设：①设扩散层为一平面，并假定只有单方面扩散，即只有反应物之一的离子扩散到反应产物层的界面，并扩散通过反应产物层；②反应物层界面上扩散组分的浓度令其不变。则固相反应速度反比于反应产物层厚度，即

$$\frac{dy}{dt}=\frac{K}{y} \qquad K=DC_0$$

式中，D 为扩散组分的扩散系数；C_0 为界面上扩散组分的浓度。

$$y\cdot dy=Kdt=DC_0dt$$

积分得

$$\frac{1}{2}y^2=DC_0t$$

$$r-y=r(1-G)^{1/3}$$

式中，G 为转化率。

$$r^2\left[1-(1-G)^{\frac{1}{3}}\right]^2=2DC_0t$$

$$y=r\left[1-(1-G)^{\frac{1}{3}}\right]$$

$$[1-(1-G)^{\frac{1}{3}}]^2=\frac{2DC_0t}{r^2}=K_Jt$$

$$J(G)=K_Jt$$

$$K_J=\frac{2DC_0}{r^2}$$

式中，K_J为杨德尔扩散方程式的速率常数。

J-t 作图为一直线。本方程适用范围：适用于反应产物层较薄，反应物浓度变化不大的反应开始阶段——反应物转化程度较小时才适用。

(2)金斯特林格动力学方程式

在杨德尔动力学方程式基础上，对球形颗粒反应时其反应面积的变化进行研究。

反应物 A 为扩散组分，扩散通过反应产物层 AB 达到 B 界面上进行反应，反应一段时间后，颗粒 B 上覆盖一层厚度为 y 的反应产物层 AB，其扩散动力学方程为

$$R(G)=1-\frac{2}{3}G-(1-G)^{\frac{2}{3}}=K_Rt$$

$$K_R=\frac{2k_0}{r^2},\ K_0=\frac{DC_0}{\varepsilon},\ \text{而}\ \varepsilon=\frac{\rho\cdot n}{M}$$

式中，ρ 为密度；n 为一分子 B 化合所需 A 的分子数；M 为 AB 相对分子质量；K_R为金斯特林格扩散方程的速率常数。

该方程适用范围：反应产物体积密度与反应物的体积密度接近时，该方程才比较正确。

(3)卡特尔动力学方程式

卡特尔考虑到反应物与反应产物之间的摩尔体积的变化，提出如下方程：

$$C(G)=[1+(Z-1)G]^{\frac{2}{3}}+(Z-1)(1-G)^{\frac{2}{3}}=Z+(1-Z)\left(\frac{KD}{r^2}\right)t$$

卡特尔扩散动力学方程式是比较符合实际情况的，因为该方程考虑到球形颗粒反应面积的变化，以及反应产物与反应物之间体积密度的变化等主要问题。

实践证明，有些反应，按该方程处理，甚至到反应后期仍比较正确。

6.2.2.3 升华速度控制

对某一固相反应，如化学反应速度、扩散速度都较快，而反应物之一的升华速度很慢，则该反应是由反应物升华速度所控制的。

其动力学方程为

$$F(G)=1-(1-G)^{\frac{2}{3}}=K_F\cdot t\ (K_F\ \text{升华速率常数})$$

固态物质间反应动力学与反应进行的机理及条件密切相关，因而复杂多样，当反应条件改变时，控制速度可能起变化。

例如：$CaCO_3+MoO_3=CaMoO_4+CO_2$

① $CaCO_3:MoO_3=1:1$　　　　MoO_3颗粒半径 0.036 mm

$T=600$ ℃　　　　$CaCO_3$颗粒半径 0.13~0.15 mm

由 $R(G)$ 对 t 作图为一直线，说明由扩散速度控制。

② $CaCO_3 : MoO_3 = 1 : 5$　　　　MoO_3 颗粒半径 0.05~0.15 mm

$T = 620$ ℃　　　　$CaCO_3$ 颗粒半径<0.03 mm

由 $F(G)$ 对 t 作图为一直线，说明由升华速度所控制。

值得注意的是，当固相反应由某一速度控制转为另一速度控制时，中间要经过一过渡阶段，在此过渡阶段内，往往由两个或更多个基本过程的速度共同控制。

6.2.3 影响固相反应的因素

温度、颗粒大小、成型压力、脱水、分解、固溶体形成等都是影响固相反应的因素。

(1)温度

温度对固相反应速度影响很大。

对硅酸盐系统有：

$$k = C \cdot e^{-\frac{E}{RT}}$$

化学反应速度控制时，C 表示碰撞系数，E 表示化学反应活化能；由扩散速度控制时，C 表示扩散系数，E 表示扩散活化能。

通常，由化学反应速度控制时，T 每升高 100 ℃反应速度增加约 3 倍；由扩散速度控制的阶段，温度对反应速度的影响相对较小。

(2)颗粒大小

对固相反应而言，颗粒越细，反应速度越快。

由前式：$K_J = \frac{2DC_0}{r^2} \Rightarrow K_J \propto \frac{1}{r^2}$，$r$ 减小时，K_J 以平方级数增大。

实验证明：只有当 $r > 0.153$ mm 时才符合上式。

粒度对升华速度也有影响，粒度越细，升华速度越大，反应速度也越大。

(3)反应物晶格活性

凡是能促进反应物晶格活化的因素，均可促进固相反应的进行。

① 多晶转变可以促进固相反应进行。

② 加入矿化剂，使其与反应物之一形成固溶体，可引起晶格的扭曲和变形，具有较大的能量，使晶格相对活化。

(4) 成型压力

对于固相反应，压力增大，相邻颗粒间平均距离缩小，接触面积增大，有利于反应的进行，但加大到一定程度后，效果就不够明显。

6.3 硅酸盐固相烧结

烧结是陶瓷烧成中的重要一环。

烧结意味着固体粉状成型体在低于其熔点温度下加热，使物质自发地充填颗粒间隙而致密化的过程。烧结分为：①固相烧结，即单纯固体之间；②液相烧结，即有液相参与。

烧结过程可能包含化学反应的作用，但重要的是，烧结并不依赖于化学反应的作用，它可以在不发生任何化学反应的情况下将成型体变成致密烧结体。它不同于固相反应。

6.3.1　烧结过程和机理

烧结可代替液态成型方法，在远低于固体物料的熔点温度下，制成接近于理论密度的大件异型无机材料制品，并改善其物理性能。

6.3.1.1　烧结过程

烧结过程如图 6-1 所示。

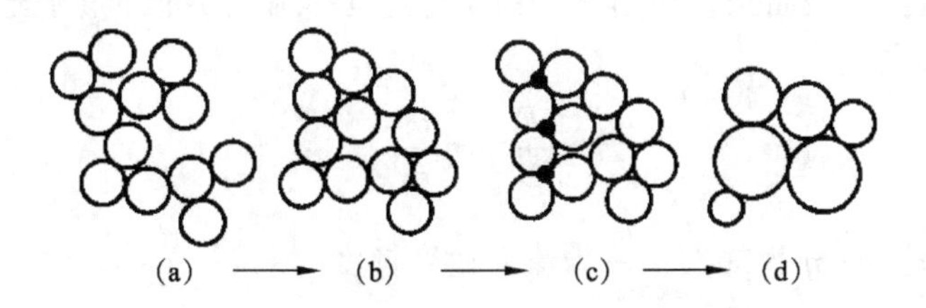

图 6-1　烧结过程

图 6-1 中(a)表示烧结前成型体中颗粒的堆积情况，这时，有些颗粒彼此之间以点接触，有的则相互分开，保留着较多的空隙。(a)→(b)表明随烧结温度的升高和时间的延长，开始产生颗粒间的键合和重排过程，这时粒子因重排而相互靠拢，(a)中的大空隙逐渐消失，气孔的总体积迅速减少，但颗粒之间仍以点接触为主，总表面积并没有缩小，如图 6-1(b)所示。(b)→(c)阶段开始有明显的传质过程。颗粒间由点接触逐渐扩大为面接触，粒界面积增加，固气表面积相应减少，但空隙仍然是连通的，如图 6-1(c)所示。(c)→(d)表明，随着传质过程的继续进行，粒界进一步发育扩大，气孔则逐渐缩小和变形，最终转变成孤立的闭气孔。与此同时颗粒粒界开始移动，粒子长大，气孔逐渐迁移到粒界而消失，烧结体致密度增高，如图 6-1(d)所示。根据以上分析，可以把烧结过程分为初期、中期和后期三个阶段。

6.3.1.2　烧结推动力

烧结推动力是颗粒表面张力。开尔文公式表述了在一定温度下表面张力对不同曲率半径的弯曲表面上蒸气压的影响关系。

开尔文公式：

$$\ln\frac{p}{p_0}=\frac{M\gamma}{\rho RT}\left(\frac{1}{r_1}+\frac{1}{r_2}\right)$$

式中，p 为凹、凸表面处的蒸气压；p_0为平面处的蒸气压；γ 为表面张力；r_1、r_2分别为曲面的两主曲率半径；ρ 为固体密度；M 为相对分子质量；R 为摩尔气体常数。

如果固体在高温下有较高的蒸气压，则可以通过气相导致物质从凸表面向凹表面处传递。

在高温下，通过气相可导致物质从凸表面向凹表面处传递，温度对烧结速度有本质的影响。

6.3.1.3 烧结机理

(1)颗粒的黏附作用

黏附是固体表面的普遍性质，起因于固体表面张力。黏附力的大小取决于物质的表面能和接触面积。

粉状物料间的黏附作用显著。

黏附作用是烧结初始阶段导致粉体颗粒间键合、靠拢和重排，形成接触区。

(2)物质的传递

物质的传递是一种传质，其动力是表面张力，分为流动传质、扩散传质和气相传质。

① 流动传质：在表面张力作用下，物质通过变形流动引起的物质迁移。

黏性流动关系式：

$$\frac{F}{S} = \eta \frac{\partial v}{\partial x}$$

式中，$\frac{F}{S}$ 为剪切应力；η 为黏度；$\frac{\partial v}{\partial x}$ 为流动速度梯度。

塑性流动：使晶体产生位错，只有超过固体屈服点时才能产生，使晶面滑移。

$$\frac{F}{S} - C = \eta \frac{2V}{2X}$$

② 扩散传质：粒子间接触界面扩大，形成具有负曲率的接触区，即颈部。

$$\Delta C = \frac{\gamma \delta^3}{\rho k T} \cdot C_0$$

式中，C_0 为空位浓度；δ 为空位体积；ΔC 为空位浓度差。

空位浓度差推动，其实质仍是表面张力推动。

③ 气相传质：由于颗粒表面各处的曲率不同，各处相应的蒸气压大小也不同。因此，质点容易从高能阶的凸处(如表面)蒸发，然后通过气相传质到低能阶的凹处(如颈部)，实现凸凹转变。

6.3.2 烧结动力学

烧结初期一般指颗粒和空隙形状未发生明显变化阶段。

6.3.2.1 烧结模型

烧结模型通常使用双球模型来简单表示烧结。使用收缩率或密度值来衡量烧结程度。

烧结收缩率表达式为

$$\frac{\Delta L}{L_0} = \frac{\rho}{r} = \frac{x^2}{4r^2}$$

式中，x 为颈部半径；r 为初始半径；ΔL 为收缩值。

由此可见，烧结时物质的迁移速度应等于颈部的体积增长。

上述模型的适用范围是对于烧结初期。对于烧结的中、后期应采用其他形成的模型。下面介绍烧结初期、烧结中期和烧结后期的特点。

烧结初期表示颗粒和空隙形状未发生明显变化阶段，即

$$\frac{x}{r} < 0.3 \quad 线收缩率<6\%$$

双球模型推导结果：

$$\left(\frac{\Delta L}{L_0}\right)^q = k't$$

上式经过常用对数变换，有

$$\lg\left(\frac{\Delta L}{L_0}\right) = A + \frac{1}{q}\lg t$$

上面两个公式还表明当烧结温度和时间给定时，收缩率或烧结速度主要决定于物料粒径 r。

进入烧结中期，颈部将进一步增长，空隙进一步变形缩小，但仍然是连通的，构成一种隧道系统。要想定量描述这一过程，是很难的。考虑到中期以后球状颗粒已变成多面体形，于是提出了十四面体模型。

根据十四面体模型，计算坯体气孔率为

$$P_c = \frac{32.4\gamma \cdot D_v \cdot \delta^3}{l^3 kT}(t_f - t)$$

式中，t_f 为空隙完全消失所需的时间；t 为选定时间；D_v 为体积扩散系数；l 为十四面体边长。

对于界面扩散，坯体气孔率为

$$P_c = \left(\frac{2D_b W \cdot \gamma \cdot \delta^3}{l^4 kT}\right)^{\frac{2}{3}} \cdot (t_f - t)^{\frac{2}{3}}$$

式中，D_b 为界面扩散系数；W 为界面宽度。

进入烧结后期时，坯体一般已达 95%以上的理论密度，多数空隙已变成孤立的闭气孔。烧结后期的动力学关系为

$$P_S = \frac{6\pi D_v \cdot \gamma \cdot \delta^3}{\sqrt{2}\, l^3 kT}(t_f - t)$$

当温度和颗粒尺寸不变时，气孔率随烧结时间线性地减少。

6.3.2.2　再结晶和晶粒长大

再结晶与晶粒长大是与烧结并行的高温动力学过程。

初次再结晶，晶粒长大和二次再结晶是烧结过程中影响晶粒大小的三个性质不同的过程。

① 初次再结晶：此过程的推动力主要是由于基质塑性变形所增加的能量。

② 晶粒长大：这一过程的推动力是晶界过剩的表面能。

不管初次再结晶是否发生，细颗粒晶体聚集体在高温下平均晶粒尺寸总会增大，同时一些较小的晶粒被兼并和消失。在烧结中、后期，坯体通常是大小不等的晶粒聚集体。

晶粒长大速度 u 和晶粒尺寸成反比，$u=\frac{K'}{D}$。

6.3.2.3 二次再结晶

晶粒长大时伴随着晶界的移动。当坯体中存在着某些边数较多、晶界能量特别大的晶粒时，它们可能越过杂质或气孔继续推移，把周围邻近的均匀基质晶粒吞并，迅速长大成更大的晶粒。界面由于曲率也增大，加速了长大，称为二次再结晶。

为了获得致密制品，必须防止或减缓二次再结晶过程。工艺上常用添加物的方法来阻止或减缓晶界移动，以使气孔沿晶界排除。例如，Al_2O_3中增加少量 MgO 以细化Al_2O_3瓷晶粒。

6.3.3 影响固相烧结的因素

影响固相烧结的因素包括物料活性、添加物、气氛、压力等。

(1)物料活性

物料活性越高，一般有利于烧结进行。提高活性的方法有机械方法和化学方法。

(2)添加物

少量添加物常会明显地改变烧结速度。有时，有些添加物(氧化物)在烧结时发生晶型转变并伴有较大体积效应，会使烧结致密化发生困难，易引起坯体开裂。

(3)气氛

当烧结气氛不同时，闭气孔内的气体成分和性质不同，在固体中的扩散、溶解能力也不同，气体原子尺寸越大，扩散系数越小，这些属于物理作用。

气体介质与烧结物之间的化学反应所产生的影响，这属于化学作用。

(4)压力

生坯成型压力的影响是成型压力增大，颗粒堆积较紧密，接触面积加大，烧结被加速。烧结时对外加压力(垫压)的影响是烧结时加压，可提高烧结体密度。

6.4 硅酸盐材料的化学腐蚀和辐射损伤

6.4.1 耐火材料的腐蚀

耐火材料通常用来建造金属、玻璃等各种熔炼炉的炉体，它们在高温下常受到熔融态炉渣或玻璃的侵蚀。

这个腐蚀过程是一个固体溶解于液体的过程，单位面积的溶解速率为

$$j=\frac{k}{1+k\delta/D}(C_s-C_\infty)$$

式中，j 为溶质在单位时间内通过单位横截面的摩尔数；C_s 为溶质在相界面上的浓度；C_∞ 为溶质在溶液中的浓度；k 为界面反应速率常数；δ 为界面层厚度；D 为扩散系数。

溶体流动会加速耐火材料的腐蚀。

6.4.2　玻璃的化学稳定性

玻璃的化学稳定性是指玻璃抵抗周围介质中水、酸、碱的各种化学作用的能力。

水：$SiO_2+2H_2O \longrightarrow Si(OH)_4$，体现为扩散过程、pH 控制。添加碱氧化物于碱金属硅酸盐玻璃中增加它的稳定性。

$$Na^+(\text{玻璃})+H_2O \longrightarrow H^+(\text{玻璃})+NaOH$$

HF：对玻璃溶解很快，反应式为

$$Si(OH)_4+6HF \longrightarrow H_2SiF_6+4H_2O$$

H_3PO_4：在>200 ℃能侵蚀玻璃，但它能保护玻璃不受 HF 侵蚀。

6.4.3　混凝土的侵蚀

普通混凝土指以水泥为主要胶凝材料，与水、砂、石子，必要时掺入化学添加剂和矿物掺合料，按适当比例配合，经过均匀搅拌、密实成型及养护硬化而成的人造石材。混凝土主要划分为两个阶段与状态：凝结硬化前的塑性状态，即新拌混凝土或混凝土拌合物；硬化之后的坚硬状态，即硬化混凝土或混凝土。混凝土强度等级是以立方体抗压强度标准值划分，中国普通混凝土强度等级划分为 14 级：C15、C20、C25、C30、C35、C40、C45、C50、C55、C60、C65、C70、C75、C80。

外界环境对混凝土腐蚀是十分缓慢的，经土壤水、地下水、冲刷时腐蚀较快。因为这些介质中常含有 Na_2SO_4、K_2SO_4、$(NH_4)_2SO_4$、Mg_2SO_4等，$MgSO_4$可以和铝酸盐作用，还能分解水化硅酸钙、铝酸钙(石膏)、$Al(OH)_3$、$Mg(OH)_2$等。

凡细磨成粉末状，加入适量水后，可成为塑性浆体，既能在空气中硬化，又能在水中硬化，并能将砂、石等材料牢固地胶结在一起的水硬性胶凝材料，通称水泥。

钢筋混凝土，工程上常被简称为钢筋砼，是指通过在混凝土中加入钢筋网、钢板或纤维而构成的一种组合材料，为加筋混凝土最常见的一种形式。钢筋在混凝土中起加强作用。外界环境以碱性-酸性反复变化时，钢筋就有被腐蚀可能，形成体积膨胀的氧化铁，也会导致混凝土开裂。

6.4.4　固体的辐射损伤

固体的辐射损伤包括晶体的辐射损伤、玻璃的辐射损伤等。

6.4.4.1　晶体的辐射损伤

一个完整晶体经受高能离子、高能电子、射线、快中子和慢中子等高能辐射线照射后产生缺陷和不完整性，称为晶体的辐射损伤。产生这种损伤的过程比较复杂，它不仅和被照射晶体的组成、结构有关系，还和辐射线的性质、能量有关系。

由于辐射损伤引起晶格物理性质的变化，称为辐射效应。通常测量密度、电阻、热传导系数、光吸收、晶体 X 射线衍射、弹性模数及内摩擦和比热容等来研究辐射损伤。密度能反映空位和间隙缺陷的形成而使晶体质量与体积比减少。电阻能反映点缺陷对电子的散射。热传导系数能反映点缺陷对晶格波或声子的散射。光吸收是反映点缺陷造成局部能级导致色心的形成。X 射线衍射是反映点缺陷周围的晶格变形。弹性模数及内摩擦是反映原子间键和晶格间距的变化。

6.4.4.2　玻璃的辐射损伤

SiO_2中含有痕量杂质Ge^{4+}、Al^{3+}、Li^{3+}等离子，经引起电离的辐射射线照射后，Ge^{4+}起一个电子陷阱作用，Al^{3+}(或Fe^{3+})起孔穴陷阱作用，形成所谓“锗心”和“铝心”。当对纯SiO_2的辐射剂量超过引起上述杂质缺陷剂量(10^9r左右)100倍时，本征缺陷就发生了，出现两个重要色心。对含碱氧化物硅酸盐的多组分玻璃，经照射后，一般出现三个光吸收带。在光学玻璃中常掺入氧化铈，用它制造防辐射玻璃。

第 7 章　等离子体化学

7.1　等离子体概述

固态、液态和气态是人们每时每刻所感知的三种物质状态，这三种状态的物质是由原子和分子构成的。通过输入能量(如热量)，可实现物质从一种状态转化为另一种状态。当气态物质被进一步加热到更高的温度时，或是气体在受到高能量的照射后，气体物质就转化为第四态——等离子态。在这种状态下，部分气体原子已解离成电子和离子，也有一些原子在吸收能量后变成具有化学活性的亚稳态原子。在这种状态中，不但包含有一定能量的中性原子和分子，而且还有相当量的带电粒子、一定量的带有化学活性的亚稳态原子和分子，这些成分构成了一种与气体状态完全不同特性的新流体，称为等离子体，是物质存在的第四种状态。虽然在地球表面上，等离子体状态的物质比较罕见，但是在宇宙中，等离子体态是物质普遍的存在形式。太阳就是一个大的等离子体，其他恒星以及大部分星际物质都是出于等离子体状态。

7.1.1　等离子体基本概念

电离是被束缚电子与其束主原子核分离的过程，图 7-1 表示了一种电离过程。当然，引起电离的方式可以有很多种。

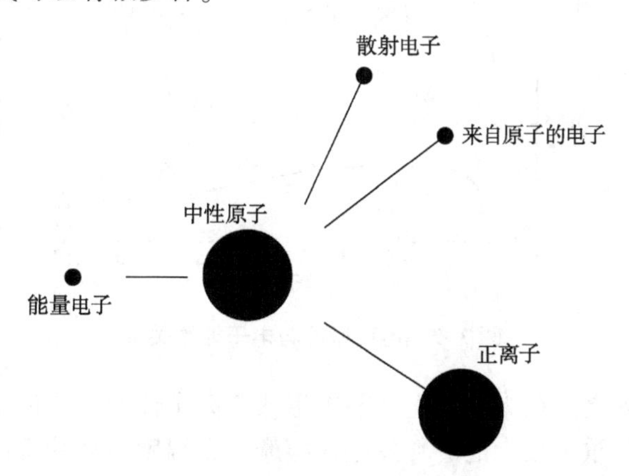

图 7-1　电离是一个将电子从束缚它的原子核分离的过程

把一种气体加热到一定高温可以导致气体的热电离。气体温度和离子化程度可以用萨哈方程来表示。由于热电离至少需要数千个开尔文，所以通过持续加热实现热电离产生等离子体并不十分容易。瞬间的燃气动力冲击和化学方法加热可实现热电离。

在某化学反应中，通过化学键的形成所释放出的能量足以满足电离反应产物所需的电离能。由火焰产生离子就是一种化学电离。例如，在火焰中的一种电离方程为：

$CH+C_2H_2 \longrightarrow C_3H_3^++e^-$。CH 与 C_2H_2结合可以形成一个 $C_3H_3^+$ 和一个电子，一般情况下，化学电离率是相当低的。

在紫外线或软 X 射线光子照射下，气体可被电离。这种光致电离也是地球空间中电离层所形成的原因所在。但是，光致电离截面是在很小的 10^{-18} cm^2量级，实际操作中，光致电离需要极强的空间紫外光或真空紫外光源才能实现。

在一定条件下，当原子与金属表面发生碰撞时，它可能会失去一个电子，变成离子。其基本条件是：原子的电离势应该小于它的功函数，并且金属表面的温度应当足够高，致使原子不会在其表面上吸附或凝结。这一电离过程被称为表面碰撞电离。

获得加速的电子束或离子束可导致气体电离，形成等离子体。

对于大多数的气体原子而言，在电子的能量接近 100 eV 时，碰撞电离截面为 10^{-16} cm^2量级 。电离截面与电子能量的关系如图 7-2 所示。由于电子的能量可以从电场中获得，因此最普遍的产生等离子体的方式是：通过电子在电场环境中获得能量去碰撞周围的气体原子，使气体原子电离形成等离子体。

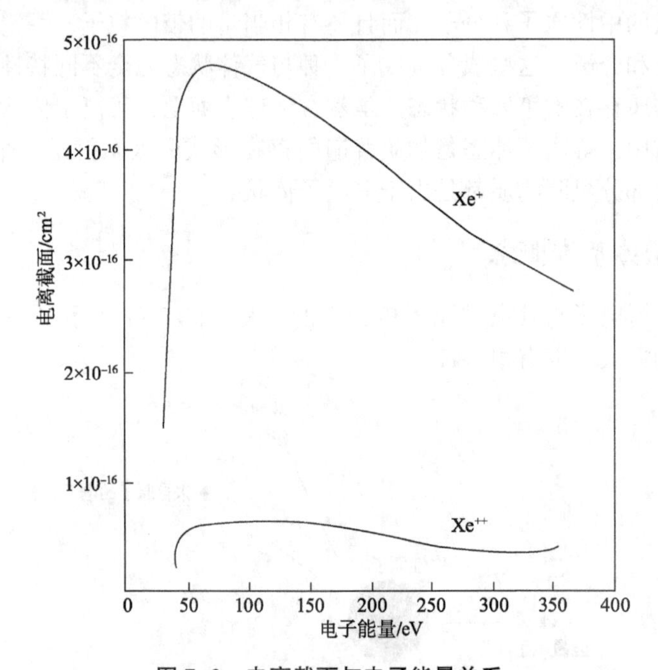

图 7-2　电离截面与电子能量关系

在自然界中，闪电是在大气中电场放电形成等离子体的一个例子。在云层中，上升气流中的微小冰晶与重量较大的霾粒发生碰撞摩擦，温度较高的霾粒就带上负电，而温度较低的冰晶则带正电，所产生的电荷传递给云层，使云层的上部带上正电，而云层的底部统一带负电。当云层底部的负电足够强时，云层底部与大地之间形成的强负高压使得其间的大气被电离并加热，便形成了一道十分壮观的闪电。这种剧烈放电现象同时产生了冲击波的雷声。

常见的基于电场放电原理而产生的人造等离子体有：夜幕中的霓虹灯以及日用的荧光灯；有时当我们关掉一个电开关时，所看到的火花也是瞬间电场放电产生的等离子体。

通常应用在材料加工过程中的等离子体是弱电离的等离子体，这种等离子体中带电粒子的密度远远小于中性粒子的密度。典型的弱电离等离子体的电离度为 10^{-6} ~ 10^{-4}，也就是说，一个带电粒子：1 万 ~ 100 万个中性原子。这意味着，在弱电离等离子体中，电子和中性原子之间的碰撞频率远高于电子与电子、电子与离子之间的碰撞频率。在聚变装置中的等离子体是呈完全电离状态，其整个动力学过程由电子与电子和电子与离子之间的碰撞决定。

7.1.2　电中性

虽然等离子体包含带电离子(如电子和离子)，但在宏观尺度上，它是处于电中性的平衡状态，正负电荷量相当。因此，在一般情况下，等离子体是准中性的。然而，在微观尺度下，每个带电粒子周围都存在一个电场，其电场的强弱与带电离子的电量有关，每个带电粒子周围都存在一个电场，其电场的强弱与带电离子的电量有关，每个带电粒子都会通过其周围的电场来影响其他带电粒子的运动。等离子体中的这种库仑相互作用使得等离子体本身具有很多独特的性质。带电粒子之间的库仑作用力与它们之间的距离的平方成反比。原子之间也会通过电场有相互作用，但这种相互作用是随着它们之间距离的三次方甚至更高的次方在减少。等离子体中的这种远程相互作用使得等离子体表现出与流体非常类似的特性。

等离子体的电中性习性可以通过一个简单的计算来说明。试想一下，从一个直径为 2 cm 的荧光灯中除去所有的电子，而仅留下正离子，则正电荷在管壁上产生的径向电场强度为 $ner/2\varepsilon_0$，其中，n 是离子密度，值为 10^{14} 个 · m^{-3}；e 是电量常数，为 1.6×10^{-19} C(库仑)；r 是半径；ε_0为真空介电常数，值为 8.87×10^{-12} F · m^{-1}。由此算得，在管壁位置的电场值接近为 100 kV · m^{-1}，在灯管轴心上的电势为 1 000 V。由于荧光灯管中电子的平均能量仅为 1 eV，因此电子是不可能自发从荧光灯管中分离出来的。

在等离子体中，在多大的空间间距上可以实现电荷自发分离呢？令动能 $kT_e/2$ 与分离电荷所需势能 ne^2x^2 相等，我们就可以计算得到电荷自发分离的间距为 $\{kT_e/ne^2\}^{1/2}$，我们称其为德拜长度，其值的大小为 $743\{T_e/n\}^{1/2}$。德拜长度是等离子体中任意一个带电粒子对其周围带电粒子发生作用的有效长度。如果间距超过了德拜长度，单颗带电粒子所产生的电场将被周围等离子体所产生的电场有效屏蔽掉。

德拜球是以带电粒子为中心，以德拜长度为半径的球体，它表示了一个带电粒子对附近的等离子体粒子的影响范围，在德拜球以外，该带电粒子的影响被有效屏蔽。很显然，德拜球内的粒子数量在确定等离子体库仑碰撞特性上扮演者重要角色，同时也说明了离散粒子效应的重要性。

通过类似的过程，等离子体往往能在其边界屏蔽掉外部所施加的电场。引入等离子体中的一个电极，会在其周围聚集与其电极性相反的电荷，形成一个极性相反的电荷云，该电荷云屏蔽电极外的等离子体，如图 7-3 所示。这一过程最初由德拜在电解液中发现，后来这种过程被称为德拜屏蔽。这种德拜电荷屏蔽层称为鞘层，如果电极上所加为低电压，形成的鞘层厚度一般是德拜长度的几倍。

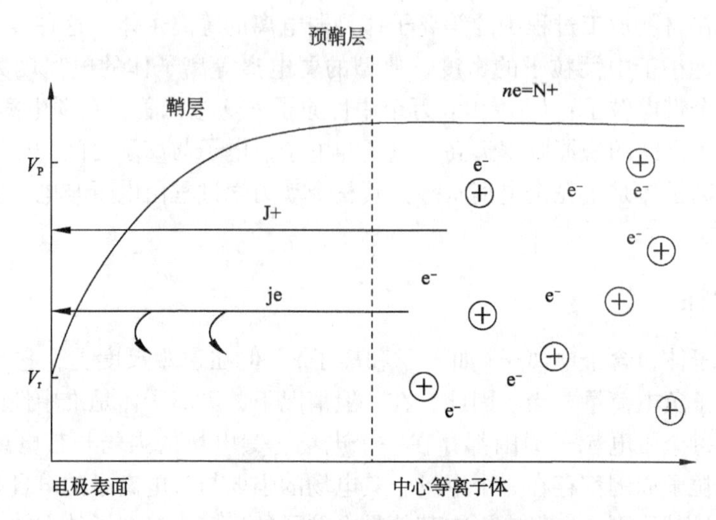

图 7-3 等离子体屏蔽了外加电场

很显然，从上面论述我们得知，只有当带电粒子集合体的尺寸范围远远超过德拜长度时才能称为等离子体。在实际的人造等离子体发生装置中，产生等离子体要求的最小电离密度在 10^8个 · cm^{-3}量级，如果小于这样的电离密度，则带电粒子的集合力太弱，不能使这些带电粒子维系成一个电中性的整体。另外一个对弱电离等离子体的判据是：电子的等离子体振荡频率必须远大于电子与电中性粒子的碰撞频率。

7.1.3 等离子体电势

在等离子体中，由于电子质量远远小于离子的质量，电子的运动相当敏捷，其速度可以表示为$[kT_e/m]^{1/2}$，其中，T_e是以 eV 为单位的电子温度，m 是电子的质量。对于 1 eV的电子，其热运动速度通常达到 1 000 km · s^{-1}的量级。这种高速热运动特性使得电子能在短时间内逃逸出等离子体，到达容器壁。然而，电子的流失使得等离子体失去电中性，而显现出正电位。等离子体的这种正电性会阻止高能热电子的进一步流失，并对流出等离子体的电子产生电场引力。一方面电子热运动要逃逸出等离子体，而另一方面等离子体的正电性会随着电子的流失同速增加，使得等离子体阻止电子流失和吸引电子回来的电场力越来越大，这会在等离子体边界建立一个正电势阱，进而捕获活动能力更强的电子，最终会达到一种动态平衡，如图 7-4 所示。所形成的等离子体边界正电位约为电子温度的数倍。因此，等离子体相对于器壁会获得一个电势，该电势使得流出等离子体的电子流与捕获得到的电子数目相同，也就是说，电流为零。换句话说，如果把一个表面暴露在等离子体中，保持其电位悬浮，不对其收集净电流，则最终该表面会获得一个相对于等离子体的负电位。

这种电势运动电子的自陷作用对移动较慢的离子有重要的影响。1949 年，波姆发现这一现象，并表述了进入该鞘层所需要的最低能量。试想一束能量为 $e\varphi$、速度为 v_i 的离子流于 A 点进入某电极的鞘层，由于离子流受到朝电极方向的加速，为了保持离子流的稳定流量，离子流的密度必须要降低；而在电位更低的 B 点(电位差为 $\Delta\varphi$)，离子流的速度变为 $v_i+\Delta v_i$。

在B点的密度为：$n_i = n_0 v_i / (v_i + \Delta v_i)$。

由于B点在等离子体中的电位更低，由玻尔兹曼方程决定：$n_e = n_0 \exp\{-e\Delta\varphi / kT_e\}$，电子密度也将减少。为了形成富正离子的鞘层，如从$A$点向外移动，那就要求电子密度必须比离子密度减少得更快，即$n_i > n_e$，$n_0 v_i / (v_i + \Delta v_i) > n_0 \exp\{-e\Delta\varphi / kT_e\}$。消去$n_0$，左边近似等于$\{1 - \Delta v_i / v_i\}$，当$e\Delta\varphi$远小于$kT_e$时，右边近似等于$1 - e\Delta\varphi / kT_e$，则有$e\Delta\varphi / kT_e > \Delta\varphi / 2\varphi$或$\varphi > kT_e / 2e$。

因此，富离子鞘层的出现意味着在等离子体中，离子流要以速度为$\{kT_e / eM\}^{1/2}$从中心等离子体进入到富离子鞘层，所对应的能量为$kT_e/2e$，这个速度被称为玻姆速度。由于中心等离子体区是同电位的，电场强度是零，离子流要获得这个速度需在接近鞘层的过渡区，这个过渡区被称为预鞘层。

离子在预鞘层获得加速，以及抑制电子的进一步损失，使得等离子体相对器壁形成一个正电势，离子以玻姆速度到达器壁，而电子以热速度到达器壁，但由于电子必须克服离子鞘层的势垒才能到达器壁，于是其数量由玻尔兹曼方程决定

$$n_0 e v_s = n_0 \exp\{-eV / kT_e\} v_{th}$$

电子的数量有所减少。将速度的表达式代入上式可得

$$\varphi_p = \frac{kT_e}{e} \ln\left(\frac{M}{2nm}\right)^{1/2}$$

这个电势称为等离子体电位，这是由于等离子体中的电子较离子损失更快，因而容器中的等离子体相对于接地的容器壁是呈现正电位。对于质量为40原子单位的氩离子，其对数项为4.7，这意味着，如果氩离子到达鞘层能量是0.5 kT_e，那么它到达器壁后的能量就将变为

$$(4.7 + 0.5) kT_e = 5.2 kT_e$$

7.1.4　等离子体振荡

等离子体中带电粒子的存在以及带电粒子之间的远程库仑力作用使等离子中存在着多种形式的特征振荡。电子云弥散在质量较重、移动较慢的离子中，保持等离子体的电中性。如果某种扰动使得电子偏离原本的平均位，相应产生的电场将试图把偏离的电子拉回到平均位，然而实际上，由于惯性，电子拉回平均位后会在电场的作用下继续移动，越过平均位，由此产生的电场会再次试图将电子拉回平均位。如此往复，偏离的电子最终在平均位上反复振荡，如图7-4所示。等离子体的振荡周期与电子穿过一个德拜长度所需时间同量级，为λ_D / v，相应地，振荡频率为$\{ne^2 / m\varepsilon\}^{1/2}$。在一定的条件上，这些等离子体振荡将以波的形式传播。

电子等离子体振荡周期可被视为等离子体对外来扰动电场做出响应的特征时间。任何一个频率低于等离子体频率的电磁场，可以通过等离子体中电子的快速响应而被有效地屏蔽。这也正是金属导体能屏蔽电磁波的原因。因此，对于频率低于等离子体频率的电磁波，等离子(体)可被视为导体；对于频率大于等离子体(频率)的电磁波，等离子体可被视为电介质。

图7-4中电子云沿着质量大、速率低的离子传播，电子云分散在质量大、移动更慢的离子中间，如果偏离平均位置，就会以特征等离子体频率振荡。

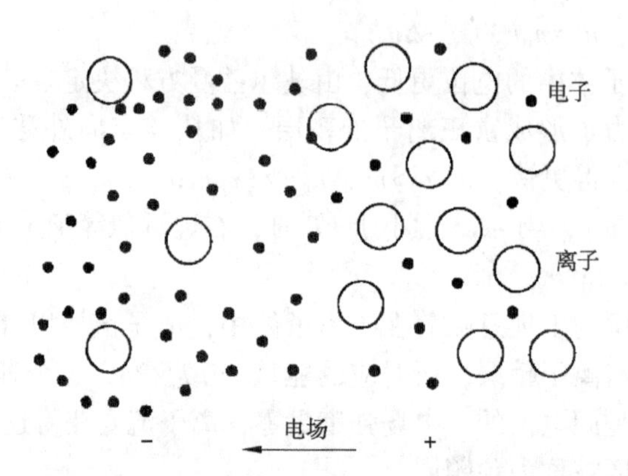

图 7-4 偏离的电子在平均位上反复振荡示意图

离子也有一个特征振荡频率，称为离子等离子体频率，其值为$\{ne^2/M\varepsilon\}^{1/2}$，其中$M$为离子质量。

7.1.5 电导率

在弱电离等离子体中，外加电场将加速其中的电子，并朝外电场相反的方向运动，并不断与中性原子碰撞而损失动量。这样平均下来所产生的效果是：电子受电场加速和因碰撞减速两种作用达到平衡，最终获得一个常速。这与电阻中电流的行为相似：电阻两端的电位差加速电子，与晶格碰撞失去能量又使其减速。晶格对电子的散射使电阻发热；在等离子体中，因电子与中性原子和离子的碰撞使等离子体发热。其中，电子与中性粒子的碰撞对电子的运动起阻碍作用。如果碰撞频率为v_{en}，在一个碰撞周期$1/v_{en}$内，电子受到的加速为eE/m，则电子的平均速率为eE/mv_{en}。如果等离子体中的电子密度为n，电子速度为v，则单位面积的电流将为$j=nev=ve^2E/mv_{en}$。对比欧姆定律：$j=\sigma E$，我们可以推断出，弱电离等离子体的电导率为ne^2/mv_{en}，进一步可以写为：$2.82\times10^{-4}n(\mathrm{cm}^{-3})/v_{en}(\mathrm{s}^{-1})\cdot\Omega^{-1}\ \mathrm{cm}^{-1}$。尽管电子与电子之间的碰撞更加频繁，但是这种碰撞不会损失动量，因此并未包括在等离子体电导率的表达式中。在电离率很高的情况下，通常大于10^{-3}，等离子体的电导率是由电子和离子之间的碰撞决定。完全电离的等离子体是类似铜一样的良导体。

7.1.6 电子能量分布

等离子体中的电子状态如同一种气体，有些过程“加热这种气体”，有些过程使得电子损失能量，因此电子将具有一个能量范围。电子的能量分布特征用电子能量分布函数(EED)来描述。电子能量分布函数描述了带有某个能量的电子在总体电子中所占的相对比例，通常它是时间和位置的函数。这个函数的形式取决于电子的能量获得过程和能量损失过程之间的平衡。电子能量分布函数是等离子体的一个特征参数，它决定了等离子体的很多物理和化学特性。

图 7-5 是麦克斯韦电子能量分布函数，它可以在热平衡条件下获得。在热平衡状态下，导致电子产生和损失的所有过程都处于一种平衡中。这种能量分布具有一个很重要的特性，那就是它取决于一个参数，即温度。热平衡状态通常不存在于工艺等离子体中。内

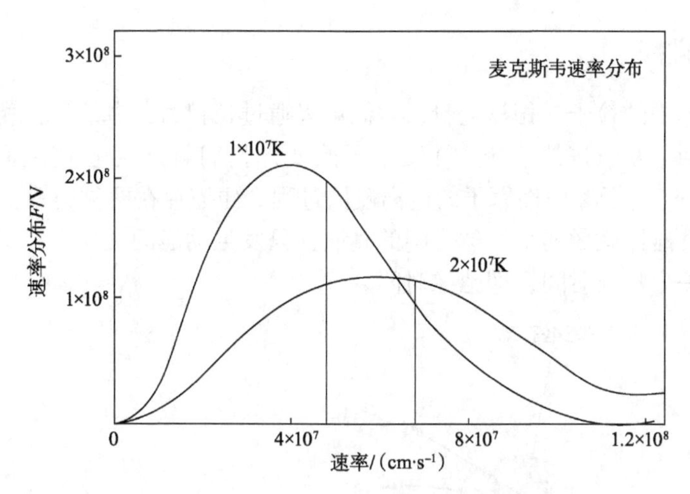

图 7-5　电子能量分布函数原理示意图

部电场的存在使电子获得能量，这就使得处于高能区域的电子数量超出了麦克斯韦电子能量分布中的高能电子数量。非弹性碰撞导致电子损失能量，使得电子能量分布在高能区域的部分被截断。非弹性碰撞引起电子在电子能量分布函数高能尾部的减少，这对分子气体尤其重要。有时，这些过程近似平衡，因此我们可以给电子群体赋予一个有效温度。

电流流过有阻抗的等离子体时生成焦耳热，加热等离子体。这种焦耳热产生于电子从电场获得能量和电子与中性粒子碰撞损失能量这两个过程的平衡，则电子因与中性原子碰撞而损失的能量比例与电子和原子的质量比成正比，其值非常小。因而，电子获得了随机的热能或者被加热。如果气体压强很高，则电子同中性粒子和离子碰撞频率很大，电子的部分能量就会传递给背景气体，使得它们同样热。这种情况下，流体的平均温度非常高，在几千度范围。这种等离子体称为热等离子体或平衡等离子体。

如果压力降低，电子、离子和中性粒子之间的平衡就会失去，结果是电子温度升高，离子和中性粒子的温度冷却。因此，在低气压等离子体中，电子和中性粒子的碰撞不再对它们之间的能量平衡起作用，于是电子的温度就远高于中性粒子的温度。这种等离子体称为非平衡等离子体。这些等离子体的热能含量非常低。实验室等离子体发生器很容易获得电子温度在 5 000 K 的等离子体。图 7-6 显示了随着气压的降低，等离子体从平衡态到非平衡的过渡。

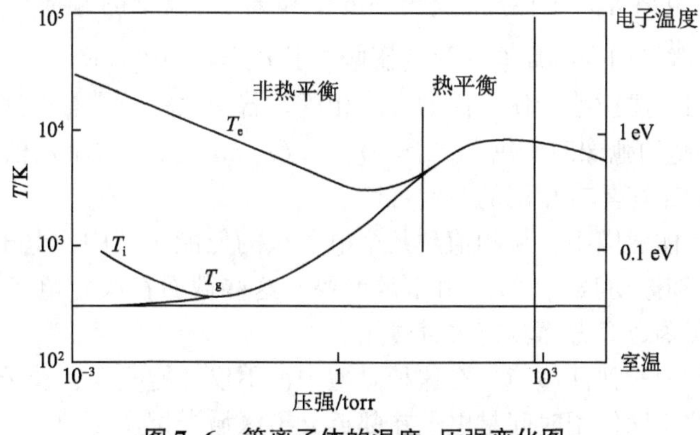

图 7-6　等离子体的温度-压强变化图

7.1.7 粒子碰撞

当等离子体中的粒子互相靠近时，它们可以通过长程力或者短程力相互作用。如果粒子的一些特性(如轨迹或者能量)发生了改变，我们就认为它们之间发生了碰撞。图7-7显示了一个电子和中性原子的电离碰撞过程。碰撞存在两种类型：弹性碰撞和非弹性碰撞。弹性碰撞就像两个硬球之间的碰撞，只发生动能的交换。粒子间的碰撞引出了等离子体的一个特征时间，即弛豫时间。

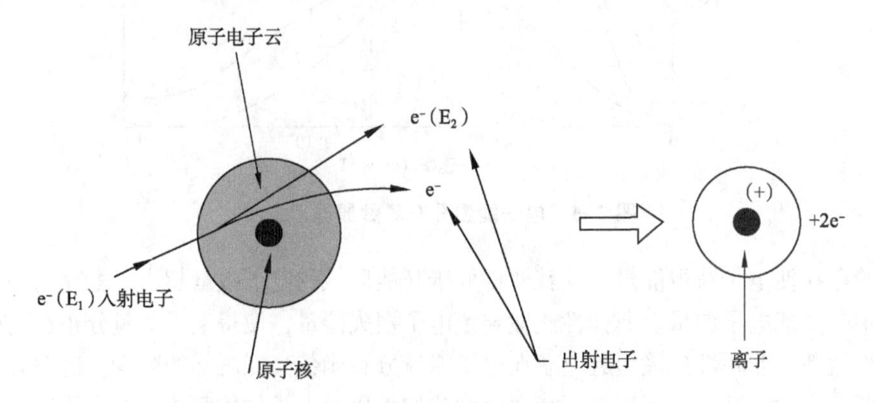

图7-7 电子和中性原子的电离碰撞过程

如果粒子的一些特性(如轨道或者能量)被一个作用改变，那么我们就说发生了一个碰撞。

定量描述碰撞过程需要一个物理参数，即碰撞截面，通常用σ来表示。碰撞截面可以理解为目标粒子对入射粒子有效的几何阻截面积。每秒钟的碰撞次数称为碰撞频率。很显然，碰撞频率就是在一个截面积为碰撞截面σ、长度为v的管子内包含的粒子数目，这里的v也就是粒子的运动速度。如果目标粒子的密度已知为n_t，则将得到碰撞频率为$\nu=n_t\sigma v$。如果单位体积内入射粒子数目为n_i，则单位体积内每秒的碰撞总数为$n_i v=n_i n_t\sigma v$，这里也可以称为反应速率。

当电子同原子或者分子发生弹性碰撞时，平均每次碰撞转移的能量只有$2m/M$(这里m是电子质量，M是离子质量)。在1 s内，总的能量转换就是此微小能量与每秒钟的碰撞次数v_{en}的乘积。因此，能量弛豫特征时间就是$\tau_E=M/2m\nu_{en}$，这个值在10^{-14}~10^{-7}范围内。在弱电离等离子体内，电子-离子和离子-离子的碰撞频率要小得多。另外，电子-电子的碰撞因受到库仑作用的影响，其$\tau_{ee}=4\times10^4 t^{\frac{3}{2}}/n$。

中性粒子之间的碰撞趋于使它们的温度相等。若中性粒子具有的速度为v_n，碰撞间距为l，则这种平衡的弛豫时间就是$\tau_{nn}=l/v_n=l/(n_n\pi\sigma^2 v_n)$。这个数值在$10^{-10}$~$10^{-6}$ s。离子和中性粒子的碰撞具有相同的时间尺度。

在低温等离子体建模中，从阈值到几个电子伏的低能区域内，电子-分子碰撞界面(弹性、动量转移和振动激发)的作用非常重要。这些截面在决定电子输运特性、运动性和电子能量分布函数等方面具有关键作用。

第二种碰撞称为非弹性碰撞。在这种碰撞中，不仅动能改变，粒子的内能也发生变化。电子和分子的碰撞作用时间是电子在邻近分子区域滞留所用时间，可以估计为$t_c=$

$2a_0/v_e = 10^{-16} \sim 10^{-15}$ s，这里 a_0 是原子或者分子尺寸。一个分子的典型振动周期为 $\tau_{vib} = 10^{-14} \sim 10^{-13}$ s。振动激发通常会导致分子的解离。

7.1.8 等离子体中的化学效应

电子与不同的粒子在不同条件下的碰撞对产生新的能量粒子起着关键作用，这些能量粒子促进等离子体中化学反应的发生。这包括半导体材料的等离子体刻蚀和等离子体增强化学气相沉积，还包括一些环保应用。例如，利用等离子体中的二次电子级联来消除不需要的化合物或者分解氮化物。

电子碰撞在电子和目标原子或者分子的各电子自由度之间进行能量传递的过程中起着独特的作用。例如，不同于光子的碰撞必须遵循一系列的、由偶极子相互作用决定的选择定则，电子碰撞不受有关单态-三态碰撞跃迁规则的约束，可以像单态到三态的碰撞跃迁那样，频繁发生单态到单态，或者三态到三态的碰撞跃迁。这是因为入射电子能够同靶粒子中的电子互换，从而改变它的自旋态。因此，电子撞击可以激发分子的任何离解态，使它分解。这是一个重要的机制，从行星大气圈到分子碰撞实验用的分子束源都是通过这种机制产生自由基和分子碎片。另一个非常重要的过程是电子碰撞电离，在任何气体放电系统中都是通过这个机制来产生离子的。

几种重要的电子-分子碰撞过程如图 7-8 所示，下面对其作进一步的叙述。

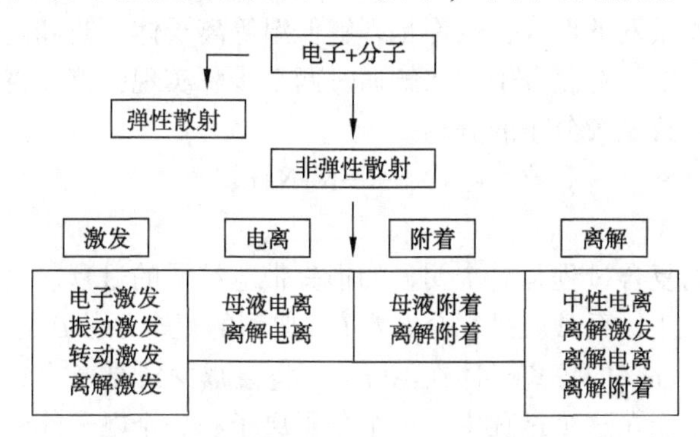

图 7-8　影响等离子体化学的电子分子相互作用分类

(1) 激发

在分子气体等离子体中，电子碰撞激发扮演了很重要的角色，主要因为电子碰撞激发是电子碰撞解离的主要途径。电子激发态是高化学活性态，碰撞过程会导致电子冷却。在许多情况下，传递到激发态的能量会以发射光子的方式释放到等离子体中。

$$e^- + M \longrightarrow e^- + M^* \text{（电子激发）}$$

$$e^- + M(\nu) \longrightarrow e^- + M(\nu') \text{（振动激发）}$$

$$e^- + M(j) \longrightarrow e^- + M(j') \text{（转动激发）}$$

$$e + A \longrightarrow A^* + e^-$$

$$e + AB \longrightarrow 2e + A^+ + B^*$$

$$AB + AC \longrightarrow 2A + C^* + B^+ + e^-$$

(2) 电离

高能电子碰撞中性分子，可以从中剥离出一个电子来实现离解，或者从聚合物分子

(如 CF_4)中产生一个离子和若干碎片。

$$e^- + A \rightarrow A^+ + 2e^- \text{(电子碰撞电离)}$$

$$e^- + AB_2 \rightarrow 2e^- + AB + B^* \text{(分解电离和激发)}$$

$$A + A^* \rightarrow A + A + e^- \text{(亚稳态电离)}$$

反应物中以电子能量或者振动能量形式存在的内能使得分子间反应的有效能量增加，因而降低了激活势垒。碰撞过程中，被碰原子发生电离，这个过程被定义为潘宁电离，则有

$$He^* + H_2 \longrightarrow H_2^+ + He + e^-$$

(3) 附着

在等离子体工艺中，电子附着到分子上形成负离子是一个很重要的过程。这是因为这些负离子通常起着颗粒物和尘埃的凝结核作用，它们可以通过电子直接附着或者离解附着形成，后者被认为在等离子体工艺条件下更加重要。

$$e^- + A \rightarrow A^- \text{(电子附着)}$$

$$e^- + 2A \rightarrow A^+ + A^- + e^- \text{(离解附着)}$$

$$e^- + AB \rightarrow (AB)^- \rightarrow A^- + B$$

(4) 离解

电子碰撞分子将其离解为自由基团是等离子体工艺中最为重要的步骤之一。分子碎片如何在电子的碰撞激发下形成，也许是理解低温等离子体工艺和电子驱动环境化学模型的最重要的过程。电子对氮分子的离解通过两个步骤实现，首先将氮气分子激发到电子振动能态，然后导致氮气分子的分离。

$$e^- + N_2 \longrightarrow N + N + e^-$$

(5) 复合

电子和离子间的复合过程是一个明显的损失带电粒子的过程。复合速率正比于电子和离子浓度的乘积。正比系数就是复合系数β。典型的复合系数β的值是$10^{-7}\ cm^3 \cdot s^{-1}$。这意味着密度为$10^{10}\ cm^{-3}$的等离子体在10 ms内将会减少到原来的1/10。复合也可能发生在一个离解过程中。在这个过程中，一个分子离子和一个电子能够以下面的方式发生复合，即$A_2^+ + e^- \longrightarrow A + A^*$。这样产生了一个激发态原子。这个系数的数量级也是$10^{-7}\ cm^3 \cdot s^{-1}$。复合反应式为$A^+ + 2e^- \longrightarrow A + h\nu$，会产生光子。这种复合速率为$10^{-12}\ cm^3 \cdot s^{-1}$，比以前一个速率小很多。在很多这样的过程中，电子被离子捕获形成激发态的原子，然后再和电子相互作用发生退激，最终释放能量达到基态。放射复合是一个通过复合使等离子体发射紫外和可见光的过程。

$$A^* + BC \longrightarrow ABC$$

$$A^+ + e^- \longrightarrow A$$

(6) 电荷交换

电荷交换是指电荷从入射离子转移到靶中性粒子的碰撞过程。

$$He^+ + Cl_2 \longrightarrow He + Cl^+ + Cl$$

如果离子的族类不发生改变，则这个过程被称为对称性电荷交换。

(7) 表面反应

$$AB + C_{solid} \longrightarrow A + BC_{vapour} \text{(化学刻蚀)}$$

$$AB \longrightarrow A+B_{solid}(\text{薄膜沉积})$$

$$A^{+} \longrightarrow A+e^{-}(\text{二次电子和俄歇电子发射})$$

气体中激发态和电离态粒子的存在使得等离子体中可能存在一种新型的化学反应过程。在传统的化学中，分子的能量在 0~0.5 eV 范围内发生反应。在光化学中，驱动能量在 0~7 eV 范围内，并且涉及光致激发态的分子。此外，等离子体化学具有更加宽广的能量反应范围，并且涉及激发、离解、电离的分子等。原子和自由基的产生、异构化、原子或者小团分子的消除、二聚/聚合、化学溅射、表面刻蚀以及表面材料合成等都是典型的等离子体化学反应。

7.1.9　等离子体中的粒子扩散

等离子体中产生的带电粒子很容易在一系列的过程中消损。从这方面讲，等离子体的形成如同一个化学反应，在这个反应中电离和消损最终到达一种平衡状态。

在弱电离等离子体中，等离子体区域中主要的粒子消损机制是扩散。扩散是一个随机游走过程，如图 7-9 所示。粒子在任意一个方向上通过一系列很小的随机步长运动有限的距离。如果存在密度的梯度，扩散过程将会导致粒子沿着密度梯度消损，这是由菲克定律决定的。该定律指出，粒子通量正比于密度梯度，方向与密度梯度相反。数学表述为 $nv_{d}=F=-D\dfrac{dn}{dx}$。其中，$D$ 是扩散系数，单位是个 · m^{-2} · s^{-1}。

考虑如图 7-9 所示的一个理想情况，这里密度随着距离 L 线性变为零，梯度就是 n/L。

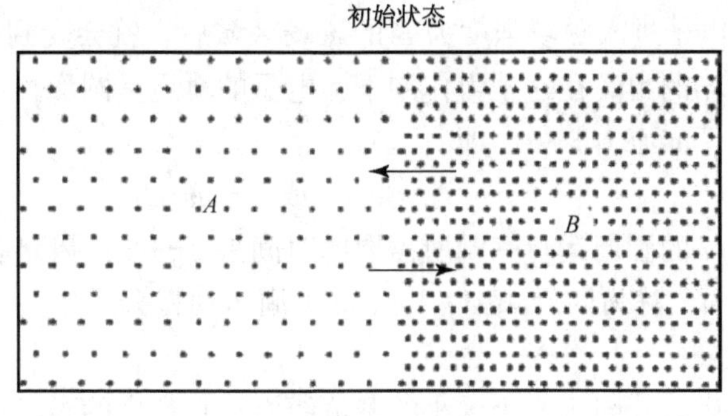

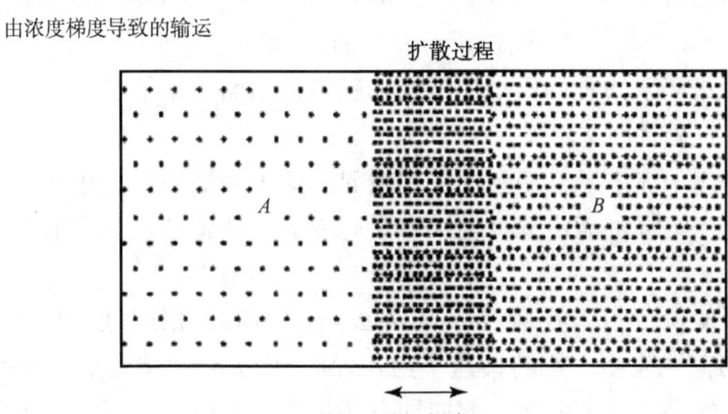

发生混合

图 7-9　扩散过程示意图

若 $nv_d=-Dn/L$，则 $D=Lv_d$。如果粒子从系统中消失所用的时间是 τ，$v_d=-L/\tau$，则 $D=L^2/\tau$。如果扩散仅是由同类粒子间的碰撞引起，则这种扩散称为自由扩散。扩散系数可以由表达式 $D=\lambda^2 v$ 给出，其中，v 是粒子间的碰撞频率，λ 是两次碰撞间的平均自由程。

在等离子体中，(粒子)通量通常并不是仅由碰撞所致，由于电子比离子的活动性更强，会在等离子体中建立起电场，而粒子在此电场中的漂移也将影响通量。离子和电子的通量必须相同，以保持电中性。

从 $nv_d=-D_e n/L+\mu_e nE=-D_i n/L+\mu_i nE$ 中可以得到

$$E=(D_i-D_e/\mu_e+\mu_i)\frac{1}{L}$$

代入到通量等式，并由 $\mu_e=e/mv$ 和 $\mu_i=e/Mv$ 可以得到 $D_i+\mu_I D_e$

$$nv_d=-D_i n/L+\mu_i nE \approx n/L\frac{D_i+\mu_I D_e}{\mu_e} \approx n/LD_i\frac{1+\mu_I D_e}{\mu_e D_i}=D_i(1+T_e/T_i)n/L \approx D_a n/L$$

由于电子-离子的温度比的关系，离子的双极扩散系数要大于自由扩散的系数。

一个发生器中的等离子体密度是粒子产生和消损过程平衡的结果。由于消损主要发生在发生器表面，平衡主要由表面体积比决定，因此工艺设备中等离子体的特性很大程度上依赖于几何结构。

7.1.10 磁场中的等离子体

速度为 v 的电子进入磁场强度为 B 的磁场区域后，就会受到一个大小为 evB，方向垂直于速度和磁场的力。在这个力作用下，电子的轨道呈圆形，半径可以通过令磁场产生的洛伦兹力等于向心力获得，即

$$mv^2/a=evB \quad 或 \quad a=mv/eB$$

沿着半径为 a 的圆周运行一圈所需要的时间是 $2\pi a/v$，圆周运动的频率由其倒数给出，即 $f=Eb/2\pi m$，称为回旋频率。电子的圆周运动将会产生一个圆周电流，即 $I=ef=e^2B/2\pi m$。

电子的圆周运动等同于一个微小的载流线圈，它产生的磁场用磁矩来表述，则有

$$\mu=\pi a^2 I=mv^2/2B$$

电子电流环路产生的磁场反平行于外加磁场，因而减小了外部磁场。电子的这种特性使得它们具有抗磁性。

在弱电离等离子体中经常遇到的一种情况，除了外加磁场，还会有一个电场施加在等离子体上。这个电场可能由双极性漂移引起或者外部施加。电子围绕着磁力线在回旋轨道上运动。

速度的减小使拉莫尔半径减少 $\delta a=\delta v/\omega=eE\delta t/m\omega$。相应地，粒子运动到新的点。这个过程在 δt 时间内发生，则转移速率为 $\delta a/\delta t=eE/m\omega=E/B$。这个速率称为电场漂移速率。值得注意的是，粒子的运动方向同电场垂直，所以电场不对粒子做功。电子和离子的电场漂移速率是相同的。若电场和磁场都是随着时间和空间变化的，则漂移现象更为复杂。

7.1.11　等离子体波

等离子体不同于常规的气体，由于带电粒子间的相互作用，等离子体中可以存在很多种载波模式。这种类波扰动使得电场和磁场被干扰。频率和波矢量的函数关系由色散关系来描述。传导波的色散特性对于理解等离子体状态显然至关重要。

等离子体频率上的振荡可以以波的形式传播，由于它们的随机热运动，粒子可以穿透临近的移位的电荷层。这就是朗缪尔波，也被称为空间电荷波、电子等离子体波，或者简单称为等离子体波。朗缪尔波是一种静电波(纵波)，它只在有限温度的等离子体中，也即在有限的电子速率范围内得以传播。

离子声波是发生在无场等离子体中的另一种静电波。在长波段，这些波几乎不会发生色散，以$(kT_e/M_i)^{1/2}$的速度传播。在短波段，即波长接近电子德拜长度，离子运动所受的电子屏蔽变得不那么有效，于是波以离子等离子体频率做离子振荡(与电子等离子体振荡相类似)。

在无磁场的等离子体中，只有高于等离子体振荡频率的电磁波才能够传播，低于等离子体振荡频率的电磁波就会消逝。对于频率远高于等离子体频率的波而言，等离子体只对其真空形式施加了微扰。

啸声波是在有磁场的等离子体中可以传播的电磁波。啸声波的电场一般是右旋椭圆偏振的(相对于平均磁场而言)，当波传播方向平行于磁场时，则变为圆偏振。

啸波在磁层内是常见的现象。例如，当来自闪电袭击的电磁能进入磁场线管道时(这个过程在磁极附近更加有效)，就会激发出啸波。这种电磁能量在闭合磁场线引导下，穿过磁场线管道附近的增强电离层。啸波沿着磁场线传播，可在对面的极点(共轭点)观测到。因为啸波是强色散的，所以不同频率到达共轭点的时间不同。在共轭点，对于发生在对面极半球的每次闪电袭击，可以使用射频接收器接收到一组下降滑音。

在等离子体中，气压波相当于声波，是等离子体中的一个非常普遍的现象。它们被称为离子声学波，其传播速度为

$$CS=[(kT_e+kT_i)/m_i]^{1/2}$$

在其频率低于离子回旋频率的长波段下，电磁波是无色散的，能够在等离子体中传播。这是一种磁流体动力波，被称为阿尔芬波。波的相速度由下面的式子给出，即$v_A=(B_0^2/\mu_0 m_i)^{1/2}$。其中，$\mu_0$是真空磁导率。阿尔芬波的相速度非常低，这是由其惯性决定的。附着在磁场线上的离子就如同串在一根线上的珠子一样，磁场强度的平方相当于线上的张力。

如等离子体一样的非线性系统容易具有各种不稳定性。实际上，初始阶段的气体电学击穿和等离子体的形成都可以看成是一种不稳定性。当电离初始阶段的空间电荷场超过一个阈值时，它开始被屏蔽到等离子体主体区外。这种电场的局域化增加了落到阴极的离子通量，导致二次电子发射的增加，因而产生更多的电离，进一步增强了屏蔽效应。电子发射-电离-屏蔽-鞘层收缩-离子通量增加-二次电子产生，如此的循环在正反馈下不断增长，最终稳定在某个平衡等离子体密度下，达到完全放电状态。

大多数的等离子体具有密度和粒子能量分布的内禀不均匀性。扩散碰撞过程将使密度梯度趋于平缓。但是，这些远离平衡的状态可以看成是一个自由能量源，能产生内在

的电场和磁场。反过来，它们可以同等离子体参数发生非线性方式的相互作用。通过与这些电磁场的相互作用，等离子体的特征波被放大，并且具有很大的振幅。这些过度成长的波被称为不稳定性。最终的效果是：这些波将使等离子体中的不均匀性和各向异性趋于缓解，其缓解速度要比碰撞缓解更快。

等离子体加工工艺中的辉光放电等离子体是弱电离的碰撞等离子体。这些等离子体趋向于不稳定，且这一倾向与电子温度、电离与附着速率系数的非线性耦合有关。辉光放电中被称为条纹的空间密度调制就是一个例子。不稳定性在这里表现为电流和功率调制与等离子体密度和温度的振荡。电子回旋共振等离子体具有更高的密度和更少的碰撞，其不稳定性的原因是，传播的电磁波与等离子体密度和磁场的不均匀性发生耦合，造成耦合功率及等离子体参数的调制与时间相关。

7.1.12 等离子体中的宏观粒子

工业低气压等离子体通常包含宏观尘埃颗粒。尘埃在工艺等离子体中是一种污染物。它可以由等离子体气相化学合成而产生(如硅烷中的硅)，或者由电极溅射产生。由于这些金属的平衡蒸气压非常小，金属蒸气处于超饱和态，很容易快速形成团簇。初期的生长速率非常快，实验显示，100 nm 级颗粒可在 1 μs 内形成。负离子成为必然的形核中心，达到 10^{-7} cm 的临界尺寸，负离子形成为团簇，并且具有宏观特性。粒子浓度可以到达 10^{8} cm^{-3}。为了保持悬浮电位，尘埃必须获得负电荷，这可以通过获得电子来实现。对负电势有一个制约条件：其径向的静电应力不得超过材料的抗张强度，即不会因为库仑斥力使得粒子分裂。等离子体中尘埃粒子的动力学是由静电场力、重力、中性阻力和电泳力决定的，偶尔能形成具有良好显出轮廓的结构，漂浮在等离子体中。

7.1.13 等离子体的辐射

因为等离子体中存在着很多与原子物理和带电粒子动力学相关的现象，所以等离子体能发射出光谱范围很宽的电磁辐射。电子从电场内获得能量，发生使原子达到激发态的非弹性碰撞而损失大部分能量。等离子体中存在着大量激发态的原子和分子，它们的电子占据着高能态。当电子跃迁到低能态时，就会向外发射出跃迁的特性光子，形成电磁辐射谱线。等离子体发射的多数可见光遵循着跃迁规则。通过对调等离子体中的不同气体进行混合调节，可以获得所需要的光谱。例如，荧光灯中汞-氩气体的混合可得 254 nm 发射线。弧光等离子体源通过辐射释放出来的能量高达它的能量的 50%。当等离子体中的自由电子运行到原子核附近时，它的运行轨道或者速率发生变化，电子就会以电磁波的形式向外不断辐射能量，这种辐射称为韧致辐射。韧致是一个表示断裂的德国词。这种辐射暗示着原子核的电场引起了点子速度的改变。若自由电子沿着磁力线做旋涡状运动，则会发射出回旋辐射及其谐波。对于低温等离子体，电子辐射波段处在微波或者红外范围内。

等离子体的基本描述：一般的气体是由中性粒子组成，并遵循着运动学定律。粒子之间的相互作用只通过直接碰撞发生，否则不会彼此影响。然而在等离子体中，由于带电粒子会在很长的空间尺寸内产生电场，所以每个粒子都会受到库仑力的作用。此外，电磁相互作用的长程特性还引进了多体关联效应，这使问题变得更复杂。

但是，从总体上讲，存在三种在不同的时间空间尺寸上能够抓住等离子体行为本质的典型描述方法，这几种方法各有自己的优缺点。

第一种方法称为单粒子理论，这种方法描述了单个粒子在电场和磁场中的运动规律，能够在洛伦兹力的作用下，计算出单粒子轨道。洛伦兹力由局域电场和磁场施加。这种方法对理解孤立粒子的动力学很有用。粒子漂移的概念就是一个有力的例子。这种方法并不是试图处理现实的粒子集体，而是以一种特别方式来处理电场。

第二种方法对等离子体状态给出了一个非常基础的描述，被称为运动学理论。它实质上包含一组在电磁场存在时的多体系牛顿式的描述，对每一个等离子体粒子种类都以一个六维分布函数来描述。六维分布函数定义为：对任一粒子种类，在任意时间上，处于某个由位置和速度构成的体积元内的粒子数。

假设每种粒子在相空间内是守恒的，这样就有了动力学方程，其中的动量方程给出了一组变形的多流体方程，包含电磁力。在流体框架下，很多变量可以通过实验的方法获得。例如，粒子数密度、流体速度和等离子体中一种粒子的压强。这种理论非常复杂，并且动量方程需要获取人为的闭合条件才能求解，但是这种方法可以理解很多的现象。实际上，许多重要的等离子体现象(如朗道阻尼)只有使用这一模型才能被很好地理解。它的应用主要局限在简单几何体，或者假设麦克斯韦分布成立的情况。

第三种方法简化了多流体模型，将等离子体中各种粒子综合在一起，采用近似方法，如忽略电子质量(电子质量远小于离子质量)和麦克斯韦位移电流。这种就形成了一个极大地简化了的等离子体单流体模型。

7.2　实验室等离子体源

7.2.1　电子碰撞电离

工业等离子源利用气体的电击穿产生等离子体，这种技术可以追溯到19世纪末20世纪初对气体放电物理的研究。近些年来又开发出了大量应用于不同领域的各种各样的等离子源。这些源在如何把能量分配给等离子体中不同的粒子，形成的等离子体如何反作用于等离子体源，以及主要的能量和粒子损失过程等这样一些加速电子气的技术处理上各有千秋。

高能电子通过靠近或碰撞的方式可以将能量传递给围绕原子运动的电子，使其跃迁到能量较高的亚稳态，当所得能量足够高时，围绕原子运动的电子就会脱离原子。这个过程被称为电子碰撞电离，可表示为 $e^-+H=H^++2e^-$。对于电子碰撞电离，入射电子的初始动能必须大于电离的临界能量。电子碰撞电离的速率正比于电离频率ν(ν是一个电子每秒钟引发的电离次数)。电离率由碰撞截面表征，取决于电子的动能和原子的内部特征。电子碰撞电离的碰撞截面在电子能量阈值处为零，然后随电子能量增大而急剧升高，直到量级为 10^{-16} cm^2的最大值(这时电子能量为电离电势的3~6倍)，然后碰撞截面将随电子能量增大而呈指数降低，直到电子能量达到500 eV时，碰撞截面只有其最大值的1/e即(1/2.73)。电子能量在100 eV左右时，电离效率最高。因此，大多数等离子体发生装置都采用电子碰撞电离的方式来产生等离子体。

7.2.2 电击穿

1914 年左右，汤森早期在做直流放电管实验时发现了一些异常现象，即放电电流随着电极间距的增大而增大。他对此现象的解释奠定了气体击穿理论的基础。

假定两块平行板的间距为 d，板间电压为 V。由于某种原因从阴极释放出的电子在电场作用下加速，并将新的分子电离且产生出新的电子。这些新产生的电子继续在电场中加速并产生新的电离。总之，沿电子轨迹方向的柱形空间中电子密度呈指数上升。这就是电子的级联碰触导致的雪崩过程。

同时，每次电离都会伴随产生一个正离子，这些正离子向阴极方向加速，每个正离子撞击阴极后发生二次发射过程而释放出新的电子。当新产生的自由电子数等于原始自由电子数时，放电过程就处于自持状态。可以用汤森条件来描述这种状态：$\gamma e^{\alpha d}=1$。式中，$\alpha=N_g(\sigma v_e)/v_d$。其中，$\sigma v_e$为平均电离率，$v_d$为电场中电子的漂移速度。

电击穿过程受很多变量的影响，在这种情况下，可以利用相似性原理来了解各变量间的定量关系。汤森得出了一个半经验的公式：$\alpha=Ap^{-Bp/E}$，其中，A 和 B 是常数。对空气来说，当 E/p 较大时，$\alpha=1.17\times10^{-4}\ p\ \text{cm}^{-1}$，其中 p 的单位为 torr。

将半经验公式代入汤森条件可得 $Bp/E=\ln(Apd)-\ln(1/\gamma)$，又因为 $E=V/d$，所以气体的击穿电压与气压及电极间隙的关系式为 $V_b=Bpd/[\ln(Apd)-\ln(1/\gamma)]$。

这个方程描述了击穿电压 V_b与相似性参数 pd(气压和电极间隙乘积)的关系，把它们画出来就是帕邢曲线(图 7-10)。从图中可以看出，间隙的击穿电压存在一个最小值。最小值出现的物理原因是：pd 值较小时，没有足够的电离碰撞，而 pd 值比较高时，电子在两次碰撞之间获得的能量又不足以电离气体。

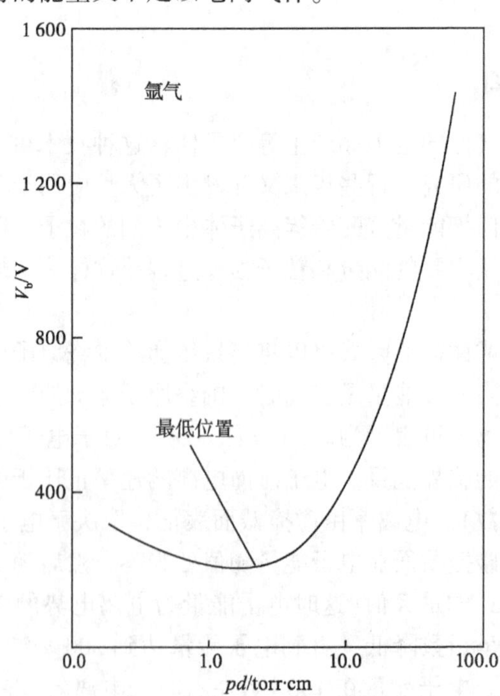

图 7-10　击穿电压与电压和电极间距的关系曲线——帕邢曲线

要产生一个电子-离子对，必须提供 $W=Ee/\alpha$ 的能量。即使在最有利的条件下，产生一个电子-离子对所消耗的能量也会是电离势能的好几倍。对空气而言，$W=$ 66 eV/对。

7.2.3　直流辉光放电

如果外加电压超过汤森放电电压，电离过程将以雪崩的形式进行，即上一次电离中产生的新电子将从电场中获取能量，然后接着产生新的电子-离子对。而这些自由电子是由高能离子碰撞阴极引发的二次发射电子的补充而维持的。在很短时间内放电柱就能产生足够高的等离子体密度，而这时高速运动的电子就会削平柱内电势差，使得大部分放电柱区不能再维持原来的高电场。结果导致外加电场从放电柱中间被挤到了等离子体边缘，也就是电极附近，从而发展成为典型的直流放电的模式。

当自持放电处在定态时，电子的产生与损失互相平衡，电子密度 n_e 满足连续性方程：$vn_e+S=\eta n_e$。式中，η 和 v 分别为等效的电子产率和损失的速率，S 为外界提供的电子项。电子产生过程包括电子碰撞电离、潘宁电离、多级电离以及光致电离。这些过程都是放电中各种粒子的密度以及外加电场的函数，而各种粒子速度分布函数的形式又决定了上述函数的具体形式。最后应该指出：上面给出的连续性方程中忽略了电子漂移和扩散对电子密度所造成的影响。

直流放电的自持过程也就是从阴极释放二次电子的过程，而这又促进了阴极表面复合的离子中性化过程的进行。在部分离子的中性化反应过程中，在一个电子落入原子基态的同时，其释放的能量必将使固体表面释放出一个二次电子。这个过程称为俄歇发射或二级电子发射，通常由次级发射系数来表征。

为了产生二次发射，从等离子体注入阴极的离子必须有足够高的动能以产生相当数量的次级电子。这就是维持辉光放电需要较高电压的基本原因。阴极周围聚集的离子形成了具有阻抗特性的阴极离子鞘层，从而为离子加速提供了电势差。

当输入电压超过某一临界值时，就会发生电击穿。这时电流密度在每平方厘米微安培的量级。通过调节外电阻可使放电稳定在一定范围，在这个范围内电压幅值变化很小。但是由于气体的被加热，实际上电压会随着电流的增加略有下降。这就是正常辉光放电区域，其特征是可看到在阴极部分表面围绕着一层辉光。其典型的电流密度低于 1 mA/cm^2，当电极材料和电压给定后，电流密度也就确定了。电流密度与气压的平方成比例。如果这时继续增大电流，阴极表面放电区域将越来越大，直到整个阴极成为放电区。当电压随着电流增大而增大时，放电就进入了反常辉光放电或异常辉光放电区域。

图 7-11 显示了辉光放电等离子体一般的、比较容易识别的特征。阴极附近较暗的区域分别称为阿斯顿暗区和克鲁克斯暗区，它们就是所谓的阴极鞘层，在阴极与阳极之间所加电压都降落在这里，从阴极发射的电子在这个区域被加速。暗区右边是发射出气体特征光谱颜色的强光区，是电子电离气体的区域，称为负辉区。接下来负辉光区延伸进正柱区，这是准中性的等离子体区，其中的电场很低。正柱区通过阳极辉光和阳极暗区接到阳极上，阳极辉光均匀地覆盖在阳极表面或在阳极表面形成发光的球点。

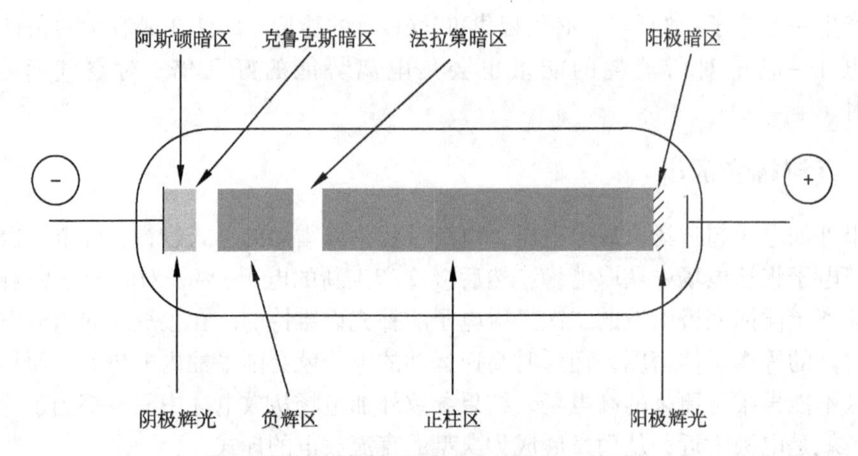

图 7-11　辉光放电不同区域亮度的一般特征

辉光放电的等离子体设备简单，运行参数的范围大，因此常应用于等离子体处理，如广泛应用于薄膜沉积、等离子体扩散处理和等离子体化学。电子温度由放电区沉积的功率与带电粒子漂移到墙面损失的功率相互平衡来决定。当气压在 torr 的量级范围时，辉光放电中的电子密度在 10^8 ~ 10^{11}个 · cm^{-3}量级。而在同样的压强下，中性粒子的密度高达 10^{16} ~ 10^{17}个 · cm^{-3}。电子温度为 1 ~ 3 eV，对应的热力学平衡下的电离度约为 10^{-2} 或稍高。实际上，此时的气体电离度仅为 10^{-8} ~ 10^{-7}。出现这种差别的原因是因为辉光放电是一种非平衡的电离现象，这时的放电电离与辐射复合是不平衡的。

7.2.4　增强辉光放电

普通的辉光放电的电离度通常较低，这主要是由于电离出的电子不但利用率不高，而且会在阳极表面损失掉。如果能把大量的电子约束在放电区，从而增加电离碰撞的话，辉光放电的效率就能被大大增强。通常有两种方法来实现对电子的约束，即静电约束和磁场约束。

空心阴极放电(HCD)是加强辉光放电的一个例子。这类放电最重要的特征是存在空心阴极效应。在空心阴极放电中，阴极是一个由单个或多个管道或靠得很近的平行板组成的封闭几何体。在 HCD 中，速度快的电子被静电场约束，并在面对面的阴极之间振荡。这些电子称为摆动(振荡)电子。这种受约束电子从阴极获得的能量可高效地释放出来，而提高电子密度，并提高入射到阴极的离子通量，进而可增强二次发射的电子数。

潘宁发现电离出的电子能够被轴向磁场束缚在阴极之间。等离子体中的离子会损失在阴极上，但是电子会被磁力线束缚，并沿径向通过双极扩散到壁上。这样被束缚的电子就更高效地参与了电离碰撞，大幅度增加了电子密度。由于放电过程中大量电子被反射，因此这种放电也称为反射放电。因为磁场径向约束了电子扩散，所以产生了一个沿径向的电场。于是，电子在 E×B 作用下做旋场转动。这就是磁控管放电的基本原理，被广泛应用于溅射喷镀和薄膜沉积中。

在磁控管中，阴极表面相互垂直的电场 E 和磁场 B 起到了约束电子的作用。这导致电子沿 E×B 方向的漂移(霍尔效应)，并引发电子在平行于阴极表面的方向上做一系列圆摆形漂动。因此，由离子轰击阴极发射的二次发射电子将被束缚在阴极附近。外加横向磁场的位形是按下面的要求来设计的：要让电子的 E×B 漂移路径形成闭合回路，以使漂移电子被限制在阴极表面处做多次的回旋。

常见的磁控管阴极为圆平面阴极，也就是简单的平板圆盘形状，E×B 方向漂移的电流以圆盘中心为轴，盘绕在阴极表面之上。漂移电流的大小通过测量它所感应出的磁场来得到，一般为放电电流或净电流的 3~7 倍。一般来说，这个比值是约束性能的一种量度，表示二次发射电子离开放电区到达阳极前做 E×B 环形漂移的次数，同时还指出电子做漂移运动的路径长度。这个比值可以适用于按比例放大的阴极，或具有不同 E×B路径的阴极情况。

7.2.5　高频电容放电

上面已经谈到，当数百伏的直流电压加到低压气体中的电极上时，就会产生辉光放电等离子体。那么如果用交变电压代替直流电压，又会怎样呢？

在频率非常低时，电子和离子都能迅速对交流电场做出响应，把电极包围起来，并由离子轰击阴极产生的二次发射电子来维持放电。除了阴极和阳极输入电压的极性不断互换外，其放电情况与直流放电是一样的。随着频率升高，离子不能再对迅速改变的电场及时响应，对阴极的轰击迅速降低，伴随产生的二次发射电子也相应减少。一般产生这种情况的典型频率为几兆赫兹。这种由电极电离产生电子的放电称为 γ 放电，γ 放电的电流较低，电流和电压成正比；而由放电区域产生电离电子的放电称为 α 放电，这种放电电流较大，鞘层阻抗较低。

下列的一些事件决定着从射频电场到引发等离子体过程的功率传递过程：两极间的自由电子在随着电场的交变而振荡时会在相位上有 90°的滞后。这本质上属于物理感应，也就是说不存在净的能量吸收，因为交变电场对电子所做功的时间平均值为零。但是，由于存在着电子-中性粒子的碰撞，电子的振荡运动新增了一个运动的阻力项。

除了典型的欧姆加热能产生高能电子，通过离子碰撞电极二次发射的电子，经过加速也可成为高能电子，如在直流辉光放电中。但是，射频等离子体还有另外的电子加热新方式。在射频等离子体中，电极电压的交变振荡特性，使电极附近的鞘层也随时间而变化，这样随着电极极性的变化，射频鞘层薄层的交替变化引发了随机加热。在鞘层膨胀过程中，鞘层边缘的电子会从鞘层电场中获取能量。行进的鞘层可看为是静电波，电子像是骑在静电波上的一个粒子，从静电波中获取能量。

在电容耦合系统中，穿过鞘层的电流量决定了传递等离子体得以维持的射频电流量。在上述要求的条件下，鞘层阻抗就占主导地位，这时的等离子体密度与正电性气体能量的平方根成比例。等离子体产生的效率随功率的上升以及鞘层电压的上升而降低。

当输入频率与动量转移的碰撞频率可比时，等离子体将从外电路中吸收能量。当输入频率远低于碰撞频率时，电子在一个波周期内会发生大量的碰撞，结果它从电场中获取的能量也会在这个碰撞过程中损失掉。另一种极限情况，也就是输入频率远高于碰撞频率时，几乎没有电子碰撞，电子运动基本上是电抗性的，因此无法通过碰撞来使能量转化。

这就引发了对甚高驱动频率下的二极管反应器的研究。在高频率下，等离子体总阻抗减少，从而降低了加在二极管两端的电压。甚高驱动频率下阻抗的实部和虚部会同时减小，但虚部的减小更显著。虚部的减小被认为是鞘层厚度的变薄，因而鞘层电容减少。这是一个我们希望的结果，因为这样就会有更多的输入功率被耗用在主等离子体区，从而导致等离子体密度的增加。降低电极电压同样会导致离子动能的下降。

由于等离子体中的高电子迁移率，离子难以对电场做出响应，因此射频二极管在其射频周期的正半周时，会在电极间形成较大的电子电流。一般会在高频电源和电极之间串联较大的电容。串联的大电容允许阴极上出现较大的负偏压，典型的偏压为射频电压峰峰值的一半。这种自偏压导致等离子体中离子向电极方向加速，否则，离子的运动就会慢得无法对射频电压做出响应。

射频放电和直流放电的另一个显著区别是等离子体对外电源电路的响应。外电路的电阻通常为 50 Ω，而等离子体则可看成由等效电容和电感元件组成，为复数电抗性阻抗负载，两者之间不匹配。除了采用串联的电容外，还常采用另外两种调谐元件来使等离子体阻抗与高频电源输出阻抗相匹配。它们一般为接地的旁路电容和 3~4 匝的串联电感，并和串联电容一起置于靠近阴极的匹配器中。电感元件的值是固定的，而两种电容(并联和串联)则是可调的。匹配控制器中的控制电路用于检测反射功率，然后通过调节可变电容来使反射功率达到最小。

7.2.6 电子回旋共振放电

当电子以速度 v 进入到磁感应强度为 B 的磁场时，会受到方向垂直于速度和磁场、大小为 evB 的力，电子做圆周运动，其回旋频率为 $f=eB/2\pi m$。如果此时对电子外加一个方向始终平行于电子运动方向、频率等于电子回旋频率的交变电场，那么对于电子来说，它感受到的是一个相对稳定的电场，因此电子将会被这个电场加速。电子回旋共振(ECR)放电就是基于电场和回旋电子之间的这种共振而产生的一种放电现象。这里所需的圆偏振交变电场可以通过电磁波来实现。

市场上常见的大功率微波源可工作在 2.45 GHz 频率下，因此建造商在用 ECR 等离子体源时也都按这些微波源的参数来设计。在这个频率下，电子回旋共振要求的磁感应强度为 875 Gs。注入空心线圈中的微波功率，会产生轴向均匀或发散的螺线管磁场，这时在满足电子回旋共振的区域中，发生电离以及微波场与等离子体之间的功率转换。

另外一种更为普遍的结构是采用 SmCo 永久磁铁产生多级场。例如，在 DECR 设备中，作为微波辐射器的是一组置于磁极面上方几毫米处的圆柱导体。上述结构在对微波等离子体源进行升级时比较简单，但置于等离子体中的导体容易产生污染。最近研制的 SLAN 发生器很好地解决了这个问题，它在磁极面之间放置了开有槽孔的天线，通过环形空腔来发射微波功率。

7.2.7 大气压辉光放电

当电流增加到反常辉光放电区之上后，放电往往就陷入了一个电流突然上升，而电压下降的区域。这是由辉光放电的各种不稳定性引起的，这个区域称为辉光弧光过渡区。无论放电电流还是电压的单独或同时增加都能够引发这种过渡。

辉光放电非常容易受到各种不稳定性的影响。不稳定情况可分为电子不稳定以及热不稳定。如果电子能量分布的变化导致电离的增加，而电离的增加又反过来对能量分布函数产生正反馈，就会引起电离增长的失控。负电性气体等离子体中因附着诱导而出现的不稳定性就属于电离失控类型，下面以氧等离子体为例来说明。在一个由电离和附着维持平衡的放电中，如果电离和附着复合都是 E/p 的函数，则当负离子浓度偏离平衡值增大后，随之增加的电场 e 将会引起电离失控式的增加。这就引起了电离不稳定性，这种不稳定性有高、低密度区交替组成的空间周期性结构，而且这种结构又以 100 m/s 速度从阳极向阴极运动。另一个常见的电子不稳定情况是由气体放电造成的局部加热引起的。任何局部密度不均匀都会引起输入功率沉积的增加，从而使气体温度增加，而温度的增加又会降低这一局部的气体密度。另外一类的电子不稳定性发生在靠电离和复合平衡来维持放电的分子和原子气体放电过程中。当激发态的电离成为主要放电过程时，就会出现这种所谓的多级电离不稳定性。

热不稳定常伴随着因中性气体加热效应引发的等离子体密度的变化。高的 E/p 将促进中性气体对电子能量的吸收，并因碰撞的增加而使其温度升高，而这反过来会降低中性粒子密度，从而进一步增大 E/p 值。上述正反馈过程的结果是电离和失控的等离子体密度增加，以及中性气体温度的升高。这一系列的过程是通过电离速率对电子温度依赖的反馈机制来建立的。它最终能使等离子体由最初的弥散的均匀态转变为细丝状态。

让辉光放电摆脱低气压容器的束缚在产业上有重要意义。最初的需求来自试图利用等离子体来改善燃烧和寻找高功率的气体激光器。建立高压下产生辉光放电的一般方法基于以下论据：辉光向弧光过渡很可能是受放电中最高电场区，也就是阴极区域的影响。如果把阴极分成很多个小段，然后用独立的电阻控制进入每个小阴极的电流，这样就可能维持稳定的高压辉光放电。可以通过增加相互独立的加载阴极的数量来把大量离散的等离子体源结合成一个连续的体源，如可采用电阻材料、半导体材料或液态介质来作阴极。阳极和阴极之间用绝缘材料隔开的微空心阴极。这种电极，通过大阴极电压降来引发阴极表面发射出次级电子以维持辉光放电。另外，在辉光放电向弧光放电过渡前，可以利用无源的电极特性或有源的放电电源周期性地脉动触发放电。射频激发的放电也已成功地转换成为大气压等离子体射流。

介质阻挡放电(DBD)，除了电极上有绝缘介质层之外，其他都与辉光放电类似。当电极两端接交流电时，介质会阻止放电从辉光向弧光的过渡，形成时空上随机分布的大量的微区放电。这种放电也有可能形成弥散形的放电。

7.2.8 金属蒸气等离子体

根据热离发射性能，可以把金属分为两类。第一类包括难熔金属钨、钼、钽等，这类金属在平衡状态下，热离电子流大于中性粒子流。第二类金属为铝、铬、铜等，这类金属在加热时能产生很大的热蒸气流。在第二类金属蒸气中能够维持高电流低电压的电弧放电，这种电弧被称为真空弧。

金属表面通常有称为晶须的微型突起。晶须上的场发射能在不到纳秒的时间内将晶须的温度升至其沸点以上，所形成的超临界流体压强到达 10^{10} Pa 量级，同时在热离发射和场发射的共同作用下发射电子。发射出的电子被加速，然后将金属蒸气电离。这时也涉入了压强电离。由于经历了涉及压力和静电力作用的复杂过程，等离子体爆发性的膨胀。这时正的空间电荷形成一个电势驼峰，在这个区域形成的离子会向相反的两个方向加速；返回阴极的离子将维持放电，被电势峰排斥，而背离阴极的离子将和等离子体一起向外膨胀；最终每个阴极点都会产生一个高电离度的高能的等离子体射流，其中离子电流占总电弧电流的7%~12%。这种等离子体流中包括了电子、单重电离的离子和多重电离的离子、原子和宏观尺度的颗粒。能量的再沉积使这个过程得以持续下去，只是阴极热斑点以1~100 $m \cdot s^{-1}$的速度在阴极表面迅速移动。因此，阴极弧实际上是由一系列在前驱弧附近漫游的微弧组成。

弧根在阴极表面以对横越阴极表面运动保持随遇稳定的方式漫游。实验表明，可用两种时间尺度来表征弧根这种随机运动，即几十纳秒的很短的热斑驻留时间和100 μs量级的较长的热斑无规则移动时间，两者各有其不同的扩散常数。随着时间的推进，热斑的运动会变慢，有时会稳定几十微秒左右。这种现象可归因于局部区域的加热积累效应使局部表面的温度发生了变化。

真空弧的一个显著特征是产生的离子能量超过了阴极-阳极电压所能提供的能量。许多理论表明：弧点现象是引起电量超高的原因。电势驼峰理论认为阴极周围聚集的多余正电荷形成了一个虚阳极，导致离子被它加速后的能量超过了外加电压差能产生的能量。气体动力学理论则认为，离子通过与电子碰撞从弧电子流量中获得的动量产生了过剩的能量。实验测得的离子能量分布似乎介于前两种预言之间，说明两种机制同时在起作用。

由于阴极热斑点的能量密度非常高，真空弧以10~100 $m \cdot s^{-1}$的速度在平行阴极表面的方向发射出微米量级的金属液滴。液滴的形成和发射与许多机制有关：①阴极材料的局部加热和熔池的形成；②液态金属被加速的离子和等离子体压强输送到熔区外围；③液滴带电后被强电场与离子的动量交换抽出熔池。

已经开发出许多减少液滴污染的技术，其中利用磁场定向来增加阴极点速度的方法是最成功的；另一个广泛应用的技术是利用环向磁场过滤器来引导等离子体。在环形输送管中沿直线轨道行进的液滴就损失在管道内。输送管在质量输运上非常低效，25%已属理想情况。另外，在某些实验中还观察到了等离子体的不稳定性和急剧爆裂。

阳极电弧中的金属蒸气由阳极蒸发形成。用来提供电子的阴极材料可以为碳、金属或合金。阴极表面可以通过带有外部加热的热电离来发射电子，其他发射电子的可能构型有空心阴极或阴极电弧。阳极材料可以以线性的形式连续地馈入放电区域，以补足蒸发所损失的长度，也可以采用难熔材料制成的坩埚来承载金属的方式。

电子轰击对材料的加热是导致阳极蒸发的基本物理机制。此外，由于非弹性碰撞，电子也能激发和电离，阳极周围蒸发出原子。阳极弧能产生一种独特的纯金属蒸气等离子体点源。通过欧姆加热来蒸发发射，喷涂一般不会出现大粒子，也不像溅射等过程那样剧烈。电弧输入功率与电子发射机理的互不耦合，使得阳极电弧的应用更加灵活广泛。对不同材料来说，电离度大约为20%。

第 8 章 催化与合成

8.1 催化作用与催化剂

8.1.1 催化的基本概念

“催化”一词包含三重意思，即指催化科学、催化技术和催化作用。可以概括地说，催化科学是研究催化作用的原理，而催化技术则是催化作用原理的具体应用。催化科学研究催化剂为何能使参加反应的分子活化，怎样活化以及活化后的分子的性能与行为。其重要性可以由催化技术的广泛应用来说明。催化技术是现代化学工业的支柱。

1981 年，国际纯粹化学与应用化学联合会(IUPAC)对催化剂有一个明确的定义，即催化剂是一种物质，它能够改变化学反应的速率，而不改变该反应的标准 Gibbs 自由焓变化。这种作用称为催化作用，涉及催化剂的反应称为催化反应。

在合成氨的过程中，如果没有催化剂，N_2分子和 H_2分子化合生成 NH_3是一个均相的化学反应过程。即要经过 N_2分子的 N—N 键合、H_2分子的 H—H 键断裂和 N—H 键的形成。由于 N_2分子和 H_2分子的键能很大，非常稳定，因此 N_2分子和 H_2分子经均相化学反应合成 NH_3需要很大的能量，即反应的活化能很高。在 500 ℃、常压条件下活化能为 334.6 $kJ \cdot mol^{-1}$，在这种情况下反应极慢，以致生成氨的量甚微，常规方法难以检测出。

但采用 Fe 作为催化剂时，N_2分子和 H_2分子化合生成 NH_3的途径就发生了变化。现代研究表明，N_2分子和 H_2分子首先在 Fe 催化剂表面发生化学吸附，这使得 N_2分子和 H_2分子的化学键削弱以至断裂，然后化学吸附的氮(Na)和化学吸附的氢(Ha)在催化剂表面相互作用，经过一系列的表面化学反应，最后生成的 NH_3分子从催化剂表面脱附，生成产物 NH_3，即

$$N_2 \xrightarrow{Cat^*} 2Na\text{-}Cat^*$$

$$H_2 \xrightarrow{Cat^*} 2Ha\text{-}Cat^*$$

$$Na\text{-}Cat^* + Ha\text{-}Cat^* \longrightarrow (NH)a\text{-}Cat^*$$

$$(NH)a\text{-}Cat^* + Ha\text{-}Cat^* \longrightarrow (NH_2)a\text{-}Cat^*$$

$$(NH_2)a\text{-}Cat^* + Ha\text{-}Cat^* \longrightarrow (NH_3)a\text{-}Cat^*$$

$$(NH_3)a\text{-}Cat^* \longrightarrow NH_3 + Cat^*$$

并且反应所需的活化能仅为 70.0 $kJ \cdot mol^{-1}$，比无催化剂时的均相化学反应的非催化过程要低得多，可见在催化剂作用下，化学反应速率得到很大的提高。实验表明，在 500 ℃、常压的条件反应下，催化反应比相同条件下的均相非催化反应的反应速率要高

出 13 个数量级。

8.1.2 催化剂的重要应用领域

在现代化学工业中，绝大多数的化工产品是借助催化剂生产出来的。因此，催化剂的应用非常广泛，一些重要的应用领域如下：

（1）石油炼制

石油炼制是指对不同沸程的石油馏分经催化转化成各种燃料油、润滑基础油、化工原料的过程。这是催化剂最重要的应用领域。使用催化剂包括各种固体酸、分子筛、负载型金属催化剂等；催化剂反应过程有催化裂化、催化重整、催化加氢处理等；化工反应工艺则有固定床、流化床、提升管催化裂化、铂重整、连续移动床低压铂重整、常压渣油催化裂化等。目前我国石油炼制已拥有现代化的催化技术，能生产各种所需的催化剂。

（2）石油化工

石油化工是指一切以石油为原料生产各种化工产品的催化过程，包括一些基本有机化工原料合成的催化过程。石油化工涉及的催化剂种类很多。一些重要的催化过程有：催化加氢与脱氢；催化水合与脱水；烃类的异构和芳构；芳烃烷基化、歧化及烷基转移；烯烃二聚及低聚等。

（3）精细化工

精细化工是指对基本化学工业生产的初级或次级化学品进行深加工，生产具有特定功能、特定用途且附加值高的化工产品的化工过程。精细化工涉及氧化反应、还原反应、碳链增减反应、重排反应、杂环合成反应、不对称合成等。广泛使用酸碱催化剂、超强酸碱催化剂、分子筛负载催化剂、金属化合物和配合物催化剂、手性催化剂、相转移催化剂等。

（4）合成材料

合成树脂、合成纤维、合成橡胶这三大合成材料的生产过程中，催化剂起着关键的作用。在聚乙烯、聚丙烯、聚苯乙烯、聚酯等以及高分子单体的生产过程中都要使用多种催化剂；在合成纤维工业中，涤纶纤维的生产需要甲苯歧化、二甲苯异构化、对二甲苯氧化、对苯二甲酸酯化、乙烯氧化制环氧乙烷、对苯二甲酸与乙二醇缩聚等多个过程，其中每一个过程都要使用催化剂；在腈纶纤维的生产中，要用到乙烯氨氧化等多种催化剂；在维纶纤维生产中，无论是乙炔合成或由乙烯合成醋酸乙酯，均是催化剂参与的催化过程；在合成橡胶工业中，丁苯橡胶、顺丁橡胶、异戊橡胶、乙丙橡胶等主要品种的生产中都要使用催化剂；一些单体的生产，如丁烯氧化脱氢制丁二烯、苯烷基化制乙苯、乙苯脱氢制苯乙烯、异戊烷制异戊二烯等也都需要催化剂。

（5）碳一化学

碳一(C1)化学主要研究含一个碳原子的化合物，如 CH_4、CH_3OH、CO、CO_2、HCN 等参与的化学反应。目前已经可以应用的 C1 化学反应路线，从煤和天然气出发，生产出新型的合成燃料，以及乙烯、丙烯、芳烃等重要的起始化工原料。而这些新工艺的开发，首先要解决催化剂这一关键问题。特别是煤经合成气($CO+H_2$)制甲醇；由费托(F-T)合成制汽油、柴油；甲醇催化转化制乙烯、丙烯等可大大缓解对石油的消耗，对可持续发展有重要的意义。

(6) 基础无机化工

基础无机化工产品如硫酸、硝酸、合成氨等种类虽然不多，但产量相当大。其中，硫酸是世界产量最大的合成化学品之一。目前硫酸的生产是用催化剂氧化 SO_2 制得。硝酸在铂-铑催化剂作用下，用氨的催化氧化法制得。合成氨工业使用的催化剂达 8 种以上，包括加氢脱硫钴-钼基、锌基催化剂，一段转化/二段转化镍基催化剂，中温变换铁基催化剂，低温变换铜基催化剂，甲烷化镍基催化剂，氨合成铁基催化剂等。

(7) 生物催化

生物催化是指在生物催化剂(俗称酶)作用下的反应过程。虽然酶是不同于化学催化剂的另一种类型的催化剂，但现代研究表明，酶催化过程的物理化学规律与化学催化剂是一致的。只不过酶的催化作用是生化反应的核心，化学催化剂是化学反应的关键，并且近年来生物催化与传统的化学催化的关系越来越密切，展现出了广阔的应用前景。

如在医药和农药工业中，以酶作催化剂已经大量生产维生素、抗生素、激素以及多种药物、农药等；在食品工业中，用酶催化的生物化工方法，可以生产发酵食品、调味品、醇类饮料、有机酸、氨基酸、甜味剂以及各种保健食品；在化学工业中，用生物催化剂已能生产许多种化工原料，如甲醇、乙醇、丁二醇、异丙醇、丙二醇、木糖醇、柠檬酸、葡萄糖酸、己二酸、丙酮、甘油等，还可合成许多高分子化合物，如多糖、葡萄糖、可生物降解高聚物聚羟基丁酸等。

特别是在能源工业中，采用生物催化剂可以从纤维素、淀粉、有机废弃物等可再生资源中大量生产甲烷、甲酸、乙酸等。这对于减少化石资源的消耗和 CO_2 气体的排放，充分利用可再生资源、生物质资源有重要的意义和应用前景。

(8) 环境催化

环境催化是指利用催化剂控制环境不能接收的化合物排放的化学过程。也就是说，应用催化剂可以将排放出的污染物转化成无害物质或者回收加以重新利用，可以在生产过程中尽可能地减少污染物的排放量，以及达到无污染排放；并且用新的催化剂工艺制备化学品取代对环境有害的物质，从根本上解决环境污染问题，在这方面催化剂起着关键的作用。如 SO_2 和 NO_x 的催化消除，机动车尾气的催化净化，工业有机废气的催化治理，室内空气污染物的催化净化，水中有机污染物的催化治理，CO_2 的回收、固定和再利用，固体废弃物的资源化和综合利用等。

8.2　催化剂与催化作用的基础知识

催化作用是现代化学工业极其重要的过程，大部分化工、炼油和污染控制的工艺过程中都存在催化剂，目前大约 90% 的化学品与材料是借助催化作用通过分步反应生产出来的。催化作用是现代化学工业的基石，对于国民经济、环境和公众健康起着基础性的作用。21 世纪催化技术仍然将是推动化学工业、石油炼制工业技术进步的核心技术，其在新材料、生物技术、环境保护等高新技术领域也面临着重大的发展机遇。催化过程是许多化学过程的核心和技术密集点，催化剂及催化过程的开发是化工、炼油等诸多行业的重要推动力量。一般认为每一元的催化剂可以生产 200 ~1 000 元的产品。另外，催化剂的重要性还体现在工艺技术和产品创新、能源综合利用和环境保护所带来的巨大经济效益和社会效益。

8.2.1 催化剂的特征

催化剂具有四个基本特征：

① 催化剂能加速热力学上可以进行的反应，而不加速热力学上无法进行的反应。

② 催化剂只能加速反应趋于平衡，而不能改变平衡的位置(平衡常数)。

③ 催化剂对反应具有选择性。

④ 催化剂具有一定的寿命。

催化剂只能加速热力学上可以进行的反应，不能加速热力学上无法进行的反应。因此，在判定某个反应是否需要采用催化剂时，首先要了解这个反应在热力学上是否允许。如果是可逆反应，就要解决反应进行的方向和深度，确定反应平衡常数的数值以及它与外界条件的关系。只有热力学允许且平衡常数较大的反应加入适当催化剂才是有意义的。例如在常温、常压、无外界因素影响的条件下，水不能生成氢和氧，因而也不存在任何能加快这一反应的催化剂。

催化剂只能缩短反应趋于平衡的时间，而不能改变热力学平衡状态(平衡常数)。催化剂能够改变反应途径，降低反应的活化能，加快反应的速率，这是一切催化剂的共性。催化剂在参加化学反应的中间过程后，又恢复到原来的化学状态而被循环使用，所以仅用少量的催化剂就可以促进大量反应物起反应，生成大量的产物。

催化剂只能改变化学反应的速度，却不能改变化学平衡的状态，即不能改变平衡常数。在一定外界条件下，某化学反应产物的最高平衡浓度是受热力学变量控制的。也就是说催化剂只能改变达到这一极限值所需的时间，而不能改变这一极限值的大小。根据热力学第二定律，任何一个非平衡体系可以自发地趋于平衡状态，其间反应放出的能量在热力学上称为反应的自由能变化，当反应达到平衡时自由能等于零。反应的自由能与反应物和产物所处的能级相关，而与催化剂无关。进一步说，如果反应物和产物间的能级差一定，则反应平衡常数一定，催化剂不会改变反应平衡。

催化剂不会改变化学平衡，也就是说，对于任一可逆反应，催化剂既能加速正反应，也能加速逆反应，只有这样才能维持平衡常数不变。这是一个相当有用的推论，利用此推论，我们可以想到，如果一个催化剂对于加氢反应有良好效果，可以推断其对脱氢反应也有效果，这就给科学研究带来了极大的便利。当然这都是理论上的，在实际应用中，要实现反方向上的反应所采用的不同催化剂配方和热力学条件都需经过长时间的摸索研究才能最终确定。例如，以 CO 和 H_2为原料合成甲醇是一个效率很高和很有价值的方法：$CO+2H_2 = CH_3OH$。

但这一反应是在加压下进行的，并且包含两种气体，要找到合适催化剂进行直接试验是比较困难的。然而上述反应的逆反应即甲醇的分解反应却是在常压下进行的，因而可以很方便地在常压下试验一些物质对甲醇分解反应的催化作用。对甲醇分解为优良的催化剂，也往往是合成甲醇的优良的催化剂。

当反应有一个以上的不同方向时，催化剂有可能仅加速其中的一个方向，因此提高了目的产物的选择性，所以促进反应的速率与选择性是同一目的。催化剂具有较强的选择性，许多反应物往往因选择不同的催化剂而促发不同的反应。可以用不同的催化剂，使反应有选择性地朝某一个所需要的方向进行。催化剂具有选择性包括两个含义：一是不同的反应物应该选择不同的催化剂；二是同样的反应物选择不同的催化剂，可获得不同的产物。例如，以合成气($CO+H_2$)为原料在热力学上可以沿着几个途径进行反应，但由于使用不同的催化剂，就得到了不同产物。

不同催化剂之所以能促使某一反应向特定产物方向进行，是因为这种催化剂在多个可能同时进行的反应中，使生成特定产物的反应活化能降低程度远远大于其他反应活化能的变化，使反应容易向生成特定产物的方向进行。

催化剂具有一定的使用寿命。通常的催化剂用量都大大少于反应物，而且在反应前后，催化剂的化学组成等都不会发生显著变化。虽然催化剂不出现在最终的产物中，但是催化剂在反应前后的物理状态(如颗粒大小、结构等)有可能变化。由于催化剂参加了反应的全过程，从反应物在催化剂表面上吸附到产物从催化剂表面上脱附，因此催化剂表面上发生的每一个过程都会影响其表面的物理化学结构乃至催化剂的体相结构，导致催化剂的活性位丧失和化学结构的破坏，最终导致催化剂失活。另外，大多数催化剂对于杂质十分敏感，有的杂质可以使其催化作用大大加强(助催化剂)，有的却能使其大大减弱(毒物)，使得有效活性位减少，同样导致催化剂失活。还有，反应物或产物高温下聚合生成的大分子和高温结碳等覆盖催化剂的活性位同样也会造成催化剂活性的下降。

在区分某种物质是不是催化剂时要特别注意以下几点：

① 催化剂首先被定义为一种物质实体，因此，各种通过能量如光、热、电、磁等物理因素而加速的反应都不是催化反应，其作用也不是催化作用。

② 新近的催化作用均为正方向，而在20世纪70年代以前对于能使反应速率降低(即负催化作用)的物质称为负催化剂，通常总是对应按自由基形成和消失进行的反应，这类所谓的“负催化剂”称为阻聚剂更贴切。

③ 现在常用的自由基聚合反应的引发剂，虽然引发了快速的传递反应，但在聚合反应时本身也是被消耗的，所以有别于催化剂。

④ 均相反应所存在的体系环境有时能对反应起到举足轻重的作用，即现今研究较热的“溶剂效应”，这种“类似催化作用”通常是物理作用，而不是化学催化作用。

总之，在辨别“催化”时除了分析是否具有催化的基本特征外，还要认准是否是物质实体，是否是化学作用等重要因素。

近年来能源安全保障、环境保护和延缓气候变暖成为全世界瞩目的课题，催化剂和催化技术在解决这些课题中将发挥重要的作用。具体地说，催化剂将在以下方面得以应用：①改变工艺路线，采用更加廉价的原料；②缓和反应操作条件，降低能耗；③提高产品收率和产品质量；④技术创新，开发合成新的产品；⑤变革技术和工艺，消除环境污染，达到清洁生产。

8.2.2 催化反应和催化剂分类

8.2.2.1 催化作用的化学本质

化学反应的本质在于化学键的“破旧立新”，在这个过程中往往需要一定的活化能(E_a)。如果反应体系没有提供足够的活化能，则根据玻尔兹曼(Boltzmann)分布，仅有部分反应分子能获得足够能量成为活化分子从而参与反应。大量实验表明，许多反应如纯粹离子间的反应(电解除外)、与自由基有关的反应、极性很大的配位反应以及可充分提供能量的高温反应，都可在没有催化剂的情况下迅速进行。但是，对稳定的化合物，特别是对有机化合物来说，在没有催化剂的情况下是不容易发生反应的。

在化学反应中，以上我们提到的四种反应，其中全部或者部分化学键的断裂和形成只需要很小的活化能，所以反应可以不使用催化剂；反过来我们不难想到，要是在反应体系中加入某种有利于反应物化学键重排的物质，降低反应所需的活化能，那么反应就可以进行了，这就是催化剂作用的化学本质。

根据过渡态理论，任何一个化学反应总是沿着它所能选择的“最省力”的反应路径来进行。反应的路径中一般需要越过一个(或主要的一个)高坡顶峰，即能垒，才能转化为产物。在能垒顶端的体系称为反应的过渡态，过渡态与反应物及产物之间的能量差对应于正向和逆向反应的活化能。催化剂借助化学作用力参与反应，一旦完成反应物到产物的过程就又恢复到原来的化学组成。催化剂借助化学作用力参与反应，一旦完成反应物到产物的过程就又恢复到原来的化学组成。催化剂暂时介入反应，使反应体系始态和终态之间由于增加了化学因素而改变了位能面的结构和位能峡谷的地形地貌，因而有可能选择一条更为“省力”的反应路径进行变化。

对于气相反应 $A+B \longrightarrow AB$，反应速率可以用 Arrhenius 方程表示：$r=Ae^{\frac{-\Delta E}{RT}}p_{A}p_{B}$。有催化剂参与的反应活化能 $E_{催}$小于没有催化剂参与的反应活化能 $E_{非}$，因此催化剂的存在，使反应速率大大提高。

1913 年发明熔铁催化剂使得合成氨实现工业化生产，标志着现代化学工业的开端，同时开启了催化剂的系统理论研究。现在每年成千上万吨氨就是通过这种反应形式合成的。氨是生成硝酸化合物的原料，也是农业生产氮肥的主要原料。氮气与氢气合成氨的反应如下：

$$N_2+3H_2 = 2NH_3$$

通过热力学计算，我们知道在高温和高压的条件下氢气和氮气可以生成氨气，但是氢气和氮气流过高温(500~600 ℃)和高压(200~300 atm)的管式反应器，没有氨气生成。如果将铁颗粒放入反应器中，混合气体很快能够生成氨气，铁就是合成氨催化剂。

8.2.2.2 催化剂分类

催化反应可以分为两大类：化学催化和生物催化。当然这样的分类对于学习催化理论的帮助是很有限的。通常催化工程和理论都是针对化学催化的，目前化学工业中采用的催化技术和催化剂大多都是化学催化，生物催化是一个与化学催化完全不同的领域，同时生物催化具有反应条件温和、选择性高和环境友好等优点，具有良好的应用前景。

如果按照生物催化剂的出现来看催化化学，那么可以说催化是存在于大自然中的。生物体内有千百种生物催化剂，它们具有比一般化学催化剂高得多的催化活性和选择性。这种生物催化剂俗称酶，是一种具有催化作用的蛋白质(包括复合蛋白质)。酶是活细胞的成分，由活细胞产生，但它们能在细胞内和细胞外起同样的催化作用，也就是说，虽然酶是细胞的产物，但并非必须在细胞内才能起作用。正是由于酶的这种独特的催化功能，使得它在工业、农业和医药等领域有着重要的作用。酶催化反应的特点是催化剂酶本身是一种胶体，可以均匀地分散在水溶液中，对液相反应物而言可认为是均相催化反应。但是在反应时反应物却需要在酶催化剂表面上进行积聚，由此而言又可认为是非均相催化反应。因此，酶催化反应同时具有均相反应和非均相反应的性质。

（1）按反应物系统物相分类

化学催化根据催化剂与反应物、产物及催化剂的物理状态通常分为均相催化和非均相催化。

① 均相催化反应：是指反应物和催化剂居于同一相态中的反应。如果催化剂和反应物均为气相，则催化反应称为气相均相催化反应，如 SO_2 与 O_2 在催化剂 NO 作用下氧化为 SO_3 的催化反应；如果反应物和催化剂均为液相，则催化反应称为液相均相催化反应，如乙酸和乙醇在硫酸水溶液催化作用下生成乙酸乙酯的反应。

均相催化体系主要包括两大类：可溶性的酸或碱催化和均相络合催化。主要包括 Lewis 酸、碱在内的酸碱催化剂和可溶性过渡金属化合物催化剂两大类，此外还有少数非金属分子催化剂，如 I_2、NO 等。

均相催化剂是以分子或离子水平独立起作用的，活性中心性质比较均一，与反应物的暂时结合比较容易用光谱、波谱以及同位素示踪法进行检测和跟踪；催化反应动力学方程一般也不太复杂，因而相当多的均相催化反应动力学及机理已经被研究的较清楚。大量实验表明，有机化合物的酸催化反应一般是通过正碳离子反应机理进行的。

均相络合催化是指可溶性金属化合物催化剂在均相反应中所起的作用，多数情形是通过络合使反应分子中要起反应的基因变得比较活泼，使其能在过渡金属原子（离子）的配位上进行反应而转化为产物，这就是所谓的络合催化或配位催化。虽然均相络合物催化剂有良好的催化性能，但在大规模生产中会不可避免地引起一系列问题，如催化剂与介质分离困难、体系不稳定等。

② 非均相催化反应：是指反应物和催化剂居于不同相态的反应。由气体反应物与固体催化剂组成的反应体系称为气固相催化反应，如乙炔和氢气在负载钯的固体催化剂上加氢生成乙烯的反应。由液态反应物与固体催化剂组成的反应体系称为液固相催化反应，如由离子交换树脂等固体酸催化的醇醛缩合反应或醇的脱水反应。由液态和气态两种反应物与固体催化剂组成的反应体系称为气液固三相催化反应，如苯在雷尼镍催化剂上加氢生成环已烷的反应。由气态反应物与液相催化剂组成的反应体系称为气液相催化反应，如乙烯与氧气在 $PdCl_2$-$CuCl_2$ 水溶液催化剂作用下氧化生成乙醛的反应。

这种分类方法对于从反应系统宏观动力学因素考虑和工艺过程的组织是有意义的，因为在均相催化反应中，催化剂与反应物是分子与分子之间的接触作用，通常质量传递过程对动力学的影响较小；而在非均相催化反应中，反应物分子必须从气相（或液相）向固体催化剂表面扩散（包括内外扩散），表面吸附后才能进行催化反应，在很多情况下都要考虑扩散过程对动力学的影响。因此，在非均相催化反应中催化剂和反应器的设计与均相催化反应不同，它要考虑传质过程的影响。然而，上述分类方法不是绝对的，近年来又有新的发展，而不是按整个反应系统的相态均一性进行分类，而是按反应区的相态的均一性分类。如前述乙烯氧化制乙醛反应，按整个反应体系相态分类为非均相（气-液相）催化反应，但按反应区的相态分类则是均相催化反应，因为在反应区内乙烯和氧均需溶于催化剂水溶液中才能发生反应。

(2) 按反应分类

按反应单元分类就是将反应过程涉及同类基团的同类变化归于同一类，这种分类方法不是着眼于催化剂，而是着眼于化学反应。例如，催化加氢、催化脱氢、催化氧化、催化裂化等。

按照催化剂成分及其使用功能分类是根据实验事实归纳整理的一些结果，虽然它们之间并无内在的联系或理论依据，但可供催化剂设计专家参考，因为同一类型的化学反应具有一定的共性，催化剂的作用也具有某些相似之处，这就有可能用一种反应的催化剂来催化同类型的另一种反应。

同一反应单元的催化反应，有些会有某些共同的特征，例如不饱和键加氢反应，乙烯加氢、乙炔加氢等都可用金属钯作为催化剂。Cu 基催化剂可作为 CO 加氢生成甲醇反应的催化剂，同样它也可用作 CO 加氢生成低碳醇反应的催化剂。

这种用类似反应来选择催化剂是开发新催化剂常用的一种方法。然而，由于催化过程的复杂性，不少看来属于同一反应单元的催化反应，其反应机理却迥然不同，如催化氧化反应就有很多不同类型。由于这种分类方法未能涉及催化作用的本质，所以不可能利用此种方法准确地预见催化剂。

(3) 按机理分类

按催化反应机理，可分为酸碱型催化反应和氧化还原型催化反应两种类型。

① 酸碱型催化反应：酸碱型催化反应的反应机理可认为是催化剂与反应物分子之间通过电子对的授受而配位，或者发生强烈极化，形成离子型活性中间物进行的催化反应。如烯烃与质子酸作用，烯烃双键发生非均裂，与质子配位形成 σ-碳氢键，生成正碳离子，反应式如下：

$$CH_2{=}CH_2+HL \rightarrow CH_3{-}CH_2^{+}+L^{-}$$

这种机理可以看成质子转移的结果，所以又称为质子型反应或正碳离子型反应。烯烃若与 Lewis 酸作用也可生成正碳离子，它是通过形成 π 键合物并进一步异裂为正碳离子，反应式如下：

$$CH_2{=}CH_2+BF_3 \longrightarrow \underset{\pi\text{键}}{\underset{BF_3}{CH_2{=}CH_2}} \longrightarrow \underset{\sigma\text{键}}{\underset{BF_3}{{}^{+}CH_2{-}CH_2}}$$

② 氧化还原催化反应：氧化还原型催化反应机理可认为是催化剂与反应物分子间通过单个电子转移，形成活性中间物种进行催化反应。如在金属镍催化剂上的加氢反应，氢分子均裂与镍原子发生化学吸附，在化学吸附过程中氢原子从镍原子中得到电子，以负氢金属键键合。负氢金属键合物即为活性中间物种，它可进一步进行加氢反应，反应式如下：

$$H{-}H+{-}M{-}M \longrightarrow {-}\overset{H}{\overset{|}{M}}{-}\overset{H}{\overset{|}{M}}{-}$$

这种分类方法反映了催化剂与反应物分子作用的实质。但是，由于催化作用的复杂性，对有些反应难以将两者决然分开，有些反应又同时兼备两种机理。

(4) 按化合物分类

按催化剂在使用条件下的物态，工业上重要的催化剂可大致划分为四类：

① 酸、碱、盐催化剂：酸、碱型机理的催化反应需用此类催化剂，其催化作用常与它们对质子或电子对的亲和力有关，如H_2SO_4或H_3PO_4用于水解，$NiSO_4$用于水合，H_2SO_4、HF 用于烷基化等。许多非过渡元素氧化物也属于此类催化剂，如$SiO_2-Al_2O_3$利用其表面的酸功能催化烃类的裂解反应。

② 过渡金属氧化物和硫化物催化剂：氧化还原型机理的催化反应中常用此类催化剂。过渡金属氧化物中的过渡金属离子容易改变原子价，即容易氧化还原，对氧具有化学吸附的亲和力，适于做各种氧化反应的催化剂。它们不适用于作加氢催化剂，因为有被还原成金属的可能性，如 V-O、Mo-O、Cu-O 等用于催化氧化。用于加氢处理的Mo-Co、Ni-W 等系列催化剂本身能形成加氢分解的硫化物。

③ 金属催化剂：金属催化剂多数为过渡金属元素，它们对含有氢和烃的反应具有较强的催化性能，这是因为这些物质很容易在金属表面上吸附，金属催化剂常用于氧化还原型机理的催化反应中，如 Ni、Pd、Pt、Fe 等用于催化加氢。轻金属不适于作为氧化反应催化剂，因为它们在反应温度下很快被氧化，而且一直氧化到体相内部。贵金属(如钯、铂和银)在相应温度下能抗拒氧化，可用作氧化反应的催化剂。

④ 金属有机化合物催化剂：金属有机化合物催化剂也称为过渡金属络合物催化剂，是配位催化机理反应中常用的催化剂，如烯烃聚合中的$TiCl_4-Al(C_2H_5)_3$、羰基合成中的$Co_2(CO)_8$等。在此类催化剂中不仅需考虑金属元素，也要考虑有机基团对催化性能的影响。

8.2.3 固体催化剂的组成和结构

催化剂的性能如活性、选择性和稳定性等不仅取决于催化剂的化学结构，还受催化剂的宏观结构(如表面积、孔隙率、孔分布、活性组分晶粒大小及分布等)的影响。通常研究一种催化剂需要从三个方面入手：催化剂结构、催化剂织构和催化剂表面。催化剂结构是指化学组成、晶体结构等，催化剂织构是指孔容、孔隙率、比表面积、平均孔径等，而催化剂表面是指催化剂的表面酸碱度、表面吸附状态和表面化合物等。这三方面的性质是相互关联的，决定着催化反应机理和催化剂的性能。

8.2.3.1 催化剂的组成

催化剂不管是多相还是均相，除少数是由单一物质组成的，一般都是由多种成分组合而成的混合体。按各种成分所起的作用，大致可将催化剂分为几部分，即主催化剂、助催化剂和载体，而在使用时统称为催化剂。

主催化剂是催化剂的主要成分，即活性组分，这是其催化作用的根本性物质，顾名思义，催化剂中若没有活性组分存在，就不可能有催化作用。例如，在合成氨催化剂中含有铁、氧化铝和氧化钾等，金属铁总是有催化活性的，只是活性较低、寿命较短而已。如果催化剂中缺少了金属铁组分，那么催化剂就完全没有活性了。因此，铁在合成氨催化剂$Fe-K_2O-Al_2O_3$中是主催化剂。

助催化剂是催化剂中具有提高活性组分的活性和选择性，改善催化剂的耐热、抗毒、机械强度和寿命等性能的组分。一般来说，助催化剂本身没有催化活性，但只要添加少量即可明显改进催化剂性能。通常加入助催化剂是为了抑制某些不希望的反应的活性，如结焦等。助催化剂通常可区分为结构助催化剂和电子助催化剂。

① 结构助催化剂：能使催化活性物质粒度变小、比表面积增大，防止或延缓因烧结而降低活性等。能起稳定结构作用的助催化剂大多数是熔点较高、难还原的金属氧化物。如CO中温变换铁铬系催化剂中的Cr_2O_3及氨合成$Fe-K_2O-Al_2O_3$催化剂中的Al_2O_3。

② 电子助催化剂：其作用是改变主催化剂的电子状态，从而使反应分子的化学吸附能力和反应的总活化能都发生改变，提高催化性能。如合成氨催化剂($Fe-K_2O-Al_2O_3$)中的K_2O，虽然K_2O的加入降低了催化剂的总比表面积，但使铁的费米能级发生变化，通过改变主催化剂的电子结构提高反应活性和选择性。

在很多情况下，反应活性与选择性的变化是不一致的，所以将某些可以降低副反应活性而提高目标产物选择性或者提高目标产物收率的“抑制剂”及延长催化剂使用寿命的“稳定剂”均归为助催化剂。工业催化剂中往往含有几种不同的助剂，而且催化剂的保密材料多数集中在助催化剂问题上，所以助催化剂的研究是许多研究工作的探索方向。

载体是负载型固体催化剂的重要组成部分。载体主要作为沉积催化剂的骨架，通常采用具有足够机械强度的多孔性物质。人们最初使用载体的目的只是为增加催化剂比表面积，从而提高活性组分的分散度，但后来随着对催化现象研究的深入，发现载体的作用是复杂的。主要作用有以下几点：

① 分散作用：增大活性表面和提供适宜的孔结构，这是载体最基本的功能，良好的分散状态还可以减少活性组分用量。

② 支撑作用：改善催化剂的机械强度，保证其具有一定形状，不同反应床选用载体时主要考虑其耐压强度、耐磨强度和抗冲强度。

③ 稀释导热作用：改善催化剂的导热性和热稳定性，避免局部过热引起催化剂熔结失活和副反应，延长使用寿命。

④ 提供活性中心：例如正构烷烃的异构化便是通过加/脱氢活性中心Pt和促进异构化的载体酸性中心进行的。

⑤ 助催化剂作用：载体有可能与催化剂活性组分发生化学作用，从而改善催化剂性能。选用适合的载体会起到类似助催化剂的效果。像上文中多次提到的合成氨催化剂中的Al_2O_3就既是载体又是结构助剂。

一般情况下，载体的作用在于改变主催化剂的形态结构，对主催化剂起分散作用，从而增加催化剂的有效表面积，提高机械强度，提高耐热稳定性，并降低催化剂的造价。而在很多情况下，活性组分负载在载体上后，两者之间会发生某种形式的相互作用或使相邻活性组分的原子或分子发生变形，导致活性表面的本质发生变化。这些作用对催化反应可能产生有益的或有害的影响。如甲烷蒸气转化用的镍催化剂，由于Ni与载体中的Al_2O_3生成$NiAl_2O_4$而失去活性。又如用共沉淀法制得的$Ni-Al_2O_3$催化剂，由于生成了尖晶石型的$NiAl_2O_4$，用H_2还原后，对碳-碳双键具有很高的加氢活性，而对碳-碳单键却没有加氢分解的活性，对反应起了选择性作用。

另一类催化活性物质与载体间的相互作用，是建立在某种吸附气体能在催化剂表面上从活性组分转移到载体，这种现象称为“溢流”。例如，氢在以活性炭为载体的铂上被大量地解离吸附，然后吸附的氢溢流到活性炭表面上，就是“氢溢流”。这样的氢已被活化，并能够在与铂接触的临近载体表面上发生意外的反应。具有这种作用的金属还有钯、铑和镍，载体则包括 Al_2O_3、SiO_2、沸石等。活性氢也能溢流到一些过渡金属氧化物上，如 CuO、WO_3、MoO_3、Fe_2O_3、Fe_3O_4、Co_3O_4、MnO_2，以及像 Ag_2S 等类物质。氢溢流作用预计在加氢或脱氢反应中将有非常重要的效应，因为在这类反应中，氢的来源或贮存方便，对反应有利。

还有一类催化活性组分与载体间的相互作用是金属-载体的强相互作用(strong metal support interaction，简称 SMSI)。这是近 20 年来多相催化领域最热门的研究课题之一，起因于 Tausfer 等人的实验结果。他们曾研究了负载于 TiO_2上的 Rh、Ru、Pd、Os、Ir 和 Pt 等金属催化剂对 H_2和 CO 吸附的规律。发现低温(473 K)用 H_2还原的催化剂吸附 H_2及 CO 的能力比高温(773 K)还原的催化剂强。这种现象不能用高温处理后催化剂的颗粒变大、比表面变小的经验来解释，因为 XRD 和 TEM 测试结果表明，经高温氢气还原后，催化剂的结构并没有太多改变，表面也未发生烧结。另外，经高温氢还原的催化剂，若再在 673 K 用氢处理，可使其吸附 H_2和 CO 的能力恢复。这一现象也不能归结为烧结，因为烧结一般是不可逆的。实验发现，这种吸附性能随处理温度变换的可逆性不仅存在于上述金属与 TiO_2之间，而且也显著地出现在 V_2O_5、Nb_2O_5、Ta_2O_5及 MnO_2之上。这就使人们想到，在负载型催化剂中，金属与载体之间可能存在着某种相互作用，并由此在一定程度上影响其吸附能力以及催化性能。

目前人们对 SMSI 虽然进行了不少研究，并在某种程度上肯定了它的普遍性，但对其作用机理尚在探讨中。如能全面了解它的实质，对于改进和创新负载型催化剂都很有帮助，尤其对于许多结构敏感的催化反应具有十分重要的实际意义。

此外，载体还与活性组分组成多功能催化剂，如 Pt/$SiO_2 \cdot Al_2O_3$、Pt/分子筛等。多功能催化剂与共催化剂是有区别的。

载体也可使均相催化剂固载化，为工业催化剂开发开创了一个新途径。

8.2.3.2 催化剂的结构

固相工业催化剂是具有一定外形和大小的颗粒，催化剂的形状有球状、圆柱状、环状、片状、网状、粉末状、条状及不规则状，近年来还出现了许多特殊形状，如三叶状、四叶状、车轮状、蜂窝状、梅花状及齿球状等，颗粒大小从几十微米到十几毫米。由于制备方法不同，虽然催化剂的化学组成相同，但是由于结构不同，催化剂的性能差别很大。

催化剂有三个级别的粒子构成：初级粒子、次级粒子和催化剂颗粒。初级粒子是指组成催化剂的原子排列结构，通常为纳米水平；次级粒子为初级粒子以较弱的附着力聚集而成，一般为微米级水平；次级粒子聚集组成催化剂颗粒(毫米级)。催化剂的孔隙大小和形状取决于这些粒子的大小和聚集方式。催化剂的细孔由初级粒子聚集形成，而粗孔则由次级粒子聚集而成，制备催化剂时调节初、次级粒子的大小和聚集方式可以控制催化剂的表面积和孔结构。

固相催化剂的孔道一般可以根据孔半径大小分成三类：微孔，指半径小于 1 nm 的材料，如活性炭、沸石分子筛等多含有微孔；中孔，指半径在 1~25 nm 的材料，多数催化剂中大部分孔属于这一范围；大孔，指半径大于 25 nm 的材料，硅藻土中的孔道主要属大孔范围。目前，用压汞法测定大孔范围的孔分布，用气体吸附法测定中等孔范围的孔分布。在表述多孔固体催化剂时常常用到以下概念。

(1) 催化剂的密度

催化剂的密度是指单位体积内含有的催化剂质量，表示为：$\rho=m/V$。其中，m 为催化剂的质量，V 为催化剂占有的体积。仅当 V 代表理想的原子或分子规则排列的固体颗粒体积时，所得到的密度才是催化剂的理想密度。但是催化剂往往都是多孔体，堆积的催化剂体积由三部分构成：催化剂颗粒之间的空隙体积 V_{sp}，催化剂颗粒内孔的孔隙体积 V_{po} 以及催化剂的骨架所占体积 V_{sk}。因此催化剂所占有的总体积 V_c 应用以下关系计算：

$$V_c=V_{sp}+V_{po}+V_{sk}$$

对同一多孔催化剂来说，采用不同的体积，可以有不同的密度表示形式。

① 表观密度(又称堆密度)ρ_c

$$\rho_c=\frac{m}{V_c}=\frac{m}{V_{sp}+V_{po}+V_{sk}}$$

V_c 的测定通常采用振动法，即将催化剂放入适当直径的量筒中，敲打至体积不变时测得的体积。

② 颗粒密度(假密度)ρ_p

$$\rho_p=\frac{m}{V_p}=\frac{m}{V_{po}+V_{sk}}=\frac{m}{V_c-V_{sp}}$$

V_p 的测定常采用汞置换法，颗粒密度通常又称为汞置换密度或假密度。由于常压下，汞只能进入孔半径大于 50 000 nm 的孔中，所以汞置换法可测得半径大于 50 000 nm的孔和空隙的体积。

③ 骨架密度(真密度)ρ_s

$$\rho_s=\frac{m}{V_{sk}}=\frac{m}{V_c-(V_{sp}+V_{po})}$$

$(V_{sp}+V_{po})$ 的测定通常采用氦置换法，骨架密度通常又称为氦置换密度或真密度。氦气既可以进入颗粒之间的空隙，又可以进入颗粒内部的孔，所以用氦置换法可以测得 $(V_{sp}+V_{po})$。

(2) 内表面积

多孔固体催化剂的内表面积是指由催化剂内大小不等的孔道所形成的面积之和。由于催化剂的孔道很小，可形成相当大的内表面积，固体催化剂即使是很细的催化剂颗粒，其外表面积与催化剂内孔道所形成的内表面积相比也是很小的。通常，催化剂的内表面积越大，所含的活性位越多，因而其消除扩散影响的本征活性越高。每克催化剂或载体的内表面积称为比表面积 S_g，常用来表示催化剂的内表面积大小。测量固体催化剂比表面积的方法是气体吸附法，简称 BET 法。

(3) 比孔容和孔隙率

比孔容(V_g)是指 1 g 催化剂中颗粒内部细孔的总体积。V_g 可由颗粒密度和真密度求得。

$$\rho_g=\frac{1}{\rho_p}-\frac{1}{\rho_s}$$

V_g 可用四氯化碳法直接测定。在一定压力下，使四氯化碳在催化剂的孔内凝聚并充满，此时四氯化碳的体积即为催化剂的内孔体积。

催化剂内孔的体积占颗粒总体积的比例称为孔隙率，用 θ 表示，可由下式计算得到：

$$\theta = \frac{\dfrac{1}{\rho_p} - \dfrac{1}{\rho_s}}{\dfrac{1}{\rho_p}}$$

根据前面比孔容的定义可知：

$$\theta = V_g \rho_p$$

孔隙率常用氦-汞置换法来测定。在定压(大气压)下，测定容器中催化剂试样被置换的氦体积，将氦换成汞，再测定置换的汞体积。测定时要预先将催化剂经过真空加热处理。由于在大气压下汞不能进入绝大多数催化剂中的孔道，只能填充颗粒间的空隙，因此两次测得体积之差再除以催化剂颗粒试样的质量即为孔容。测定被置换的氦体积即得固体物质(骨架)所占的体积，可算得催化剂固相的真密度 ρ_t。由被置换的汞体积可算出催化剂颗粒的表观密度或假密度 ρ_p，以单位堆积体积的颗粒质量表示其密度，称为堆密度或床层密度 ρ_b，一般堆密度是指催化剂活化前的测定值。颗粒催化剂孔隙率 θ 是催化剂颗粒的孔容积与颗粒的总体积之比，许多催化剂的孔隙率为0.5左右，孔隙率可按假密度进行计算。

(4) 平均孔半径和孔径分布

催化剂中孔道的大小、形状和长度都是不均一的。考虑反应组分进入催化剂内部反应而产生反应-扩散过程时，需要知道催化剂的孔径大小及其分布。某些反应，如丙烯氨氧化制丙烯腈，要求催化剂的载体 SiO_2 有一定大小的孔径，才能有最高的选择性。在催化剂制备及颗粒催化的反应速率计算方面都需要测试催化剂的孔径分布。

平均孔半径是从简化模型得到的，并把它作为描述孔结构的一个平均指标。根据比孔容 V_g 和比表面积 S_g，可以求得平均孔半径：

$$\bar{r} = \frac{2V_g}{S_g}$$

基于对催化剂内孔结构的全面考虑，只有空的总容积和平均孔半径两个参数是不够的，还要知道孔径分布。孔径分布是指孔容积随孔径大小变化的关系。测定孔径分布的方法很多，通常有压汞法、电子显微镜法、吸附曲线计算法(也叫毛细管凝聚法)、分子探针法等。

8.2.4 催化剂的性能和工业催化剂的基本要求

8.2.4.1 催化剂的性能

催化剂的性能可以分为反应性能、化学性能和物理性能。反应性能是指催化剂在反应过程中表现出的性能，如反应活性、选择性和稳定性等，化学性能包括催化活性组分的化学态、酸性、表面组成和化学结构等，物理性能包括比表面积、孔结构、密度和力学性能(如压碎强度和磨耗等)。对于一个有工业应用前景的催化剂，通常人们比较关心催化剂的活性、选择性和稳定性。

(1) 催化剂的活性

催化剂的活性是指催化剂转化反应物(或底物)至产物的能力。可以用多种不同的基准来表示。例如，每小时每克催化剂的产物($g \cdot g^{-1} \cdot h^{-1}$)，或每小时每立方厘米催化剂的产物($g \cdot cm^{-3} \cdot h^{-1}$)，或每小时每摩尔催化剂的产物($mol \cdot mol^{-1} \cdot h^{-1}$)等。另外，通常采用比活性来表示催化剂的活性。所谓比活性是相对于催化剂某一特性而言的。例如，每单位表面积或每个活性中心的活性。

通常催化剂活性越高，催化剂的总体使用量越少，催化剂的使用成本越低。但是对于反应快速而且有剧烈放热的反应，催化剂不宜活性高，否则反应热难以移除，导致反应温度过高，反应无法控制，催化剂选择性下降，同时容易造成催化剂床层飞温，导致催化剂烧结而失活。

催化剂的活性可以用催化反应的速率、速率常数和反应物的转化率来表示。对于使用固体催化剂的反应：

$$A+B \xrightarrow{Cat} C+D$$

反应速率可以表示为：

$$r_m = -\frac{dn_A}{mdt} = -\frac{dn_B}{mdt} = \frac{dn_C}{mdt} = \frac{dn_D}{mdt}$$

$$r_V = -\frac{dn_A}{Vdt} = -\frac{dn_B}{Vdt} = \frac{dn_C}{Vdt} = \frac{dn_D}{Vdt}$$

$$r_S = -\frac{dn_A}{Sdt} = -\frac{dn_B}{Sdt} = \frac{dn_C}{Sdt} = \frac{dn_D}{Sdt}$$

式中，r_m、r_V和r_S分别为单位时间内单位质量、体积和表面积的催化剂上反应物或产物的变化量；m、V和S分别为催化剂的质量、体积和比表面积；n为反应物或产物的物质的量(mol)；t为时间。

用反应速率比较催化剂活性时，要求反应温度、压力和反应物的浓度相同。

催化剂的活性还可以用催化反应的比速率来表示。例如，上述反应如果反应物为气态，则速率方程可以表示为：

$$r^p = kp^a p^b$$

当然对于固体催化剂，比速率常数包括表面比速率常数(单位表面积催化剂上的速率常数)、体积比速率常数(单位体积催化剂的速率常数)、质量比速率常数(单位质量催化剂的速率常数)。

用比速率常数比较催化剂活性时只要求反应温度相同，不要求反应物的组成和催化剂的使用量相同，因此在研究中常被采用。

为了避免速率常数的某些不足，有人采用转换频率来描述催化活性。转换频率的定义是单位时间内每个催化活性中心上发生反应的次数。与速率常数相比，转换频率不涉及反应的基元步骤和速率方程，物理意义更明确，但是目前对催化剂活性中心数目的测量还有一定的困难。

(2) 催化剂的选择性

当相同的反应物在热力学上存在多个不同方向时，将得到不同的产物，而催化剂仅加速其中的一种，这就是催化剂的选择性。

用真实反应速率常数比表示的选择性因素称为本征选择性，用表观速率常数比表示的称为表观选择性。这种选择性因素的表示方法在研究中用得较多。

对于一个催化反应来说，催化剂的活性和选择性是两个最基本的性能，人们在催化剂研究开发过程中发现催化剂的选择性往往比活性更重要，也更难解决。因为一个催化剂尽管活性很高，若选择性不好，会生成多种副产物，这样给产品的分离带来很多麻烦，大大地降低了催化过程的效率和经济效益。反之，一个催化剂尽管活性不是很高，但是选择性非常高，仍然可以用于工业生产中。

（3）催化剂的稳定性

对于一个工业催化剂来说，在保持适当的活性和良好选择性的前提下，其使用时间的长短就是催化剂的寿命。一般说来，催化剂的使用时间长即表明其稳定性好；反之，稳定性差。

催化剂的稳定性是指其活性和选择性随时间变化的情况。通常催化剂活性随反应时间的增加而下降，当活性下降到一定的水平，催化剂需要通过再生恢复催化剂的活性。催化剂再生一般不会完全恢复催化剂的活性，经过几次再生操作后，催化剂的活性将达不到工业生产的要求，则需要更换新的催化剂。催化剂的寿命是指催化剂在反应器内使用的总时间。工业上在反应条件下维持一定活性和选择性水平的时间，或者每次催化剂活性下降到一定的水平需要再生而恢复催化剂活性的累计时间，称为催化剂的再生周期。再生周期越长，催化剂稳定性越好，催化剂使用寿命越长。

8.2.4.2　工业催化剂的基本要求

对于一个能商业化的化学工业生产过程，必须满足三个条件：技术路线可行、经济效益可行、安全和环保可行。技术路线可行是指采用的化学过程是热力学允许的反应，采用的反应条件工业上能够满足。经济效益可行是指采用低附加值的原料生产高附加值的产品，能够产生足够的经济效益。安全和环保可行是指反应条件尽量避免在爆炸极限内，操作规程有足够的安全保障措施，并且工程中尽量减少有毒、有害物质的产生，对不可避免产生的毒物要有环保的处理措施，避免环境污染。催化剂为化学工业的重要技术之一，除上述要求外，从工业装置使用的角度来说，工业催化剂要求具备适宜的活性、高选择性、长寿命和低成本。

通常希望使用高活性催化剂以减少催化剂的使用量和反应器的尺寸，同时希望催化反应能在较低的温度和压力下进行，以降低设备制造成本和生产成本。但是对于强放热的催化反应，通常需要控制反应转化率和加强传热来稳定催化剂床层的反应温度，因此催化剂活性不宜过高，以免因转化率高引起反应热无法及时从反应器内移出而造成催化剂床层快速升温，导致催化剂高温烧结而失活，甚至造成反应器爆炸。

对于所有的催化剂而言，高选择性是技术进步的目标，是生产装置节能降耗重要的技术保障。一方面催化剂的选择性高，生产需要的原料消耗降低；另一方面催化剂的选择性高，副产品少，降低了产物分离的操作成本。

催化剂的再生周期和寿命长对催化剂工业应用是至关重要的，虽然在产品成本中催化剂的费用所占比重不大，但对催化剂再生或更换新的催化剂，必然会增加使用成本和造成生产工时的损失，因此应尽可能地延长催化剂的使用寿命和使用长寿命的催化剂。

而且，催化剂长期在低活性下工作，会造成产品生产成本高。

随着工业化过程的进展，化学资源日益减少，原材料价格不断上涨，催化剂的生产成本被越来越多的催化剂使用厂家所关心，特别是对于催化剂使用数量大而使用寿命短和使用贵金属作为活性组分的两类催化剂，如催化裂化催化剂、渣油加氢处理催化剂和汽车尾气处理催化剂等，研究者正努力提高催化剂活性组分的使用效率、提高催化剂处理负荷或降低活性组分的使用量，以降低催化剂的使用成本。

从催化剂实用角度来看，还要求在其使用时有配套的开工、活化和再生等方案。近年来，由于环保要求日益严格，对催化剂的废弃也提出了限制，所以工业上已经开始开发废催化剂的回收利用技术。

8.2.5 多相催化反应体系分析

在多相催化反应过程中，从反应物到产物一般经历下述步骤，多相催化反应大致可分为五个步骤：

① 反应物质从反应相穿过催化剂颗粒表面外的反应相膜，扩散到催化剂外表面；然后从催化剂颗粒外表面通过细孔扩散到催化剂内表面。

② 在催化剂内表面上被吸附。

③ 在催化剂内表面上进行反应。

④ 反应生成物在催化剂内表面上脱附。

⑤ 生成物通过细孔扩散到催化剂颗粒外表面，通过催化剂颗粒表面外的反应相膜扩散到反应相中。

上述步骤中的步骤①和步骤⑤为反应物、产物的扩散过程。从气流层经过滞留层向催化剂颗粒表面的扩散或其反向的扩散，称为外扩散。从颗粒外表面向内孔道的扩散或其反向扩散，称为内扩散。这两个步骤均属于传质过程，与催化剂的宏观结构和流体流型有关。步骤②为反应物分子的化学吸附，步骤③为吸附分子的表面反应或转化，步骤④为产物分子的脱附或解吸。步骤②~④均属于在表面进行的化学过程，与催化剂的表面结构、性质和反应条件有关，也称作化学动力学过程。多相催化反过程包括上述的物理过程和化学过程两部分。

步骤①和步骤⑤是物理传质过程，步骤②~④是化学过程。

由于分子的平均自由程和孔径大小及其比值不同，反应物分子在催化剂孔内的扩散表现出不同的扩散规律，一般而言，当催化剂的孔径 $r>10^4$ nm 时，流通量与 r 无关，属于体相扩散，又称为普通扩散，扩散的阻力主要来自分子间的碰撞。这类扩散不属于细孔内扩散范畴。催化剂孔内存在的几种扩散形式：体相扩散、Knudsen 扩散(又称微孔扩散)、过渡区扩散、构型扩散和表面扩散。

由于反应物分子的平均自由程和孔径大小及其比值不同，分子在催化剂孔内的扩散表现出五种扩散规律。下面简单讨论几种扩散的情况。

(1) 体相扩散

所谓体相扩散或称容积扩散是指分子平均自由程(λ)小于孔直径(d)时的扩散，这种情况下孔内分子间碰撞的概率大于与孔壁碰撞的概率，阻力主要来自分子之间的碰撞。对于气体压力高的体系主要起作用的是体相扩散。描述扩散速率使用 Fick 第一定

律，对一维的扩散，Fick 定律给出扩散速率为

$$\frac{\mathrm{d}m}{\mathrm{d}t}=-DS\frac{\mathrm{d}c}{\mathrm{d}x}$$

式中，D 为扩散系数；S 为发生扩散的面积；$\mathrm{d}c/\mathrm{d}x$ 为 x 方向上扩散物的浓度梯度，负号表示扩散指向浓度减少方向。

根据假设分子为弹性钢球模型，导出体相扩散的扩散系数公式为

$$D=\frac{1}{3}v\lambda\ ,\ v=\sqrt{\frac{8RT}{\pi M}}\ ,\ \lambda=\frac{kT}{\sqrt{2}\pi\sigma^2 p}$$

式中，v 为分子的平均速率；λ 为分子的平均自由程；M 为摩尔质量；R 为气体常数；T 为温度；k 为玻尔兹曼常数(1.381×10^{23} J/K)；σ 为分子有效直径；p 为压力。

体相扩散发生在多孔催化剂上时，由于孔结构的影响，扩散系数要修正。修正后的扩散系数称为有效扩散系数 D_e，它与扩散系数的关系为

$$D_e=\frac{D\theta}{\tau}$$

式中，θ 为孔隙率；τ 为弯曲因数。

引入 θ 表明在多孔颗粒情况下的扩散应该是没有催化剂存在时的扩散的一个分数，这个分数在数值上等于 θ。引入 τ 是对孔道弯曲造成的阻力所做的校正。对许多实用催化剂而言，θ 值一般在 0.3~0.7，τ 一般在 2~7。

(2) Knudsen 扩散(微孔扩散)

当吸附质气体浓度很低或者催化剂的孔径很小时，分子平均自由程(λ)小于孔直径(d)时，气体分子与催化剂孔壁碰撞的概率远远大于分子间互相碰撞的概率，因此扩散的阻力主要来自于分子与孔壁的碰撞，这种扩散称为 Knudesen 扩散，又称微孔扩散。

描述 Knudsen 扩散的速率方程仍然采用 Fick 第一定律，Knudsen 扩散系数为 D_K：

$$D_K=\frac{2}{3}vr=\frac{2}{3}r\sqrt{\frac{8RT}{\pi M}}$$

Knudsen 扩散与系统的压力无关，而与催化剂的孔半径、吸附质分子的大小及系统的温度有关。同样在多孔颗粒情况下，Knudsen 扩散系数类似体相扩散修正：

$$D_{K,e}=\frac{D_K\theta}{\tau\ m}$$

(3) 过渡区扩散

过渡区扩散介于 Knudsen 扩散和体相扩散之间。在这一区域中，吸附质分子间的碰撞和吸附质分子与催化剂孔壁的碰撞都不能忽略，因此扩散通量与孔径的关系呈非线性关系。

$$D=\frac{1}{\dfrac{1}{D_{AB}}+\dfrac{1}{(D_K)_A}}$$

式中，D_{AB} 为体相扩散系数。

$$D_{AB}=0.001\ 858\ T^{1.5}\frac{\left(\dfrac{1}{M_A}+\dfrac{1}{M_B}\right)^{0.5}}{P\sigma_{AB}^2\Omega_{AB}}\quad(\mathrm{cm^2/s})$$

式中，Ω_{AB}为扩散碰撞积分函数，可由表查得；σ_{AB}为 A、B 两组分分子碰撞直径 σ_A、σ_B的算术平均值，即 $\sigma_{AB}=\frac{\sigma_A+\sigma_B}{2}$。

（4）构型扩散

催化剂的孔径尺寸接近于分子大小时，催化剂的孔径与反应物分子的直径处于同一数量级，在某一孔径的微孔中，不同大小的分子或大小相近但空间构型不同的分子，扩散系数差别就会非常大。这种扩散系数与被吸附分子的大小和构型有关的扩散称为构型扩散，构型扩散是具有大量微孔的多孔物质(如沸石、分子筛)所特有的扩散形式。在这种扩散方式中，分子大小微小的变化，都会引起其扩散系数显著改变。例如，改性 ZSM-5 沸石分子筛直接合成对二乙苯就是利用该类扩散，对二乙苯的扩散系数比间二乙苯和邻二乙苯要大几个数量级。

（5）表面扩散

若吸附于固体表面的分子有很大的移动性，通过催化剂固体表面上分子的运动而产生的传质过程叫作表面扩散，其扩散的方向是固体表面吸附质气体浓度减小的方向。在扩散的方向上，吸附量和分压都趋于降低，所以表面扩散和气体扩散过程是平行的。一般认为在温度较高的催化反应中，表面扩散不是主要的，可以不予考虑。

第 9 章　生物质材料化学

9.1　生物质材料的化学基础

生物质材料科学是一门新兴学科，生物质目前还没有严格的定义，不同的专业对其定义也有所不同。一般多指源自动植物的、积累至一定量的有机类资源，包括多种多样的物质。具体地说，生物质一般是指利用大气、水、土地等通过光合作用而产生的各种有机体，即一切有生命的可以生长的有机物质通称为生物质。它包括植物、动物和微生物。广义的生物质包括所有的植物、微生物以及以植物、微生物为食物的动物及其生产的废弃物。有代表性的生物质如农作物、农作物废弃物、木材、木材废弃物和动物粪便。狭义的生物质主要是指农林业生产过程中除粮食、果实以外的秸秆、树木等木质纤维素、农产品加工业下脚料、农林废弃物及畜牧业生产过程中的禽畜粪便和废弃物等物质。总而言之，生物质(biomass)是指由植物、动物和微生物等生命体所生成的物质。林业生物质(forestry biomass)是可再生的森林植物，包括木本植物、禾本植物和藤本植物叶子生活细胞中的叶绿素，从空气中吸收二氧化碳与从根部吸收水分，在阳光下进行光合作用，生成碳水化合物，以生物量形式贮存在植物中的物质，它可用于开发生物质材料、生物质能源和生物质化学品。

9.1.1　生物质材料

生物质材料(biomass materials)也有广义和狭义之分。广义的生物质材料是以木本植物、禾本植物和藤本植物及其加工剩余物和废弃物为原料，通过物理、化学和生物学等技术手段，加工制造而成的材料，包括木材、竹材、藤材以及人造板。狭义的生物质材料是以主要来源于农业(包括蔬菜、畜牧产业)、林业及水产业的可生物降解的产品组分、剩余物和废弃物，以及工业和城市垃圾中的可生物降解的组分为原料，通过物理、化学和生物学等技术手段，加工制造而成的材料。林业生物质材料(forestry biomass materials)是以木本植物、禾本植物和藤本植物等森林植物类可再生生物质资源及其内含物，以及林地废弃物、加工剩余物和使用过的木质废旧物为原料或基体材料，通过物理、化学和生物学等技术手段，加工制造性能优异、环境友好、功能多样、附加值高、用途广泛、具有现代新技术特点并能替代化石和矿产资源产品的一类新型材料，如生物质基金属复合材料、生物质基无机非金属复合材料、生物质基有机高分子复合材料、生物质基纳米复合材料、生物质功能材料、生物质结构材料、生物质环境材料、生物质装饰材料、生物质化石、矿产源产品替代材料等。木塑复合材料是利用废弃的林产品和农业剩余物、废弃塑料等复合而成的兼具木材和塑料的优良性能的新型生物质材料，是典型的林业生物质材料。林业生物质材料科学是研究林业生物质资源与材料及其衍生材料的结构、组成与性能和它们之间的相互关系，以及为这些资源的生长培育和材料的加工利用提供科学与技术的一门生物的、化学的、物理的学科。它具有双重属性，既是林业科学的一个分支，也是材料科学的一个分支。

9.1.2 生物质原料的化学利用

生物质纤维原料化学利用，主要指利用生物质资源中纤维素、半纤维素和木质素三大组分，例如纤维素高值化利用技术，通过纤维素嵌段共聚和接枝共聚改善纤维素与其他高聚物组合方法，制备性能优异的新材料等。生物质重组材料设计与制备主要研究以木本植物、草本植物和藤本植物及其加工剩余物、林地废弃物、使用过的木质废弃物和作物秸秆等生物质原料为基本组元进行重组的原理和方法，研究范围包括木质人造板、非木质人造板的设计与制备，制成具有高强度、高模量和高性能的生物质工程材料、功能材料、环境材料和装饰材料。生物质基复合材料设计与制备主要研究以木本植物、草本植物和藤本植物及其加工剩余物、林地废弃物、使用过的木质废弃物和作物秸秆等生物质原料为基本组元，与其他有机高聚物材料、无机非金属材料或金属材料为增强体组元或功能体组元进行复合的原理和方法，创新新材料技术。

材料的复合化是材料发展的必然趋势之一，古代就出现了原始型的复合材料，如用草茎和泥土作建筑材料；砂石和水泥基体复合的混凝土也有很长历史。19 世纪末复合材料开始进入工业化生产。20 世纪 60 年代由于高新技术的发展，对材料的性能要求日益提高，单质材料很难满足性能的综合要求和高指标要求，复合材料因具有可设计性的特点受到各发达国家的重视，开发出了许多性能优良的先进复合材料，各种基础性研究也得到发展。复合材料(composite materials)是由两种或两种以上不同物理、化学性质的以微观或宏观的形式复合而组成的多相材料。简言之，即是由两种或两种以上异质、异形、异性的材料复合而成的新型材料。一般由基体单元与增强体或功能组元所组成。复合材料可经设计，即通过对原材料的选择，各组分分布的设计和工艺条件的保证等，使原组分材料优点互补，因而呈现了出色的综合性能。复合材料按用途可分为结构复合材料和功能复合材料。目前结构复合材料占绝大多数，而功能复合材料有广阔的发展前途。结构复合材料基本上由增强体和基体组成。增强体承担结构使用中的各种载荷，基体则起到黏接增强体予以赋形并传递应力和增韧的作用。常用的基体有高分子化合物，也有少量金属、陶瓷、水泥和碳(石墨)。功能材料(functional materials)是指具有能适应外界条件而改变自身性能的材料，如磁性材料、发光材料、记忆材料、光导材料和超导材料等。目前人们已研制出 100 多种记忆材料。此外，像感光树脂，它的特殊本领是在光的作用下聚合成为不溶物或分解成可溶物。从应用或用途来看，材料又可分为信息材料、能源材料、生物材料、航空航天材料、电子材料、建筑材料、包装材料、电工电器材料、机械材料、农用材料、日用品及办公用品材料等。纤维素功能材料以具有光电活性的纤维素复合材料为例，将天然纤维素在发光剂溶液中浸泡，然后离心干燥，即可得到光致发光纸，保持了纸的力学性能和发光剂的发光特性。纤维素发光材料有望用于防伪、包装等领域。

9.2　生物材料

9.2.1　生物材料

生物材料(biomaterials)，即生物医学材料(biomedical materials)，是指以医疗为目的，用于与组织接触以形成功能的无生命的材料。它是具有天然器官组织的功能或天然器官部分功能的材料。生物医学材料是生物医学科学中的最新分支学科，是生物、医学、化学和材料科学交叉形成的边缘学科。具体涉及化学、物理学、高分子化学、高分子物理学、生物物理学、生物化学、生理学、药物学、基础与临床医学等很多学科。生物材料的开发和利用可追溯到3500年前，那时的古埃及人就开始利用棉纤维、马鬃做缝合线缝合伤口；印第安人则使用木片修补受伤的颅骨。2500年前，中国和埃及的墓葬中就发现有假牙、假鼻和假耳。人类很早就用黄金来修复缺损的牙齿，并沿用至今。1588年人们用黄金板修复颚骨。1775年就有用金属固定体内骨折的记载。1851年发明了天然橡胶的硫化方法后，有人采用硬胶木制作了人工牙托的颚骨。

9.2.2　生物材料的结构、组成

按生物材料的属性分为天然生物材料、合成高分子生物材料、医用金属材料、无机生物医学材料、杂化生物材料、复合生物材料。功能型生物材料是指在生理环境下表现为特殊功能的材料、形状记忆材料、组织引导再生(guided tissue regeneration，GTR)材料。例如，医用金属材料中的形状记忆合金，自1951年美国首次报道Au-Cd(金-镉)合金具有形状记忆效应以来，目前已发现有20多种记忆合金，其中以镍钛合金在临床上应用最大。它在不同的温度下表现为不同的金属结构相，如低温时为单斜结构相，高温时为立方体结构相，前者柔软可随意变形，而后者刚硬，可恢复原来的形状，并在形状恢复过程中产生较大的恢复力。因而镍钛合金用于人工关节、断骨连接、弯曲脊柱矫正等。智能型生物材料是指能模仿生命系统，同时具有感知和驱动双重功能的材料。感知、反馈和响应是该材料的三大要素。将高新技术、传感器和执行元件与传统材料结合在一起，赋予材料新的性能，使无生命的材料具有越来越多的生物特性。其他如医用高分子材料中的天然多糖类材料——纤维素，天然的纤维素属于纤维Ⅰ型，再生纤维素属于纤维Ⅱ型，后者结构更为稳定。不同的天然纤维素其结晶度有明显差异，随着结晶度的提高，其抗张强度、硬度、密度增加，但弹性、韧性、膨胀性、吸水性和化学反应性下降。在医学上的应用形式主要是制造各种医用膜，例如，再生纤维素(铜珞玢)是目前人工肾使用较多的透析膜材料，对溶质的传递，纤维素膜起到筛网和微孔壁垒作用；全氟代酰基纤维素用于制造代膜式肺、人工心瓣膜、人工细胞膜层，各种导管、插管和分流管等。纳米材料的独特特性在于它的小尺寸效应与界面效应以及纳米结构单元之间的交互作用，如纳米陶瓷材料用于人工骨关节、牙齿修复、耳骨修复等，其强度、韧性、硬度以及超塑性都有显著提高。提高材料的生物相容性，开发生物相容性好、更能适应人体生理需要的新材料是开发生物材料的发展趋势。

9.3 纤维素材料

9.3.1 纤维素与纤维

以纤维素、纤维素衍生物以及木质纤维素基功能材料，都可称为纤维素材料。纤维素与纤维是两个不同的概念。纤维素更侧重于化学结构描述，纤维更侧重于物理形态(细长锐端)的描述，纤维素分子链通过形成原细纤维、微细纤维，最终可形成纤维。植物纤维的主要化学成分是纤维素，故也称纤维素纤维。

纤维素(cellulose)是由β-D吡喃型葡萄糖基彼此以1,4-苷键连接而成的一种线型高分子化合物，也是一个大分子多糖。它是自然界中分布最广、含量最多的一种多糖，占植物界碳含量的50%以上。棉花的纤维素含量接近100%，为天然的最纯纤维素来源。一般木材中，纤维素占40%~50%，还有10%~30%的半纤维素和20%~30%的木质素。

纤维(fiber或fibre)是人工合成或天然存在的细丝状物质，具体来讲是长宽比在10^3倍以上、粗细为几微米到上百微米的柔软细长体，有连续长丝和短纤之分。尺度达到纳米级的，也称为纳米纤维。在动、植物体内，纤维在维系组织方面起到重要作用。

植物纤维是植物细胞中的一种主要细胞，是一种两头尖、长比宽大几十倍的纺锤体永久厚壁细胞。纤维是已经死亡的植物细胞。

纤维基本形态：细长锐端永久细胞。

纺织纤维是指长度达到数十毫米以上具有一定的强度、一定的可挠曲性和一定的服用性能，可以生产纺织制品的纤维。

纤维的基本特性主要有：一定的长度和长度整齐度；一定的细度和细度均匀度；一定的强度和模量；一定的延伸性和弹性；一定的抱合力和摩擦力；一定的吸湿性和染色性；一定的化学稳定性。

对于特殊用途的纺织纤维，还应具备一些特殊的要求，如阻燃、抗菌等。

纤维用途广泛，可织成细线、线头和麻绳，造纸或织毡时还可以织成纤维层；同时也常用来制造其他物料，及与其他物料共同组成复合材料。一般可分为天然纤维和化学纤维。

(1) 天然纤维

天然纤维是自然界存在的，可以直接取得纤维，根据其来源分成植物纤维、动物纤维和矿物纤维三类。

① 植物纤维：是由植物的种籽、果实、茎、叶等处得到的纤维，是天然纤维素纤维。从植物韧皮得到的纤维，如亚麻、黄麻、罗布麻等；从植物叶上得到的纤维，如剑麻、蕉麻等。植物纤维的主要化学成分是纤维素，故也称纤维素纤维。

植物纤维包括种子纤维、韧皮纤维、叶纤维、果实纤维。

种子纤维：是指一些植物种子表皮细胞生长成的单细胞纤维，如棉、木棉。

韧皮纤维：是从一些植物韧皮部取得的单纤维或工艺纤维，如亚麻、苎麻、黄麻、竹纤维。

叶纤维：是从一些植物的叶子或叶鞘取得的工艺纤维，如剑麻、蕉麻。

果实纤维：是从一些植物的果实取得的纤维，如椰子纤维。

② 动物纤维：是由动物的毛或昆虫的腺分泌物中得到的纤维。从动物毛发得到的纤维有羊毛、兔毛、骆驼毛、山羊毛、牦牛绒等；从动物腺分泌物得到的纤维有蚕丝等。动物纤维的主要化学成分是蛋白质，故也称蛋白质纤维。

毛发纤维：动物毛囊生长具有多细胞结构由角蛋白组成的纤维，如绵羊毛、山羊绒、骆驼毛、兔毛、马海毛。

丝纤维：由一些昆虫丝腺所分泌的，特别是由鳞翅目幼虫所分泌的物质形成的纤维，此外还有由一些软体动物的分泌物形成的纤维，如蚕丝。

③ 矿物纤维：是从纤维状结构的矿物岩石中获得的纤维，主要组成物质为各种氧化物，如二氧化硅、氧化铝、氧化镁等，其主要来源为各类石棉，如温石棉、青石棉等。

（2）化学纤维

化学纤维是经过化学处理加工而制成的纤维，可分为人造纤维(再生纤维)、合成纤维和无机纤维，人造纤维也称再生纤维。

人造纤维是用含有天然纤维或蛋白纤维的物质，如木材、甘蔗、芦苇、大豆蛋白质纤维等及其他失去纺织加工价值的纤维原料，经过化学加工后制成的纺织纤维。主要用于纺织的人造纤维有：黏胶纤维、醋酸纤维、铜氨纤维。再生纤维是指将天然高聚物制成的浆液高度纯净化后制成的纤维，如再生纤维素纤维、再生蛋白质纤维、再生淀粉纤维以及再生合成纤维。

合成纤维的化学组成和天然纤维完全不同，是从一些本身并不含有纤维素或蛋白质的物质(如石油、煤、天然气、石灰石或农副产品)先合成单位，再用化学合成与机械加工的方法制成纤维，如聚酯纤维(涤纶)、聚酰胺纤维(锦纶或尼龙)、聚乙烯醇纤维(维纶)、聚丙烯腈纤维(腈纶)、聚丙烯纤维(丙纶)、聚氯乙烯纤维(氯纶)等。

无机纤维是以天然无机物或含碳高聚物纤维为原料，经人工抽丝或直接碳化制成，包括玻璃纤维，金属纤维和碳纤维。

（3）其他分类

按长度与细度有棉型(38~51 mm)、毛型(64~114 mm)、丝型(长丝)、中长型(51~76 mm)、超细型(<0.9 dtex)之分。

按截面形态有普通圆形、中空和异形纤维以及环状或皮芯纤维。

按卷曲有高卷曲、低卷曲、异卷曲、无卷曲之分。

按加工方式对天然纤维有不同初加工和改性的纤维。

按纺织方式有高速纺丝、牵伸丝(DTY)、预或全取向丝(POY 或 FDY)、变形丝(DTY)等。

按资源储备状态可分为大种纤维和特种纤维。

（4）纤维的结构

纤维的结构包括形态结构、聚集态结构和大分子结构三个方面。

形态结构包括截面形态和纵向表面形态，截面形态反映了纤维的横截面形态和纤维内部空隙的数目、大小及分布，纵向表面反映了纤维表面的光滑和粗糙情况。

聚集态结构决定纤维力学性能的主要因素，包括晶态结构、非晶态结构和取向度。

晶态结构指大分子相互之间整齐、稳定地排列而结合在一起，每一链节，甚至每一基团或原子，都处在三维空间一定的相对位置上或区域内，成为整齐而有规律的点阵排列结构，并有较大的结合能，大分子排列比较整齐，缝隙孔洞较少，表现出强度较高而变形较小。

非晶态结构指大分子不呈晶态结构那样规则整齐排列的各种凝聚态，大分子排列比较紊乱，堆砌比较疏松，其中有较多的缝隙孔洞，表现出强度较低而变形较大。实际上纺织纤维是晶态结构和非晶态结构的混合物。取向度指大分子排列方向和纤维轴向符合的程度，纤维的取向度较高时，纤维的拉伸强度一般较高，伸长能力较小。

9.3.2 纤维素纤维

再生纤维素纤维又称为人造纤维，主要包括黏胶纤维、醋酸纤维、铜氨纤维等，是利用棉短绒、木材、竹子、甘蔗渣、芦苇等天然物质，通过一定的工艺处理方法对其纤维素分子重塑而得。

（1）黏胶纤维

黏胶纤维是一种从树木中提取的天然纤维素，经过相应处理工艺后，将其黏稠的纺丝溶液加工重塑而成。其工艺过程中产生黏稠状溶液中间产物，黏胶纤维的命名由此而来。黏胶纤维是纤维素纤维中产量最大的品种，以其成熟的工艺占据再生纤维素纤维生产总量的90%。黏胶纤维大规模的应用在纺织和卫生工业中，其本身具有较强的吸湿性，染色性能良好，染色色谱全，色泽鲜艳，染色牢度较好，不易起静电，悬垂性佳，有较好的可纺性能、天然亲肤、抗菌性、可生物降解等特点，是一种健康型与环保型兼备的天然植物纤维素纤维。其具有棉的本质、丝的品质，是地道的生态纤维，源于天然而优于天然。广泛运用于各类内衣、纺织、服装、无纺等领域。

（2）莱赛尔

莱赛尔是以针叶树为主的木浆、水和溶剂 NMMO（4-甲基吗啉-*N*-氧化物）混合，加热至完全溶解，在溶解过程中不会产生任何衍生物和化学作用，经除杂而直接纺丝，其分子结构是简单的碳水化合物。莱塞尔纤维在泥土中能完全分解，对环境无污染；另外，生产中所使用的氧化胺溶剂对人体完全无害，几乎完全能回收，可反复使用。生产中原料浆粕所含的纤维素分子不起化学变化，无副产物，无废弃物排出厂外，是一个环保或绿色纤维。该纤维织物具有良好的吸湿性、舒适性、悬垂性和硬挺度且染色性好，加之又能与棉、毛、麻、腈、涤等混纺，可以环锭纺、气流纺、包芯纺，纺成各种棉型和毛型纱、包芯纱等。因此，该纤维不仅能运用于内衣的面料生产中，还能运用于外衣成衣的面料。

（3）莫代尔

莫代尔纤维，其原料与黏胶纤维一样来自于大自然的木材，具有生物降解性。莫代尔纤维可与多种纤维混纺、交织，发挥各自纤维的特点，达到更佳的效果。莫代尔纤维面料的吸湿性能、透气性能优于纯棉织物。其手感柔软，悬垂性好，穿着舒适，色泽光亮，是一种天然的丝光面料。

正因为莫代尔面料舒适、弹性好、透气性佳等特性，它被应用在内衣生产中，但是因为它较难达到定型塑形的效果，莫代尔面料用在成衣中的较少。

(4) 竹纤维

竹纤维是继大豆蛋白纤维之后我国自行开发研制并产业化的新型再生纤维素纤维，以毛竹为原料，在竹浆中加入功能性助剂，经湿法纺丝加工而成。

竹纤维具有良好的吸湿、透气性、悬垂性和染色性、抗菌性。其与黏胶纤维相类似，但不及黏胶纤维性能稳定。

(5) 铜氨纤维

铜氨纤维是将棉短绒等天然纤维素原料溶解在氢氧化铜或碱性铜盐的浓氨溶液内，配成纺丝液，在凝固浴中铜氨纤维素分子化学物分解再生出纤维素，生成的水合纤维素经后加工即得到铜氨纤维。铜氨纤维一般制成长丝，用于制作轻薄面料和纺丝绸产品，是高档服装面料的重要品种之一，其特点为滑爽、悬垂性好。

9.3.3 纤维素的化学基础

9.3.3.1 纤维素的存在与结构

纤维素存在于自然界中，是自然界最丰富的可再生天然资源，也是自然界中分布最广、含量最多的一种多糖，占植物界碳含量的50%以上。从高等植物(如针叶材、阔叶材)到海藻类都含有纤维素，它是构成植物细胞壁的基础物质。

纤维素大分子的化学结构式如图9-1所示。纤维素大分子每个基环均具有3个醇羟基。处于2、3、6位，C6上为伯羟基，C2、C3上为仲羟基。C4上是一个仲醇，属于非还原性端基，C1上是一个苷羟基(隐性醛基)，属于还原性端基，整个大分子具有极性，并呈现方向性。

纤维素不溶于水及一般有机溶剂，是植物细胞壁的主要结构成分，通常与半纤维素、果胶和木质素结合在一起，其结合方式和程度对植物源食品的质地影响很大。而植物在成熟和后熟时质地的变化则由果胶物质发生变化引起的。人体消化道内不存在纤维素酶，纤维素是一种重要的膳食纤维。

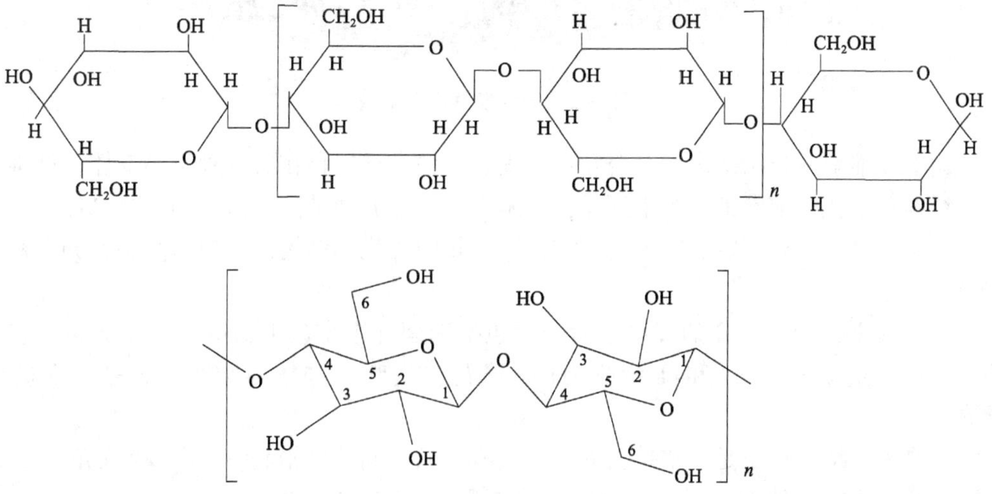

图9-1 纤维素的化学结构式

纤维素的结构可分为分子结构(一次结构)和聚集态结构(二次结构)。分子结构指纤维素分子链的结构单元及其连接方式，包括纤维素分子链的构象，分子结构也称为一次结构。纤维素大分子的聚集态结构也叫超分子结构、二次结构，它表示纤维素大分子之间的排列情况，即由纤维素大分子排列而成的聚集体的结构。聚集态结构研究包括结晶结构(晶区和非晶区、晶胞大小及形式、分子链在晶胞内的堆砌形式、微晶的大小)、取向结构(分子链和微晶取向)和原纤结构。

(1) 纤维素分子链的构象

D-葡萄糖基的构象是$^{4}C1$椅式构象。在椅式构象中，各碳原子上的羟基均是平伏键，而氢原子是直立键。平伏键与中心对称轴成109°28′。O与C1、C2原子形成一个平面，C3、C4和C5原子在同一平面，这两个平面平行；O与C2、C3和C5在同一平面，并与两个三角平面相交叉。

对于整个纤维素大分子来说，一端有隐性醛基，另一端没有，使整个大分子具有极性并呈现出方向性。

(2) 纤维素的聚集态结构

纤维素的聚集态由结晶区(crystalline regions)和无定形区(amorphous regions)交替排列而成。此为两相结构理论。

结晶区分子排列规则、紧密，呈现清晰的X射线衍射图谱；无定形区分子排列松散，但分子取向与纤维主轴平行，没有清晰的X射线衍射图谱。结晶区的特点是纤维素链分子排列规整，很紧密，故密度较大(1.588 $g \cdot cm^{-3}$)，分子间结合力最强。结晶区对强度的贡献大。无定形区的特点是纤维素链分子排列松散，分子间距大，密度较低(1.500 $g \cdot cm^{-3}$)。无定形区对强度的贡献小，但对纤维素参与化学反应贡献大。

结晶区和无定形区之间没有明显的界限，如图9-2所示，是逐步过渡的。

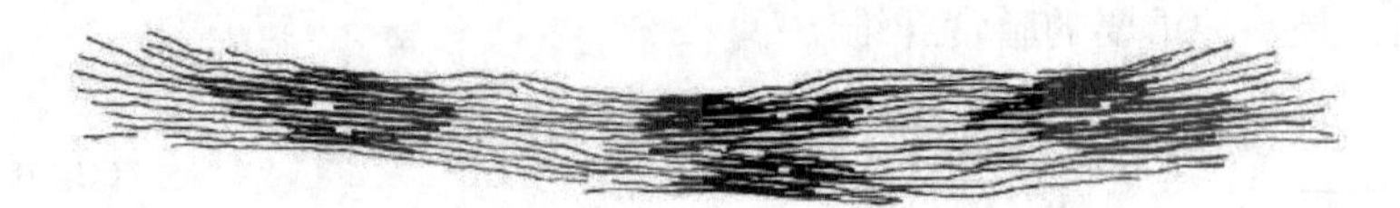

图9-2 纤维素聚集态结构

关于纤维素的结晶结构，至今发现，固态下的纤维素存在着五种结晶变体：纤维素Ⅰ；纤维素Ⅱ；纤维素Ⅲ；纤维素Ⅳ；纤维素X。这五种结晶变体属同质多晶体。

同质多晶体：对某些晶体来讲，它们具有相同的化学结构，但单元晶胞不同，称之同质结晶体。

纤维素Ⅰ是天然存在的纤维素形式，包括细菌纤维素(如*Acetobacter xylinum*)、海藻(如*Valonia ventricosa*)和高等植物(如棉花、苎麻、木材等)细胞壁中存在的纤维素。

纤维素Ⅰ结晶格子是一个单斜晶体，具有三条不同长度轴和一个非90°夹角。

纤维素Ⅰ有两种模型：Meyer-Misch模型和BlackWell模型。

纤维素分子链有分子内氢键(intra-molecular hydrogen)和分子间氢键(inter-molecular hydrogen)。分子内氢键使分子僵硬、挺直；分子间氢键使分子成束(构成原细纤维，进一步构成微纤丝）。

纤维素Ⅱ的结晶结构也属单斜晶系，其单位晶胞参数是：$a=8.01$ Å，$b=9.04$ Å，$c=10.36$ Å 和 $\gamma=117.1°$。相邻分子链是反向平行的，即相互交错。中心链的—CH_2OH 处于 tg 构象，角链—CH_2OH处于 gt 构象。

纤维素Ⅱ可用下列四种方法制成：

① 以浓碱液（11%~15% NaOH）作用于纤维素Ⅰ而生成碱纤维素，再用水将其分解为纤维素。这样生成的纤维素Ⅱ，一般称丝光化纤维素。

② 将纤维素Ⅰ溶解后再从溶液中沉淀出来。

③ 将纤维素Ⅰ酯化后，再皂化成纤维素。

④ 将纤维素Ⅰ磨碎后并以热水处理。

纤维素Ⅲ是用液态氨润胀纤维素所生成的氨纤维素分解后形成的一种变体。它的单位晶胞参数为：$a=7.74$ Å，$b=9.9$ Å，$c=10.3$ Å，$\gamma=122°$。

纤维素Ⅳ是由纤维素Ⅱ或Ⅲ在极性液体中加以高温处理而生成的，故有"高温纤维素"之称。其单位晶胞参数是：$a=8.11$ Å，$b=7.9$ Å，$c=10.3$ Å，$\gamma=90°$。

纤维素Ⅹ是纤维素新的结晶变体。它是用浓 HCl（质量分数 38%~40.3%）作用于纤维素而发现的。它的单位晶胞与纤维素Ⅳ几乎相等。

（3）纤维素的聚集态结构理论

① 缨状微胞结构理论：1928 年 Meyer 和 Mark 提出微胞理论，即纤维素纤维是由结晶区和非结晶区构成的；同一大分子可以连续地通过一个以上的微胞（晶区）和非晶区；晶区和非晶区间没有明显的界限；分子链以缨状形式由微胞边缘进入非晶区。

② 缨状细纤维结构理论：1945 年 Hearle 提出，即晶区分子在晶区不同部位离开，原细纤维在横向和长向上不断分裂和重建，构成网络组织的晶区和非晶区。

③ 纤维素折叠链结构：天然微细纤维呈现出伸展链的结晶，而再生纤维素和一些纤维素衍生物呈现出折叠链的片晶；天然微细纤维的纤维素分子链是线性的 β-连接，而再生纤维素和一些纤维素衍生物分子链在折叠处则是 βL-连接，但 βL-连接也仅占 1.5%。具体示意图如图 9-3 所示。

（4）纤维素的细纤维结构

可简述如下：纤维素分子链→原细纤维→微细纤维→纤维。

光学显微镜只能观察到纤维，电子显微镜可以看到脱木素后的微细纤维（10~20 nm）、原细纤维（3.0~3.5 nm）。因此，可通过电子显微镜观察研究纤维的微细结构。

天然纤维素分子链长：5 000 nm（50 000 Å），相当于具有 10 000 个葡萄糖单元的链长，纤维原料不同，纤维素结晶区长度不同，聚合度也不同。一般纤维素的结晶区长度达 60~200 nm，纤维素分子链必然通过多个微晶体。

原细纤维（elementary fibril）：原细纤维直径约为 3.0~3.5 nm，包含约 40 条纤维素分子链，通过氢键结合在一起，形成多个微晶体。原细纤维是高等植物的真正结构单元。原细纤维和原细纤维之间存在着半纤维素。

微细纤维（microfibril）：由原细纤维组成。微细纤维大小不均一。在细胞壁中定向排列。微细纤维周围存在着半纤维素和木素，还存在着木素和聚糖之间的化学连接，即 LCC 联接。

缨状微胞结构理论

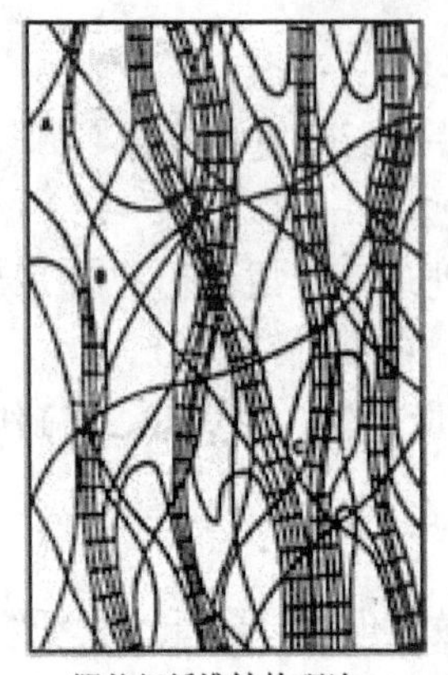

缨状细纤维结构理论

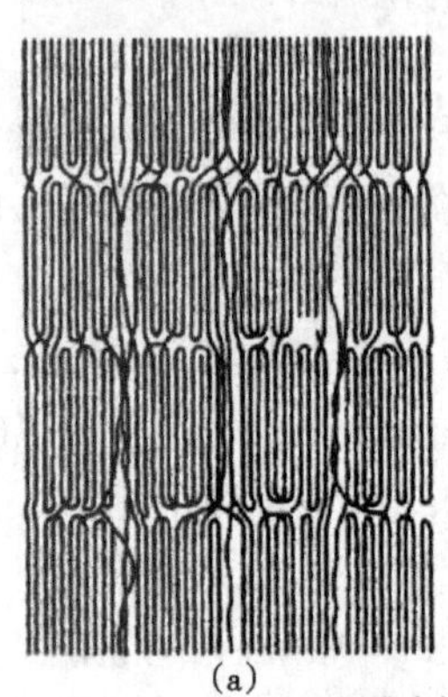

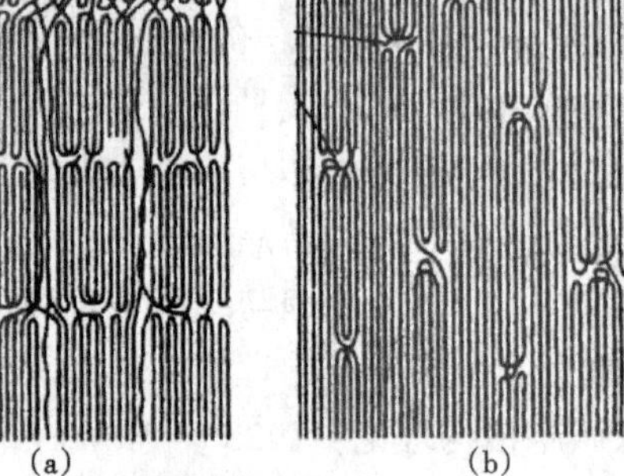

(a)　(b)

纤维素折叠链结构

图 9-3　纤维素的聚集态结构理论示意图

9.3.3.2　纤维素的物理、化学性质

(1) 纤维素的一些物理常数

常用的物理常数见表 9-1 所列。

表 9-1　纤维素物理常数

密度(在氦中)/ $(g \cdot cm^{-3})$	折射率(轴向)	折射率(横向)	比热	燃烧热/ $(kJ \cdot mol^{-1})$	介电常数	电击穿/ $(kV \cdot cm^{-1})$
1.54~1.58	1.599	1.532	0.37	17.58	5.7	500

(2) 纤维素的吸附与解吸

纤维素的游离羟基对能够可及的极性溶剂和溶液具有很强的亲和力。干的纤维素置于大气中，也能从空气中吸收水分到一定的水分含量。

纤维素的吸附：当纤维素自大气中吸取水或蒸汽时，称为吸附。

纤维素的解吸：因大气中降低了蒸汽分压而自纤维素放出水或蒸汽时，称为解吸。

在同一相对蒸汽压下吸附的吸着水量低于解吸时的吸着水量的现象，称为“滞后现象”。原因是由于吸附时先要破坏无定形区的氢键才能吸水，分子内有一定的应力抵抗这种破坏，氢键不可能全部打开；而解吸时，先失去多层水，然后失去氢键结合水。纤维素与水分子之间的氢键不能全部可逆地被打开，故吸着的水较多，产生滞后现象。

(3) 纤维素的润胀

固体吸收溶剂后，其体积变大但不失去其表观均匀性，分子间内聚力减少，固体变软的现象，称为润胀。

纤维素润胀：纤维素吸收润胀剂后，体积增大，内聚力下降，纤维变软，但仍保持外观形态。纤维素的润胀剂一般都是极性的，且极性越大，润胀能力越大。水、碱液、磷酸、甲醇、乙醇、苯胺、苯甲醛等极性液体都是纤维素的润胀剂。

(4) 纤维素的溶解

常温下，纤维素既不溶于水，又不溶于一般的有机溶剂，如乙醇、乙醚、丙酮、苯等。它也不溶于稀碱溶液中。因此，在常温下，它是比较稳定的，这是因为纤维素分子之间存在氢键。纤维素不溶于水和乙醇、乙醚等有机溶剂，能溶于铜氨$Cu(NH_3)_4(OH)_2$溶液和铜乙二胺$[NH_2CH_2CH_2NH_2]Cu(OH)_2$溶液等。

纤维素的溶解不像食盐溶于水那种真正意义上的溶解，它的这种溶解分两步进行：首先是润胀阶段，快速运动的溶剂分子扩散进入高聚物内部，使高分子体积膨胀。溶解阶段，在高分子的溶剂化程度达到能摆脱高分子间的相互作用后，高分子才向溶液中扩散，从而进入溶解阶段，最后高分子均匀分散在溶剂中，达到完全溶解。

纤维素溶液是大分子分散的真溶液，并不是胶体溶液，它和小分子溶液一样，也是热力学稳定体系。但是，由于纤维素的分子量大，使其性质又有一些特殊性，例如，溶解缓慢，随浓度不同，其性质有很大变化，热力学性质和理想溶液有很大偏差，光学性质等都与小分子溶液有不同。

纤维素溶剂有很多种，目前是纤维素的研究热点之一，如离子液体、胺氧化物体系、氨基甲酸酯体系、碱/尿素或硫脲/水体系等，专有具体论述，这里就不再赘述。

(5) 纤维素的电化学性质

纤维素本身含有糖醛酸基、极性羟基基团，使纤维素在水中其表面总是带负电荷。因此，纤维素在水中往往引起一些正电荷由于热运动的结果在离纤维素表面由近而远有一浓度分布。近纤维素表面部位的正电子浓度大；离界面越远，浓度越小。形成吸附层和扩散层，即纤维素表面的扩散双电层理论。吸附层与扩散层组成的双电层称为扩散双电层。扩散双电层的正电荷等于纤维表面的负电荷。

(6) 纤维素的热降解

纤维素在受热的作用时产生聚合度下降，在大多数情况，纤维素热降解时发生纤维素的水解，甚至发生碳化反应或石墨化反应。按照温度的逐步升高，一般可分为四个阶段。

(7) 纤维素的机械降解

纤维素在受强烈机械作用时：大分子连接键断裂；结晶结构和大分子间氢键受到破坏。例如，机械加工引起的降解；机械球磨引起的降解。

(8) 纤维素的化学性质

纤维素大分子链的断裂，引发纤维素的降解反应，包括酸性降解、碱性降解、氧化降解、生物降解等。

纤维素中羟基相关的化学反应有酯化反应、醚化反应、接枝共聚与交联等。

9.3.4 纤维素功能材料

功能材料是指具有优良的电学、磁学、光学、热学、声学、力学、化学、生物学功能及其相互转化的功能，被用于非结构目的的高技术材料。近年来，随着煤、石油、天然气等不可再生资源的逐步枯竭以及环境问题的日益严重，有关纤维素材料的研究重新成为当今国际科学研究的前沿领域之一，其中，新型纤维素基先进功能材料(如光电材料、杂化材料、生物医用材料、智能材料等)正成为纤维素科学的研究热点。纤维素功能材料是以纤维素(包括细菌纤维素、纳米纤维素)或其衍生物为主要构成单元的功能材料。

细菌纤维素是由醋酸菌属、土壤杆菌属、无色杆菌属、固氮菌属、根瘤菌属或八叠球菌属等中的微生物合成的纤维素的统称。细菌纤维素的结晶度高、抗拉强度高、透水透气性好、生物相容性较常规纤维素更好，可以用作食品添加剂、声音振动膜、人造皮肤、人造血管、组织工程支架和其他功能性材料等。Czaja 等将制得的细菌纤维素膜用作伤口敷料。Gatenholm 等用多孔细菌纤维素膜来制作骨再生的支架材料。Cremona 等利用木醋杆菌直接得到了细菌纤维素膜，其力学性能较好，可作为有机发光二极管(OLED)的基体材料，以制备柔性有机光电器件。

纳米纤维素，又称纳米晶纤维素、纤维素纳米晶、晶须、纤维素纳米纤丝、纤维素纳米纤维等，是指由纤维素晶胞所组成的纤维状聚集体，包括纤维素基元原纤和微原纤，直径在 2~50 nm 之间，至少有一维长度在 100 nm 以内的纤维素纤维。纤维素纳米纤维力学性能优异，理论上其杨氏模量可达 150 GPa，而且来源广泛，对棉花、木头、麻、细菌纤维素、被囊动物、秸秆、树皮、椰壳、废纸浆等进行酸解、碱解、酶解或机械处理，均可得到纤维素纳米纤维。

(1) 纤维素膜材料

再生纤维素膜是一类重要的膜材料，可应用于透析、超滤、半透、药物的选择性透过、药物释放等方面。但以往纤维素膜主要是通过醋酸纤维素水解或者是通过化学衍生化溶解再生的方法制备的，制备过程烦琐、有机试剂消耗量大、污染较严重。最近，人们利用新型的纤维素非衍生化溶剂，如氯化锂-二甲基乙酰胺(DMC)、氢氧化锂/尿素、离子液体，将纤维素溶解，然后用流延法在玻璃板或模具(玻璃模具、聚四氟乙烯模具)中铺膜，浸泡在相应的沉淀剂中再生，可以得到透明、均匀、力学性能优异的再生纤维素膜，可用于异丙醇脱水纯化、超滤、选择性气体分离、细胞的吸附和增殖等方面。Cao 等以农业废弃物玉米秸秆为原料，以 1-烯丙基-3-甲基咪唑氯盐(AmimCl)和 1-乙基-3-甲基咪唑氯盐(EmimCl)离子液体为介质，制得了再生秸秆纤维素膜，其力学性能甚至可以与浆粕纤维素再生的纤维素膜相当。此外，Nyfors 等提出了一种制备纤维素膜的新方法，他们以纤维素三甲基硅醚为原料，通过与少量聚苯乙烯共溶，然后旋涂制成超薄膜，再用稀盐酸进行水解，得到了超薄的纤维素纳孔膜，孔径大小可以通过调节聚苯乙烯的含量来改变。

以纤维素纳米纤维为原料，以水为分散剂，通过简单的溶剂挥发，可得到高力学强度的纤维素纳米纤维膜，拉伸强度 214 MPa，杨氏模量 14.7 GPa，断裂伸长率 10%，断裂能 15 $MJ \cdot m^{-3}$，纳米纤维的分离制备过程和纳米纤维膜的孔隙率会影响纳米纤维膜的最终力学性能。Thielemans 等通过这种方法制备得到了用纤维素纳米纤维薄膜修饰的玻璃电极，其阻碍负电荷的传递，对正电荷物质具有选择富集效果，可用作电化学传感器或选择性渗透膜。Deguchi 等也制得了纤维素纳米纤维膜，可用于细胞培养。Nogi 等通过过滤、加热干燥、加压、抛光等步骤，制备了柔性、透明的纤维素纳米纤维膜，拉伸强度为 223 MPa，杨氏模量为 13 GPa，透光率 71.6%（600 nm），热膨胀系数也很低（$CTE<8.5\times10^{-6}/K$），与玻璃相当，因此可作为可卷绕的柔性电子器件来使用，如柔性显示器、电子纸、太阳能电池、柔性电路、玻璃基体的替代品等。

Wu 等以 AmimCl 离子液体为溶剂，通过溶解、再生，制得了纤维素/大豆蛋白复合膜和纤维素/淀粉/木质素复合膜，所得膜材料均具有高的气体阻隔性，可用作食品包装材料、涂层材料等。Ma 等以 1-丁基-3-甲基咪唑氯盐(BmimCl)和 EmimAc 离子液体为溶剂，制得了三层结构的超滤膜，即再生纤维素/聚丙烯腈(PAN)纳米纤维支架/聚对苯二甲酸乙二酯(PET)膜。这种超滤膜具有高通量，是商业超滤膜的数倍，而且截留率达 99.5%，可用于油水分离等方面。

（2）纤维素凝胶和气凝胶材料

纤维素由于自身有很多羟基，所以凝胶的制备过程可以非常简单，无需交联剂，通过氢键进行物理交联即可制得。张俐娜课题组以氢氧化钠/尿素、氢氧化钠/硫脲为溶剂，低温下将纤维素溶解，然后升高温度即可实现溶胶-凝胶转变，得到纤维素凝胶。Ostlund 等以四丁基氟化铵(TBAF) /DMSO 为溶剂，将纤维素溶解，通过调节纤维素的浓度和溶液中水的含量制备出透明凝胶和不透明凝胶。Li 等以 AmimCl 离子液体为溶剂，通过溶解、水中再生，得到透明的纤维素水凝胶。

气凝胶具有孔隙率高、比表面积大、密度小、隔热(音) 性好等特点，在众多领域具有潜在应用，如催化、分离、储存、电池、航天、食品、包装、建筑、陶瓷、药物传输、组织工程等。纤维素气凝胶是继硅基气凝胶、合成高分子基气凝胶之后新一代气凝胶材料，除了具有气凝胶的普遍特性之外，还具有原料绿色、天然、可再生、储量巨大、可生物降解、生物相容性好等新的优点。

纤维素气凝胶的制备方法相对简单，首先通过溶解、再生，得到纤维素凝胶，然后通过冷冻干燥或超临界流体干燥，即可得到纤维素气凝胶。其孔隙率高于 95%，比表面积可达 $200\sim500\ m^2\cdot g^{-1}$，密度低于 $0.3\ g\cdot cm^{-3}$。人们以天然的纤维素微纤(纤维素Ⅰ晶) 为原料，通过凝胶、干燥，制备出柔性的纤维素气凝胶，压缩应变高达 70%。将其浸入聚苯胺溶液，然后洗涤干燥，可得到导电性的气凝胶，导电率高达 $1\times10^{-2}\ S\cdot cm^{-1}$。Liebner 等以细菌纤维素为原料，制备出了超轻纤维素气凝胶，密度只有 $8\ mg\cdot cm^{-3}$。

通过溶解-凝胶、溶胶-凝胶等方法可制得纤维素复合凝胶。Kadokawa 等将纤维素/BmimCl 离子液体溶液室温放置 7 d 即可得到纤维素/BmimCl/H_2O 复合凝胶，这种复合凝胶在 120 ℃ 时软化，150 ℃ 时可以流动，冷却到室温放置 2 d 会再次形成凝胶，而且更加透明。使用这样的方法，他们还得到了纤维素/淀粉/BmimCl/H_2O 复合凝胶、纤维素/甲壳素/BmimCl/1-烯丙基-3-甲基咪唑溴盐(AmimBr) /H_2O 复合凝胶。他们将卡拉胶和纤维素溶解在 BmimCl 离子液体中，然后降温还得到了纤维素/卡拉胶/BmimCl 复合凝胶，此凝胶经乙醇、丙酮处理后得到干凝胶。

Liang 等以氢氧化钠/硫脲为溶剂制得纤维素凝胶，然后用小分子量 PEG 溶胀，得到高强度的纤维素/PEG复合凝胶，断裂伸长率可达100%，透光率达80%。他们还将纤维素/氢氧化钠/硫脲溶液和甲壳素/氢氧化钠溶液混合，经过预凝胶处理，制得纤维素/甲壳素复合水凝胶，断裂伸长率可达113%，可用于药物释放、组织工程、生物分离等领域。

Nakayama等利用细菌纤维素（BC）网络结构，制得了BC/明胶、BC/海藻酸钠、BC/卡拉胶、BC/结冷胶、BC/聚丙烯酰胺(PAAm)等高力学强度的双重网络水凝胶，拉伸强度可达40 MPa。

（3）以纤维素作为模板制备金属材料和碳材料

模板法是制备具有特定结构功能材料的一种常用、有效的方法。纤维素由于其具有众多活性基团、多级结构以及特有形貌，可作为模板来制备不同形貌的金属材料。以天然的木材、木浆、滤纸、纤维素纳米晶或细菌纤维素膜为模板，将其浸入金属氧化物前驱体水溶液或经过溶胶-凝胶过程得到纤维素/金属氧化物前驱体复合膜或凝胶，然后加热煅烧除掉纤维素模板，即可得到多孔的金属氧化物材料，如二氧化钛纳米纤维素网络、碳化硅陶瓷材料、纳米管状的二氧化锡材料、管状铟锡金属氧化物(ITO)层等。这些材料具有高比表面积、低密度等特性，可用于催化、光伏电池、组织工程、气体传感器等领域。

Liu等以氢氧化钠/尿素水溶液为溶剂湿纺得到的纤维素纤维为模板，将其依次浸入三氯化铁溶液、氢氧化钠溶液，然后煅烧得到纤维状三氧化二铁大孔纳米材料。XRD结果显示纤维状三氧化二铁大孔纳米材料是高纯度的α-Fe_2O_3，具有高的电化学活性，放电容量达2 750 mA·h·g^{-1}。Miao等直接煅烧四丁酸钛/纤维素/AmimCl离子液体溶液也可以得到介孔的二氧化钛膜，其具有高的催化活性，UV照射可将Ag^+、Au^{3+}还原成Ag、Au。Gu等采用双模板的方法，以滤纸作为纳米管模板、以聚苯乙烯或硅基微球作为球模板，制得了二氧化钛纳米管/空心球杂化材料，发现其光催化效果比二氧化钛纳米管更好。Sharifi等以天然纤维素纤维为模板、以蔗糖为还原剂，通过银镜反应、加热煅烧除模板，制得了纳米结构银纤维，可与石墨复合用作燃料电池的电极材料。

除了煅烧法之外，以纤维素为模板制备金属纳米材料的其他方法也有较多报道。Gu等通过LbL法在滤纸模板上形成二氧化钛/聚乙烯醇(PVA)复合膜，然后用氢氧化钠/尿素水溶液将滤纸溶解，即可得到多孔、分级结构的二氧化钛/PVA复合薄膜，再用酸将二氧化钛除去可得PVA多孔膜。二氧化钛/PVA和PVA多孔膜不仅保持了纸纤维的形貌和分级结构，还保持了纤维素的一些物理性质，如柔性、溶胀性等。Zhou等将$TiCl_4$滴入纤维素纳米晶水溶液中在90 ℃保持4.5 h，离心分离可得新奇的立方形二氧化钛纳米晶，纤维素纳米晶作为模板和形状诱导剂。同样以纤维素纳米晶为模板，Shin等用$NaBH_4$同时还原$AgNO_3$和$HAuCl_4$，离心分离可得到金银合金纳米颗粒，直径3~7 nm。除了作为模板，纤维素也可作为还原剂，通过水热反应、离心分离得到硒纳米带，通过在BmimCl离子液体溶液中与$HAuCl_4$反应、反复离心分离可得金微晶。

纤维素衍生物也可以作为模板来制备金属纳米材料。Wu等将纤维素微纤氧化得到表面含有醛基的纤维素微纤，以此为模板通过银镜反应得到Ag纳米颗粒。Ifuku等以2, 2, 6, 6-四甲基哌啶*N*-氧化自由基(TEMPO)氧化的细菌纤维素为模板，通过加热还原也得到了银纳米颗粒。Schattka等以纤维素醋酸酯、纤维素硝酸酯为模板，通过溶胶-凝胶过程制得了多孔的二氧化钛膜、二氧化钛/二氧化锆膜、二氧化钛/二氧化硅膜。Shukla等将$SnCl_2$与羟丙基纤维素一起电纺，得到的纳米纤维经过加热煅烧可得到

纳米和亚微米级 SnO_2纤维，可用作气体传感器。

纤维素材料在惰性气氛下热解可以得到不同形式的碳材料，如碳纤维、碳纳米管、活性炭、石墨、碳气凝胶等。将纤维素纤维（天然纤维、黏胶纤维、Lyocell 纤维等）在高温下热解可制备碳纤维。最近，Ishida 等以纤维素微纤为原料进行热解得到了新型的石墨状碳纤维，其保持了纤维素晶体的结构，碳纤维沿着晶体中纤维素链的方向规整排列。Phan 等以天然纤维素纤维为原料热解得到了活性碳纤维，其比表面积高达 1 500 $m^2 \cdot g^{-1}$，吸附能力强，可用于水处理领域。Sevilla 等对纤维素进行水热炭化处理得到炭化微球，其核疏水，而其壳亲水；然后用镍盐溶液浸泡，即可在较低温度下将纤维素热解得到石墨碳纳米结构。

Vuorema 等将纤维素纳米纤维膜炭化，得到了对 ITO 基体有良好附着力的超薄碳膜电极材料。Shishmakov 等将纤维素浸泡金属氧化物前驱体，然后热解，可得到碳/二氧化钛、碳/二氧化锆、碳/二氧化硅等杂化材料。Guilminot 等通过热解纤维素醋酸酯气凝胶得到了负载铂纳米颗粒的碳气凝胶，可作为质子交换膜燃料电池的电极。Grzyb 等通过热解纤维素醋酸酯气凝胶也得到了碳气凝胶材料，通过进一步衍生化可制得功能化的碳气凝胶材料。

（4）具有光电活性的纤维素复合材料

基于纤维素优异的力学性能，人们通过原位聚合，得到了天然纤维素纤维/聚吡咯复合材料和纤维素/聚苯胺复合材料，复合材料显示出高的力学性能和导电性，可用作离子交换材料、纸基储能器件、电极、发光二极管、传感器等。此外，通过物理共混，也可得到导电性的纤维素/导电高分子复合物。

张俐娜等以氢氧化钠/尿素水溶液为溶剂，制得了纤维素/染料复合膜，其显示出较强的光致发光性能或荧光性能，而且复合膜具有良好的透明性，透光率可达 90%。通过拉伸取向可使复合膜的力学性能显著提高，拉伸强度可达 138 MPa。Sarrazin 等将天然纤维素在发光剂溶液中浸泡，然后离心干燥，即可得到光致发光纸，保持了纸的力学性能和发光剂的发光特性。而且他发现天然纤维素经 TEMPO 氧化可提高其对发光剂的吸附能力，所得复合纸发光性能也得到提高。纤维素发光材料有望用于有机发光二极管、有机薄膜晶体管、防伪和包装等领域。

基于纤维素的压电效应和离子迁移效应，Kim 等开发了一系列电活性纸（EAPap），由最初的商品化的玻璃纸到各种溶剂法再生纤维素膜，再到纤维素 /导电聚合物复合材料、纤维素 /碳纳米管复合材料、纤维素 /离子液体复合材料等。这些电活性纸表现出较好的电致响应性，而且具有原料来源广泛、制作简单、质量轻、价格低廉、弯曲性能优异、能耗低、驱动电压低、可生物降解、可再生等优点，可应用于驱动器、传感器、微型机器人、微型飞行器、微电机械系统、柔性器件、扩音器、扬声器、变频器、人造肌肉、微波遥控驱动器等领域。

基于纤维素的绝缘性和优异的力学性能，Pushparaj 等利用纤维素/BmimCl 离子液体溶液包埋规整排列的多壁碳纳米管（MWCNT）制得了柔性的锂电池、超级电容器等能量储存器件。Nystrom 等将聚吡咯（PPy）包附在海藻纤维素纤维上，然后以海藻纤维素/聚吡咯为两极、浸过盐水的滤纸为电解质，制得了超轻、超快纸电池，充电速度非常快，几秒钟即可完成。Hu 等以商业化的纸为基体，通过简单的涂膜技术制得了碳纳米管(CNT) /纸复合材料，制备方法简单、无需除去表面活性剂和其他添加剂，所得CNT/纸复合材料电阻小、导电性能较塑料基体优异、稳定性好、机械性能优良、能随意弯曲，可用做柔性的锂电池、超级电容器等能量储存器件。Hashim 等以滤纸为原料，制得了纤维素/PVA-H_3PO_4杂化电解质，并以此电解质制得了双层电容器。以商业化的纸为基体，还可以制得电化学晶体管、有机薄膜晶体管、硅电路等有机光电器件。

(5) 纤维素/碳纳米管复合材料

碳纳米管具有出色的力学性能和电性能，一直受到人们高度重视，广泛应用于电子器件、生物传感器、储氢材料、复合材料等领域。基于离子液体可以很好地分散碳纳米管，Zhang 等以 AmimCl 离子液体为溶剂通过干喷湿纺法制备了再生纤维素/MWCNT 复合纤维，MWCNT 在复合纤维中分散良好、存在一定取向，4% MWCNT 可使复合纤维拉伸强度达到 335 MPa，与纯纤维素纤维相比提高了 40%。纤维素/MWCNT 复合纤维还具有优良的热稳定性，在热分解过程中有很高的残余质量，可用作纤维素基碳纤维前驱体。Rahatekar 等以 EmimAc 离子液体为溶剂也通过干喷湿纺法制备了再生纤维素/MWCNT 复合纤维，同样 MWCNT 在复合纤维中分散良好、高度取向，复合纤维拉伸强度可达 257 MPa，而且其导电率非常出色，可达 3 075 $S \cdot m^{-1}$。

通过溅射、类 LB 膜技术、浸渍等方法，人们还得到了纤维素纺织品/SWCNT 复合材料和细菌纤维素/MWCNT 复合材料，这类材料均具有高的导电性，导电率可达 13.8 $S \cdot cm^{-1}$。Fugetsu 等通过造纸工艺制得了高导电性、高电磁屏蔽性、柔性的纤维素/ CNT 复合材料。Wei 等制得了可作为电流检测器使用的纤维素/CNT 复合膜和复合纤维。Anderson 等用羧甲基纤维素作分散剂来分散 SWCNT，制得了具有较高导电性和阻燃性的纤维素/SWCNT 复合材料。

(6) 生物医用材料

基于纤维素出色的生物相容性、生物可降解性和优异的力学性能，人们开发了很多纤维素生物医用材料，在伤口修复、抗菌消毒、细胞培养、药物释放、组织工程等诸多领域都有广泛的应用。纤维素/聚环氧乙烷(PEO)和纤维素/PEG 复合材料具有良好的生物相容性，在生物工程、药物释放等方面应用广泛；纤维素/硅酸钠复合材料可用于药物缓释领域；纤维素/玉米蛋白、纤维素/壳聚糖、纤维素/乳糖可用于细胞的培养；纤维素/蒙脱土凝胶、纤维素/磷酸钙和纤维素/壳聚糖可用作组织工程支架、骨修复材料。Park 等以离子液体为溶剂，制得了纤维素/肝磷脂/活性炭多孔微球，可以吸附药物分子，在误服药物、服药过量等药物中毒时进行解毒。

(7) 基于纤维素的有机-无机杂化材料

有机-无机杂化材料近年来引起了人们的广泛关注，因为其不仅保持了有机材料的性质，还具有了无机材料的特性，如超强的光、电、磁、催化等性能，在光电、催化、生物、医药、传感等领域有着广泛的应用。纤维素有机-无机杂化材料的常规制备方法可分为四类：

① 在纤维素或纤维素衍生物溶液中原位合成纳米颗粒，然后再生得到纤维素/纳米颗粒复合材料。

② 将纤维素膜或纤维浸入纳米颗粒前驱体溶液中，然后原位合成纳米颗粒，最后将纤维素材料取出、干燥。

③ 将纤维素膜或纤维直接浸入纳米颗粒悬浮液，然后将纤维素材料取出、干燥。

④ 将纳米颗粒分散到纤维素或纤维素衍生物溶液中，然后再生得到纤维素/纳米颗粒复合材料。

纤维素/量子点杂化材料：通过上述四种常规制备方法，人们得到了纤维素/量子点杂化材料，如纤维素/CdS、纤维素/ZnS、纤维素/(CdSe) ZnS、树枝状分子功能化的纤维素/CdS 等。它们均保持了量子点的荧光特性，同时又具有了纤维素材料的特性，可用于生物、医药、光电器件、传感器等领域。Chang 等通过化学交联法制备了(CdSe) ZnS/纤维素水凝胶，其具有高的透光率和压缩强度，并保持了量子点的荧光特性，光激发下水凝胶的颜色随着量子点的尺度不同而不同。

纤维素/TiO_2杂化材料：纤维素/TiO_2杂化材料具有独特的紫外线屏蔽、光催化作用、光电活性、抗菌和自清洁能力等优越性能，在太阳能电池、光电器件、废水处理、空气净化、生物医药、杀菌等方面有着广阔的应用前景。Kemell 等利用原子层沉积法制得纤维素/TiO_2杂化材料，其可光催化还原银盐，得到 Ag 纳米颗粒．将此纤维素/TiO_2杂化材料煅烧除纸还可得到管状 TiO_2。通过常规制备方法，人们得到了负载 TiO_2的纤维素纤维、膜和微球，显示出很好的光催化、自清洁等性能。纤维素/TiO_2杂化材料外层可再负载蛋白，用于分离萃取、生物防护等领域。

纤维素/金属、金属氧化物杂化材料：通过常规制备方法，纤维素/Ag、纤维素/Au、纤维素/Pt、纤维素/Pd、纤维素/Fe_3O_4等多种纤维素杂化材料也已经被制备出来。纤维素 /Ag 纳米颗粒杂化材料具有很好的抗菌性，可作为抗菌性创伤敷料、组织工程支架、抗菌膜等来使用。纤维素/Au 纳米颗粒杂化材料是一种智能材料，可作为电子器件、固体催化剂、化学传感器来使用，还可以负载生物酶，用于生物电分析、生物电催化、生物传感等领域，如细菌纤维素/Au 纳米颗粒杂化材料负载酶可作为 H_2O_2检测器，检测极限达 1 $\mu mol \cdot L^{-1}$。

纤维素/铁氧化物杂化材料：具有强的铁磁性，饱和磁化强度甚至可达 70 $emu \cdot g^{-1}$，可作为安全纸、信息存储材料、电磁屏蔽材料、药物的靶向传递和释放材料等来使用。Small 等通过将牛皮纸浸入 Fe_3O_4 悬浮液，制得了负载 Fe_3O_4 的牛皮纸；Rubacha 以 NMMO 为溶剂湿纺得到磁性纤维素杂化纤维；Sun 等以 EmimCl 离子液体为介质通过干喷湿纺法得到纤维素/Fe_3O_4杂化纤维。Liu 等以 NaOH/urea 为介质，制备了纤维素/Fe_2O_3杂化纤维、纤维素 /Fe_3O_4复合膜和纤维素 /Fe_3O_4微球。

此外，人们还制备了纤维素/Cu、磁性的纤维素/Co、纤维素/Pd-Cu、纤维素/1-丁基-3-甲基咪唑双三氟甲烷磺酰亚胺[$Bmim(NTf)_2$]/Pt、纤维素 /$Bmim(NTf)_2$/Rh、纤维素 /ZrO_2、纤维素/ZnO、纤维素/TiN、羧甲基纤维素/Sb_2O_3等杂化材料，可用作燃料电池、催化剂、选择性吸附分离材料、透明电极、传感器、光伏器件、表面波器件等。

纤维素/硅杂化材料：硅材料具有高力学强度、高绝缘性、耐温性好、耐氧化、耐腐蚀、难燃、无毒无味以及生理惰性等优异特性。通过物理共混，可以得到多种功能性的纤维素/硅杂化材料，如纤维素/SiO_2复合材料可用于隔热、生物碱识别与分离、药物负载等领域。再如，Cámer 等制备的纳米硅/纤维素纤维/碳杂化材料具有高的电荷容量和低膨胀收缩率，可作为锂电池电极材料使用。Bayer 等制备了超疏水的纤维素硝酸酯/环硅氧烷 /ZnO/含氟丙烯酸酯树脂多组分复合材料。Aulin 等通过纤维素纳晶表面复合三氯硅烷和硅模板技术，得到了超疏油型复合材料。

天然纤维素由于聚集态结构的特点，不熔融、难溶解，不利于工业应用，而且作为一种天然高分子，纤维素性能上存在某些不足，如耐化学腐蚀性差、强度低、尺寸稳定性不高等等。通过化学改性的方法可以显著改善纤维素材料的溶解性、强度等物理性质，并赋予其新的性能，扩展纤维素材料的应用领域。因为纤维素分子链上有很多羟基，所以人们很容易通过化学改性的方法制得各式各样的纤维素衍生物。目前，纤维素衍生物材料广泛地应用于涂料、日用化工、膜科学、医药、生物、食品等领域。

纤维素衍生物的制备方法分为非均相法和均相法。由于纤维素的难溶性，工业上生产纤维素衍生物都是通过非均相法制备的，存在产物结构不均一、不可控等缺点，且产率低，有大量副产物产生，使得纤维素衍生物的种类和应用都受到了限制。为此，人们尝试在纤维素溶液中通过均相衍生化反应生产纤维素衍生物。近年来一些新型高效的纤维素溶剂的发现为纤维素均相衍生化反应提供了新的介质。在纤维素溶液中进行衍生化反应可以得到结构均一、可控的各种功能性的纤维素衍生物，如纤维素酯、纤维素醚、纤维素接枝共聚物和纤维素接枝树枝状大分子等，而且反应快速、高效，产物易于分离。

(8) 纤维素接枝共聚物

接枝共聚是制备纤维素功能材料的一种重要方法。纤维素通过自由基聚合、开环聚合、原子转移自由基聚合(ATRP)、可逆加成-断裂链转移聚合(RAFT)等聚合方式可得到多种纤维素功能材料。Wan 等以羟乙基纤维素(HEC)为原料，通过自由基聚合制得了温度和 pH 值双响应的羟乙基纤维素接枝聚 *N*-异丙基丙烯酰胺和聚丙烯酸双接枝聚合物(HEC-g-PNIPAAm-g-PAA)。Lindqvist 等以滤纸为原料，通过 ATRP 进行表面接枝，得到了温度和 pH 值双响应的纤维素接枝聚(*N*-异丙基丙烯酰胺)-聚(4-乙烯吡啶)嵌段共聚物[cellulose-g-(PNIPAAm-b-P4VP)]。Sui 等以离子液体为介质通过 ATRP 反应，也得到了温度和 pH 值双响应的纤维素接枝聚甲基丙烯酸 *N*, *N*-二甲基氨基乙酯(cellulose-g-PDMAEMA)。

通过 ATRP 反应还可以得到温敏性的甲基纤维素接枝聚(*N*-异丙基丙烯酰胺)(MC-g-PNIPAm)和乙基纤维素接枝聚甲基丙烯酸甲基醚聚(乙二醇)酯(EC-g-PPEGMA)、药物载体乙基纤维素接枝聚(甲基丙烯酸 *N*, *N*-二甲基氨基乙酯)和聚己内酯双接枝聚合物(EC-g-PDMAEMA-g-PCL)、抗蛋白吸附的纤维素接枝聚 *N*, *N*-二甲基-*N*-(4-乙烯基苄基)-*N*-(3-磺丙基)铵内盐(cellulose-g-PDMVSA)和纤维素接枝聚 2-甲基丙烯酰羟乙基磷酰胆碱(cellulose-g-PMPC)、光学材料乙基纤维素接枝聚 6-[4-(4′-甲氧基苯基)偶氮苯氧基己基]甲基丙烯酸酯(EC-g-PMMAzo)、纤维素接枝聚甲基丙烯酸甲酯(cellulose-g-PMMA)、纤维素接枝聚苯乙烯(cellulose-g-PS)等。

(9)纤维素交联共聚物

通过交联反应，可在纤维素链上接枝硅氧烷；也可以以多面体低聚倍半硅氧烷(POSS)为交联剂，与纤维素进行交联反应，合成纤维素/硅杂化材料。这些纤维素/硅杂化材料可用于绝热、绝缘、防辐射等领域。

化学交联法制备纤维素水凝胶常用二乙烯砜(DVS)作为交联剂，但 DVS 是有毒的，这样不仅产品会含有有毒分子，而且生产过程中会产生很多污染物，如含 DVS 废水，限制了纤维素基水凝胶的应用。

近年来，人们发现可以用无毒的水溶性碳二亚胺作为交联剂，合成羟乙基纤维素/羧甲基纤维素钠盐/透明酸酯水凝胶，可用于药物负载、智能材料、个人卫生用品、农业用品等领域。Chang 等以无毒的环氧氯丙烷为引发剂，制得了透明的大孔纤维素水凝胶、纤维素/海藻酸盐水凝胶、纤维素/PVA 水凝胶和纤维素/羧甲基纤维素(CMC)水凝胶，其中，纤维素/PVA 水凝胶具有高的力学强度，纤维素/羧甲基纤维素水凝胶具有超吸水性，膨胀比可达 1 000%。Goetz 等将纤维素纳米纤维与甲基乙烯基醚-马来酸共聚物[P(MVE-co-MA)]或 PEG 交联，也得到了超吸水水凝胶，可吸水 900%。Yoshimura 等以琥珀酸酐为交联剂，得到了超吸水性水凝胶，吸水量可达 400%。Seo 等以硫代琥珀酸作交联剂，得到了纤维素硫代琥珀酸酯膜，可用于燃料电池。Alonso 等 UV 照射诱导纤维素与壳聚糖交联，得到了抗菌性纺织品。

9.4　木质素材料

9.4.1　木质素结构

木质素(lignin)是一类复杂的有机聚合物，其在维管植物和一些藻类的支持组织中形成重要的结构材料。木质素在细胞壁的形成中是特别重要的，特别是在木材和树皮中，因为它们赋予刚性并且不容易腐烂。在化学上，木质素是交叉链接的酚聚合物。图 9-4为木质素的局部化学结构示意图。

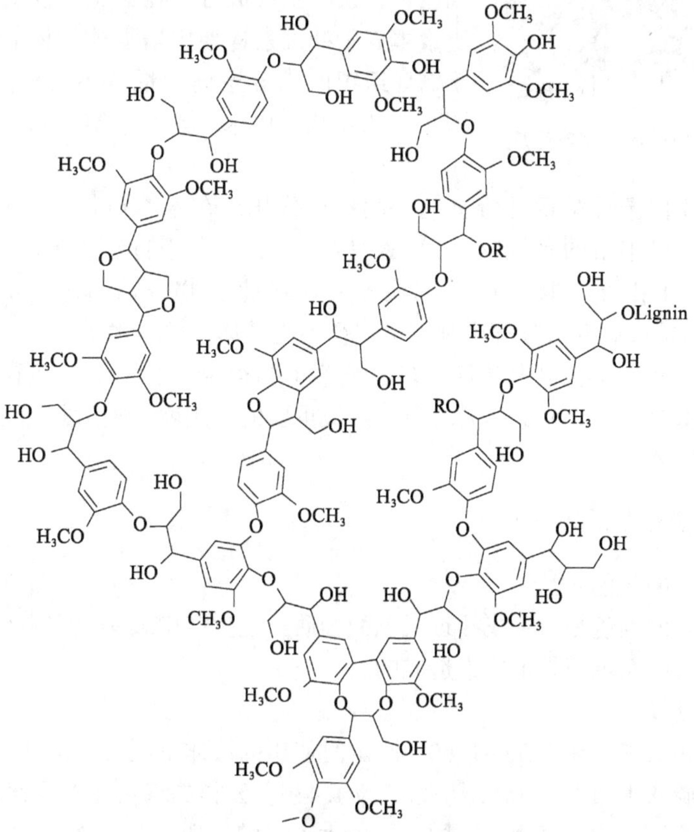

图 9-4　木质素的局部化学结构示意

植物的木质部(一种负责运水和矿物质的构造)含有大量木质素，使木质部维持极高的硬度以承拓整株植物的重量。木质素是构成植物细胞壁的成分之一，具有使细胞相连的作用。木质素是一种含许多负电集团的多环高分子有机物，对土壤中的高价金属离子有较强的亲和力。

在植物细胞壁内，木质素是一种以苯丙烷单体(对羟基苯基、愈创木基和紫丁香基)通过β-O-4、β-β、β-5、5-5等共价键连接形成的网状结构高分子聚合物。

因单体不同，可将木质素分为三种类型：由紫丁香基丙烷结构单体聚合而成的紫丁香基木质素(syringyl lignin，S-木质素)，由愈疮木基丙烷结构单体聚合而成的愈疮木基木质素(guaiacyl lignin，G-木质素)和由对-羟基苯基丙烷结构单体聚合而成的对-羟基苯基木质素(para-hydroxy-phenyl lignin，H-木质素)；裸子植物主要为愈创木基木质素(G)，双子叶植物主要含愈疮木基-紫丁香基木质素(G-S)，单子叶植物则为愈创木基-紫丁香基-对-羟基苯基木质素(G-S-H)。

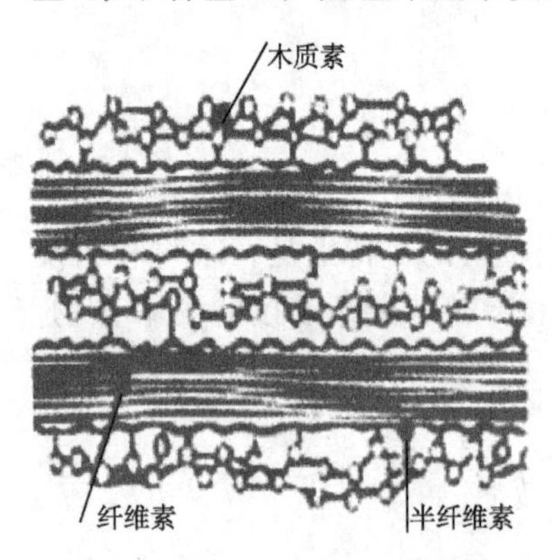

图 9-5 生物质的典型化学组成

从植物学观点出发，木质素就是包围于管胞、导管及木纤维等纤维束细胞及厚壁细胞外的物质，并使这些细胞具有特定显色反应(加间苯三酚溶液一滴，待片刻，再加盐酸一滴，即显红色)的物质；从化学观点来看，木质素是由高度取代的苯基丙烷单元随机聚合而成的高分子，它与纤维素、半纤维素一起，形成植物骨架的主要成分，在数量上仅次于纤维素。木质素填充于纤维素构架中增强植物体的机械强度，利于输导组织的水分运输和抵抗不良外界环境的侵袭。图9-5为生物质中木质素、纤维素和半纤维素的典型化学组成。

木质素主要位于纤维素纤维之间，起抗压作用。在木本植物中，木质素占25%，是世界上第二位最丰富的有机物(纤维素是第一位)。由于自然界中木质素与纤维素、半纤维素等往往相互连接，形成木质素-碳水化合物复合体(lignin-carbohydrate complex)，故目前没有办法分离得到结构完全不受破坏的原本木质素。

木质素在木材等硬组织中含量较多，蔬菜中则很少见含有。一般存在于豆类、麦麸、可可、草莓及山莓的种子部分之中。其最重要的作用就是吸附胆汁的主要成分胆汁酸，并将其排除体外。

9.4.2 木质素的物理性质

(1) 木质素的颜色

原本木质素的颜色是白色或接近无色的物质，但生产中或实验室中获得的木质素呈褐色粉末，木材的颜色即是木质素造成的。

(2) 相对密度

木质素的相对密度在1.35~1.50，测定时使用的液体不同，则密度数据不同。使用水测定，松木硫酸木质素1.451，苯测定为1.436；云杉二氧六环木质素为1.38。

制备方法不同，相对密度也不同。如松木乙二醇木质素是1.362，松木盐酸木质素是1.348。

（3）光学性质

木质素结构中没有不对称的碳，没有光学活性，云杉铜胺木质素的折光率为1.61，表明了木质素的芳香族性质。

（4）燃烧热

木质素的燃烧热值是比较高的，如无灰分的云杉盐酸木质素的燃烧热是110 kJ · g^{-1}，硫酸木质素的燃烧热是109.6 kJ · g^{-1}。木材大于草类木质素燃烧热。

（5）溶解度

原本木质素是不溶于任何溶剂的。Brauns和有机溶剂木质素可溶于二氧六环、吡啶、甲醇、乙醇、丙酮及稀碱中(加入少量的水)，不溶于乙醚。

碱木质素可溶于稀碱或中性的极性溶剂中，木质素磺酸盐可溶于水。

（6）热性质

除了酸木质素和铜胺木质素外，原本木质素和大多数分离木质素是热塑性高分子物质，无确定的熔点，具有玻璃态转化温度(T_g)或转化点，且较高。

玻璃态转化温度(T_g)是玻璃态和高弹态之间的转变温度。低于T_g时为玻璃态，温度在T_g-T_f之间为高弹态，温度高于T_f时为黏流态。当温度低于T_g时，链段运动被冻结为玻璃态固体。随着温度升高，高分子热运动能量增加。达到T_g时，分子链段运动加速，形变迅速，出现无定形高聚物力学状态的玻璃态转化区。当温度高于T_f时，转变为黏流态，产生黏性流动。

（7）相对分子量及其分布

分离木质素的相对分子量从几千到几万，原本木质素能达到几十万，分子量大小与分离方法有关。影响因素主要有木质素的降解、木质素的缩合，以及木质素在溶液中易变性。其分散度都大于2，是三维网状结构。直链型的结构分散度在2左右。

（8）显色反应

木质素有150种以上的显色反应，显色剂包括醇、酮、酚、芳香胺、杂环和一些无机物(表9-2)。显色原因主要是因为木质素中的发色基团(苯环共轭的羰基、羧基、烷基)和助色基团(酚羟基、醇羟基)。

显色反应的主要用途是用于木质素的定性(Mäule反应)和定量分析，以及木材染色等。

表9-2　木质素与酚类和芳香胺的显色反应

酚类	显色	芳香胺	显色
苯酚	蓝绿	α-萘胺	绿蓝
邻、间苯酚	蓝	苯胺	黄
对甲酚	橙绿	邻硝基苯胺	黄
邻、间硝基苯酚	黄	间、对硝基苯胺	橙
对硝基苯酚	橙黄	磺胺酸	黄橙
对二羟基苯	橙	对苯二胺	橙红
间苯二酚	紫红	联苯胺	橙
均苯三酚	红紫	喹啉	黄

9.4.3　木质素的化学性质

木质素具有多种功能基团和化学键，且存在酚型和非酚型的芳香族环。木质素的分子结构中存在着芳香基、酚羟基、醇羟基、羰基、甲氧基、羧基、共轭双键等活性基团，可以发生氧化、还原、水解、醇解、光解、酰化、磺化、烷基化、卤化、硝化、缩合和接枝共聚等化学反应。总的来说，木质素的反应能力强。

(1) 芳香核取代反应

木质素可以发生卤代反应(亲电反应)，在反应能力上，$Cl^+>Br^+>I^+$。

木质素构成单元中的愈疮木基5、6位，紫丁香基2，6位可以借助邻、对位效应发生芳香核取代反应，反应激烈时侧链也会发生反应，同时伴有副反应发生，如脱除甲氧基、被氧化成邻醌。

(2) 硝化反应

在亲电试剂NO_2^+作用下，在木质素芳香核的邻、对位上发生硝化反应，同时伴有副反应发生。

(3) 与甲醛反应

木质素与甲醛可在均相、多相体系发生反应，具体如下：

均相：碱木质素溶于氢氧化钠溶液，pH=11，加入甲醛，80 ℃反应120min。

多相：用四氢呋喃溶解碱木质素,加入甲醛，装入固体催化剂，在80 ℃反应120min。

(4) 木质素胺

木质素酚羟基的邻位和对位以及侧链上的羰基的α位的活波氢原子，与胺发生曼尼希反应，即，木质素与胺及衍生物反应生成木质素胺(lignin amine)。木质素胺又称作阳离子木质素。

反应条件：碱性水溶液、有机溶剂(醇类、二氧六环等)，以及水和有机溶剂的混合体系中进行，常压，温度25~100 ℃。

季铵型木质素胺、仲铵与叔胺型、伯胺型、多胺型木质素胺是常见的木质素胺，每一种都有具体的合成方法，这里不再赘述。

(5) 木质素烷基化反应

在木质素的酚羟基和醇羟基发生烷基化反应，形成醚。例如，木质素与卤代烷在摩尔比1∶1时，用水和异丙醇(1∶2)为混合剂反应3 h，烷基化木质素经蒸馏水洗涤后，每克烷基化木质素用8mL浓硝酸在室温下反应0.5 h，升温0.5 h，用冰水洗涤过滤，得到产物。

(6) 木质素接枝共聚反应

木质素的酚羟基和苯环与乙烯基类单体，环氧乙烷在催化剂作用下发生接枝共聚反应。乙烯基类单体有丙烯酰胺、丙烯醛、苯乙烯、甲基丙烯酸甲酯、丙烯腈。研究最多的是木质素与丙烯酰胺的反应。因为丙烯酰胺在烯类单体中活性最大。

共聚与均聚反应有竞争。共聚：木质素与乙烯基类单体；均聚：乙烯类单体之间聚合。苯酚抑制共聚反应，一般先甲基化，再接枝共聚。

(7) 木质素的氧化

木质素结构中有多部位可氧化分解，产物十分复杂。

利用氧化反应研究木质素结构。

碱性硝基苯氧化产生香草醛、紫丁香醛和对羟基苯甲醛，确定木质素的基本结构单元比例。

高碘酸盐氧化生成芳香酸，推断木质素的二聚体的连接方式。

氧气 O_2不能氧化木质素结构，但在碱性条件下，木质素酚羟基解离，即只氧化酚型木质素，生成醌。

臭氧 O_3能与酚型和非酚型木质素发生亲电取代反应。

过氧化氢在碱性介质中不能氧化木质素苯环，但能氧化侧链的羰基和醌型结构，破坏发色基团，达到漂白的目的。过氧化氢对木钙的聚合或降解均较弱。

过硫酸铵可使木钙发生聚合反应，过硫酸胺的用量 4%~6%，温度 0~90 ℃，pH=8~10。

(8) 还原反应

还原反应的目的是对还原产物进行分离和鉴定，推断木质素的结构；通过控制还原条件，生成苯酚或环己烷等有价值的化工产品。

木质素的还原分解产物很多。

常见的还原反应有催化还原(氢解)、电化学加氢。

(9) 与异氰酸衍生物的反应

多元醇与异氰酸酯反应生成聚氨酯(polyurethane，PU)。多元醇选用聚乙二醇(PEG300)，异氰酸酯选用甲苯-2,4-二异氰酸酯(TDI)，反应条件是无水，先将 PEG、木质素及四氢呋喃脱水，将 TDI 过滤；按 TDI/PEG=2/1(摩尔比)称取；将木质素溶于四氢呋喃中，加入 PEG 搅拌；加入 TDI 总用量的 10%到木质素搅拌，再加 90%的 TDI 搅拌。把预聚体倒入聚四氟乙烯板模具中成型。将 PU 预聚体连同模具放入真空干燥器中抽真空脱泡。将脱泡后的 PU 脱模，放在烘箱中在 120 ℃固化。

(10) 水解反应

木质素在热水中回流，也能发生部分水解，可鉴定出二聚物、三聚物和四聚物。木质素的水解在制浆造纸过程中是一个重要的反应，通过各种方式的碱性水解，使木质素结构单元之间的链接断裂并使之溶解出来，从而可以与纤维素分离。

(11) 光解反应

木质素对光是不稳定的，当用波长小于 385 nm 光线照射时，木质素颜色会变深；若波长大于 480 nm，则木质素颜色变浅。木质素对波长 280~480 nm 紫外和可见光易吸收，产生游离基。首先生成苯氧游离基，然后产生过氧游离基，第三步生成氢过氧化物及木质素游离基。

9.5　甲壳素与壳聚糖

甲壳素(chitin)又名几丁质、甲壳质。淡米黄色至白色，溶于浓盐酸/磷酸/硫酸/乙酸，不溶于碱及其他有机溶剂，也不溶于水。首先是由法国研究自然科学史的布拉克诺(H. Bracolmot)教授于 1811 年在蘑菇中发现，并命名为 Fungine。1823 年，另一位法国科学家奥吉尔从甲壳类昆虫的翅鞘中分离出同样的物质，并命名为几丁质；1859 年，法国科学家 C. Rouget 将甲壳素浸泡在浓 KOH 溶液中，煮沸一段时间，取出洗净后发现其可溶于有机酸中；1894 年，德国人 Ledderhose 确认 Rouget 制备的改性甲壳素是脱掉了部分乙酰基的甲壳素，并命名为 chitosan，即壳聚糖；1939 年，Haworth 获得了一种无争议的合成方法，确定了甲壳素的结构；1936 年，美国人 Rigby 获得了有关甲壳素/壳聚糖的一系列授权专利，描述了从虾壳、蟹壳中分离甲壳素的方法，制备甲壳素和甲壳素衍生物的方法，制备壳聚糖溶液、壳聚糖膜和壳聚糖纤维的方法；1963 年，Budall 提出甲壳素存在着三种晶形；20 世纪 70 年代，对甲壳素的研究增多；20 世纪 80~90 年代，对甲壳素/壳聚糖研究进入全盛时代。

壳聚糖(chitosan)，甲壳素 *N*-脱乙酰基的产物。甲壳素、壳聚糖、纤维素三者具有相近的化学结构，纤维素在 C2 位上是羟基，甲壳素、壳聚糖在 C2 位上分别被一个乙酰氨基和氨基所代替，甲壳素和壳聚糖具有生物降解性、细胞亲和性和生物效应等许多独特的性质，尤其是含有游离氨基的壳聚糖，是天然多糖中唯一的碱性多糖。

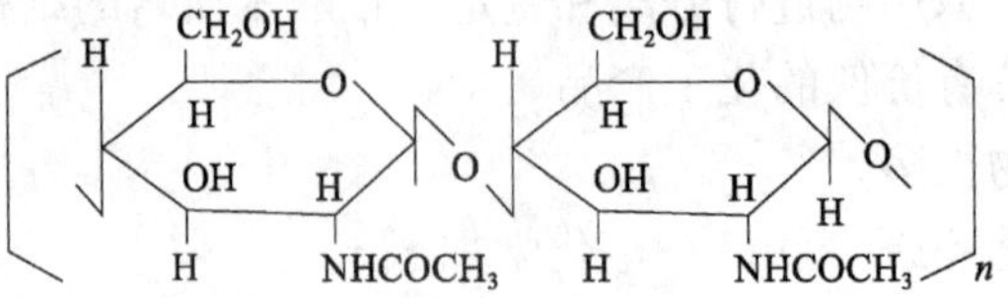

甲壳素

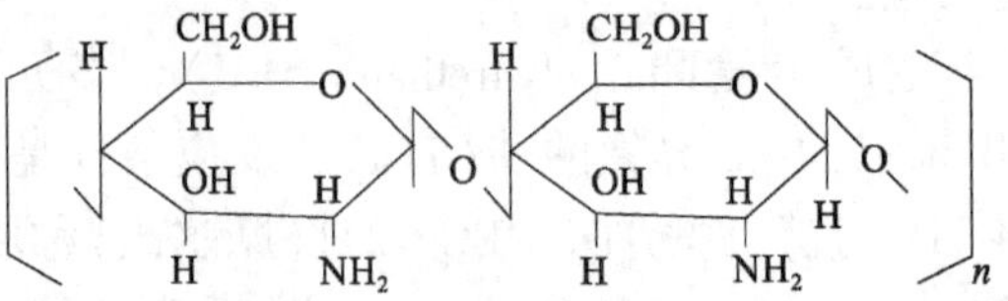

壳聚糖

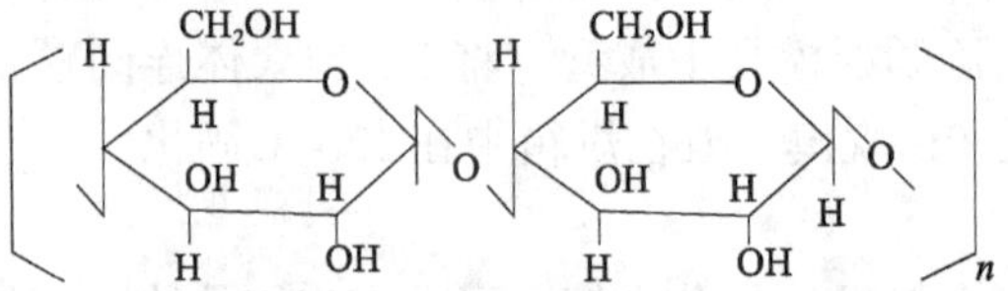

纤维素

壳聚糖分子结构中的氨基基团比甲壳素分子中的乙酰氨基基团反应活性更强，使得该多糖具有优异的生物学功能并能进行化学修饰反应。因此，壳聚糖被认为是比纤维素具有更大应用潜力的功能性生物材料。

在特定的条件下，壳聚糖能发生水解、烷基化、酰基化、羧甲基化、磺化、硝化、卤化、氧化、还原、缩合和络合等化学反应，可生成各种具有不同性能的壳聚糖衍生物，从而扩大了壳聚糖的应用范围。

壳聚糖大分子中有活泼的羟基和氨基，它们具有较强的化学反应能力。在碱性条件下，C6 上的羟基可以发生如下反应：羟乙基化-壳聚糖与环氧乙烷进行反应，可得羟乙基化的衍生物。羧甲基化-壳聚糖与氯乙酸反应便得羧甲基化的衍生物。磺酸酯化-甲壳素和壳聚糖与纤维素一样，用碱处理后可与二硫化碳反应生成磺酸酯。氰乙基化-丙烯腈和壳聚糖可发生加成反应，生成氰乙基化的衍生物。

壳聚糖具有生物降解性、生物相容性、无毒性、抑菌、抗癌、降脂、增强免疫等多种生理功能，广泛应用于食品添加剂、纺织、农业、环保、美容保健、化妆品、抗菌剂、医用纤维、医用敷料、人造组织材料、药物缓释材料、基因转导载体、生物医用领域、医用可吸收材料、组织工程载体材料、医疗以及药物开发等众多领域和其他日用化学工业。

参考文献

鲍甫成, 2008. 发展生物质材料与生物质材料科学[J]. 林产工业, 35(4): 3-7.
段久芳, 2016. 天然高分子材料[M]. 武汉: 华中科技大学出版社.
段新芳, 虞华强, 程强, 等, 2011. 林业生物质材料标准体系研究[J]. 中国人造板(4): 25-29.
冯端, 师昌绪, 刘治国, 2002. 材料科学导论[M]. 北京: 化学工业出版社.
戈进杰, 2002. 生物降解高分子材料及其应用[M]. 北京: 化学工业出版社.
胡玉洁, 2003. 天然高分子材料改性与应用[M]. 北京: 化学工业出版社.
李鹏程, 宋金明, 1998. 甲壳质/壳聚糖及其衍生物的应用化学[J]. 海洋科学(5): 25-29.
刘光华, 2000. 现代材料化学[M]. 上海: 上海科学技术出版社.
[日]日本能源学会, 2006. 生物质和生物能源手册[M]. 史仲平, 华兆哲, 译. 北京: 化学工业出版社.
孙晋良, 2007. 纤维新材料[M]. 上海: 上海大学出版社.
唐小真, 1997. 材料化学导论[M]. 北京: 高等教育出版社.
陶杰, 姚正军, 薛烽, 2009. 材料科学基础[M]. 北京: 化学工业出版社.
王光信, 孟阿兰, 任志华, 2007. 物理化学[M]. 3版. 北京: 化学工业出版社.
邬义明, 1991. 植物纤维化学[M]. 北京: 轻工业出版社.
徐恒钧, 2001. 材料科学基础[M]. 北京: 北京工业大学出版社.
余永宁, 2006. 材料科学基础[M]. 北京: 高等教育出版社.
张联盟, 黄学辉, 宋晓岚, 2004. 材料科学基础[M]. 武汉: 武汉理工大学出版社.
张玉军, 2008. 物理化学[M]. 北京: 化学工业出版社.
ASKELAND D R, PHULE P P, 2013. 材料科学与工程基础[M]. 北京: 清华大学出版社.